新世纪电气自动化系列精品教材

CAD/CAM 应用技术

（第 2 版）

主　编　缪德建
副主编　顾雪艳
参　编　马金平　赵建峰　谷育红

东南大学出版社
·南京·

内 容 提 要

本书从 CAD/CAM 概念开始,介绍其基本原理和 CAM 加工中的工艺知识,详细介绍了 Mastercam 的基本指令,用实例详细介绍 Mastecam 软件的操作。本书既可作为 CAD/CAM 教材,又可作为模具加工人员的参考资料。本书附录中列出了实用切削参数表,有助于初学者快速、合理地制定切削用量。读者通过本书的学习,可以进行复杂几何曲面、实体的造型,生成出合理、实用的加工程序。

本书可作为高等学校数控、机制、模具、机电一体化等专业学生的教材,也可作为职业技术学院的教材、企业数控加工人员的参考用书。

图书在版编目(CIP)数据

CAD/CAM 应用技术/缪德建主编.—2 版.—南京:东南大学出版社,2013.6(2022.1 重印)
新世纪电气自动化系列精品教材
ISBN 978-7-5641-4356-5

Ⅰ.①C… Ⅱ.①缪… Ⅲ.①计算机辅助设计 ②计算机辅助制造 Ⅳ.①TP391.7

中国版本图书馆 CIP 数据核字(2013)第 144341 号

CAD/CAM 应用技术(第 2 版)

出版发行	东南大学出版社
出 版 人	江建中
社 址	南京市四牌楼 2 号(邮编:210096)
经 销	全国各地新华书店
印 刷	南京玉河印刷厂
开 本	787mm×1092mm 1/16
印 张	22.25
字 数	555 千字
版 次	2005 年 8 月第 1 版 2013 年 6 月第 2 版
印 次	2022 年 1 月第 3 次印刷
书 号	ISBN 978-7-5641-4356-5
印 数	5501—6500
定 价	45.00 元

(本社图书若有印装质量问题,请直接与营销部联系。电话:025-83791830)

第 2 版前言

我国制造业正面临着市场全球化、经济一体化,处于竞争战略不断升级,相应的制造理念和制造模式不断创新的时期,先后出现了柔性制造、集成制造、敏捷制造、智能制造以及其他各种先进制造理念和模式。企业不得不面对低成本化、高品质化、交货期缩短化、直接成型化的挑战。

另一方面,由于计算机技术日新月异的发展,PC 机的性能已完全赶上甚至超过早期工作站的性能,促进了 CAD/CAM 技术的普及。同时,数控技术、计算机技术的发展,在数控加工、模具加工现场很多都引入了计算机,从过去的劳动密集型向技术、信息密集型产业转化。而数控加工、CAD/CAM 是支撑现代制造业的基础。本书将从 CAD/CAM 的基础知识开始,浅入易懂地介绍 CAD/CAM 技术,首先详细介绍 Mastercam 入门的基本菜单操作,接着通过简单例子和大量实例的列举,介绍操作以及一些操作技巧,在例题之后提供许多练习用题,以便于学生练习,最后介绍 CAD/CAM 在模具制造中的应用。本书是一本内容丰富,从 Mastercam 入门到工厂加工多层次人员都适用的 CAD/CAM 用书。

本书可作为高等学校数控、机制、模具、机电一体化等专业学生的教材或实习用书,也可用作数控加工培训的教材、工厂数控加工人员的参考资料。

为了便于理解,本书的编写着眼于以下几点:在指令和实例的介绍中使用大量插图,一看就懂;顺序地、形象地解说;采用实例来解说软件的操作。

在教材的编排结构上第 1、第 2 章首先介绍 CAD/CAM 必备的基础知识;第 2 章介绍数控切削加工工艺知识;第 4 章从基本图素的绘制开始介绍菜单的用法;

第 5、第 6 章曲面的概念和画法，CAD 的图形编辑；第 8 章实体的画法；第 7、第 9 章操作实例，以便于加深对指令的理解和提高操作熟练程度，用实例把 CAD/CAM 知识引入到工厂实际应用中。在第 7、第 12 章配有练习题，第 13 章介绍 CAD/CAM 在模具制造中的应用，并用实例介绍。

本次修订，将前 3 章的根据软件的发展进行了更新，并将一些操作实例作了简化，更加直观、易懂。

本书由缪德建任主编，顾雪艳任副主编。具体第 1～3、第 6、第 7、第 11 章和第 12 章的第 12.1～12.3 节和本书的全部习题由缪德建编写；第 5、第 10 章和附录由顾雪艳编写；第 4、第 13 章由马金平编写；第 8 章和第 9 章的第 9.1～9.5 节由赵建峰编写；第 9 章的第 9.6、第 9.7 节和第 12 章的第 12.4～12.6 节由谷育红编写。全书由缪德建统稿和定稿。史翔教授任主审并提出了许多宝贵意见。

由于编者水平有限，加之 CAD/CAM 技术发展很快，书中难免有错误和不足之处，敬请批评指正。

编　者

2013 年 5 月

目　　录

1 CAD/CAM 技术概述

1.1 CAD/CAM 基本概念

  CAD/CAM 是计算机辅助设计/计算机辅助制造（Computer Aided Design/Computer Aided Manufacturing）的简称。其核心是利用计算机快速高效地处理各种信息，进行产品的设计与制造，它彻底改变了传统的设计、制造模式，利用现代计算机的图形处理技术、网络技术，把各种图形数据、工艺信息、加工数据，通过数据库集成在一起，供大家共享。信息处理的高度一体化，支撑着各种现代制造理念，是现代工业制造的基础。

  CAD 以计算机图形处理学为基础，帮助设计人员完成数值计算、实验数据处理、计算机辅助绘图，进行图形尺寸、面积、体积、应力、应变等的计算和分析，即高效、优化地进行产品设计。

  CAM 是指使用计算机辅助制造系统模拟、优化产品加工过程，并利用数控机床加工以及装配出产品（或监控生产过程）的技术。

  把 CAD/CAM 作为一个整体来考虑，从产品设计开始到产品检验结束，贯穿于整个过程，可以取得明显的效果。CAD/CAM 与传统的制造模式相比有以下的优点：

  （1）能使个人技能、技巧等模拟量信息数字化，实现社会化共享。

  （2）能使各工序信息共享、数值基准统一，便于推行整个工程的标准化。

  （3）能够改变系统的顺序排列作业，进行并行化作业。

  在制造业中使用 CAD/CAM 技术能提高产品质量，降低产品成本，缩短生产周期。近年来数控机床的普及以及 CAD/CAM 技术的快速推广，促进了我国制造业设备的更新换代，加强了我国产品在国际市场上的竞争力。在贸易全球化的趋势下，积极推广 CAD/CAM 技术，有利于我国企业加速融入全球的竞争机制。CAD/CAM 技术在机械制造方面的功能可用框图 1.1 表示。

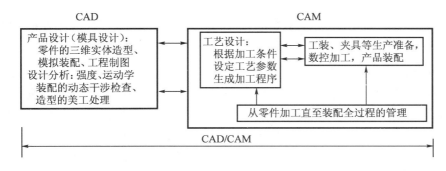

图 1.1　CAD/CAM 功能框图

① 产品设计：是指从产品意图设计开始到三维实体造型，设计装配图和详细的零件图，强度校核、运动学分析，以及动态干涉检查等的过程。

② 工艺设计（虚拟制造）：根据所设计的产品类型、特征、外形形状、材料等，选择不同的加工方式，根据加工条件，设定加工路线，确定工艺参数和切削用量，生成刀具路径。仿真实体切削加工过程，根据仿真结果，修改切削用量重新仿真，直至达到最佳效果。最后生成加工程序。

近年来制造企业都已采用 CAD/CAM 技术，但由于采用不同厂家的软件，导致使用不同软件的厂家之间从工程图到三维实体图的重复造型工作，且企业内部网络化普及不够完善，所以单一数据库方式的数据共享有待进一步普及。理想化的 CAD/CAM 一体化模式如图 1.2 所示。

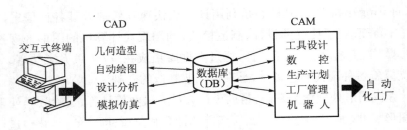

图 1.2　单一数据库系统的理想模式

所有的 CAD/CAM 功能都与一个公共数据库相连，应用程序使用公共数据库的信息，实现产品设计、工艺规程编制、生产过程控制、质量控制、生产管理等产品生产全过程的信息集成。UG 软件就是使用单一数据库最好的软件之一。

1.2　CAD/CAM 的硬件系统

本节介绍 CAD/CAM 系统的硬件种类及构成、信息流程及硬件的要求和规格。

1.2.1　CAD/CAM 系统的硬件种类

下面简单介绍系统的硬件种类，如图 1.3 所示。

1）终端型

终端型硬件系统以大型计算机为核心。如当大型汽车厂家进行冲击、震动等结构分析时，把条件设计成与实际非常接近，计算量便会很大，就需要采用这种高速的计算机。

2）网络型

网络型硬件系统充分发挥 EWS（工作站）的网络功能，作业分散化，能把直列作业状态变为并列作业状态，实现作业效率的提高，即同一时刻可以完成多个工作。该类型是主流型式。许多厂家都采用这种型式，以 EWS 为主，带多个终端，用于产品零件及模具的设计和生产。

3）台式型

EWS 初期为台式型，看上去与 PC 机相同，不但轻巧，而且运算速度相当高。但用的是 RISC

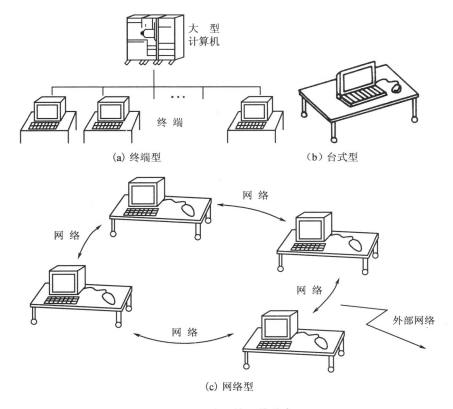

图 1.3 常见的硬件种类

CPU,图形是高分辨率的,有独立的图形用 CPU。随着计算机技术的快速发展,计算机的性能,特别是 PC 机(个人计算机)的性能得到了大幅度提高,已完全达到了早期 EWS 的性能。

1.2.2 CAD/CAM 系统的硬件与信息流程

1) CAD/CAM 系统的硬件组成

以往一直是以大、中型计算机作为控制系统,并从中枢延伸出许多终端的方式为主流。由于计算机技术性能的大幅提高,网络化、小型化、分散化将成为发展的主流,EWS(或微机)将代替大型计算机,如图 1.4 所示。系统的核心部分是 EWS,把它作为上位机,依靠网络与下位机连接。下位机进行 CAM 和计算机辅助测量(Computer Aided Testing, CAT),也可进行工艺管理或生产管理及进行 DNC(群控)控制。EWS 的数值信息通过光缆网络传送给数控机床,加工所需的模具和零件。当有实体模型时,用 NC(数控)仿形机床作为 CAD 输入,把形状数据送入 EWS,实现高效率的 CAD 输入。在检验工序中,把 CAD 信息与三坐标测量仪测得的数据进行比较,组成了理想的单一数据库数据系统,并通过光缆网络连接在一起。其中作为 EWS 的计算机台数及机床台数,则根据企业的规模作相应的增减。在图 1.4 中有两台 EWS,一台为管理系统的服务器,另一台为 EWS 主机,其他计算机作为分机。通常所指的 CAD/CAM 系统可细分为 CAD/CAE/CAM/CAT,如图 1.5 所示。

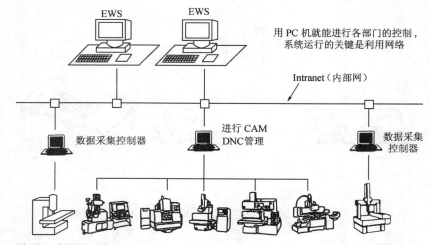

图 1.4　CAD/CAM 硬件组成示例

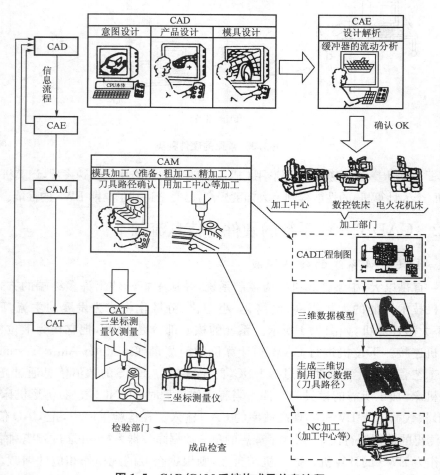

图 1.5　CAD/CAM 系统构成及信息流程

2）硬件上的信息流程

图1.5中的信息流程为：在EWS上进行CAD，利用CAD信息进行计算机辅助分析（Computer Aided Engineering，CAE），在CAM上生成适合各种NC机床的加工信息，然后分别在相应工序所需的NC机床上加工，最后由CAT检验CAM加工出的模具及产品。

对于三维模具的制造，其过程为：先用CAD进行产品的意图设计、产品设计、模具设计、三视图制图。有实体模型的用数据采集器读取形状数据。接着对CAD绘制的几何图形数据进行CAE，包括分析尺寸、应力、应变等，验证设计的合理性。之后，以CAD中的数据作为基础，确定加工方法，设定加工区域、加工刀具、走刀路径等，即根据加工机床的不同及加工条件的不同生成符合实际情况的粗、精加工用刀具路径，以及确认是否有刀具干涉，残余量大小是否合适等。

将模具或产品制作的信息在CAM中数字化，再把它送给数控机床或加工中心进行加工。机外对刀装置把测量出的刀具直径、长度以及磨损情况，通过串行口送给CAM的刀具管理系统，在CAM的刀具管理中起作用，刀具管理系统的合理使用能减少辅助时间，提高生产效率。

用三坐标测量仪测量已加工的产品、模具，将测得的数据与设计模型的信息进行比较，若有差异，则可返回到CAD，对模型进行分析，寻找原因。有时可能还要重新审核设计思路，对原有信息进行修改，经过反复的修正、编辑之后，再送入到CAM中。

设计人员通过比较实测数据和设计数据，审核已加工好的产品，也能够评价CAM中的加工方法。图1.4中系统的组成是把EWS作为主机，其他计算机作为分机，用网络把它连接在一起。通过网络，依靠EWS，就能进行高速分散化处理，不仅能实现CAM功能，而且容易实现包含工艺管理在内的FA(Factory Automation)环境。

1.2.3　硬件的要求和规格

如前所述的公共数据库的网络型系统比较理想，其关键硬件必须满足以下条件：

（1）建立能容纳大量数据的数据库。

（2）有快速响应性，不妨碍设计人员的思考。

（3）有良好的操作性。

显示自由曲面装配图的刷新速度须达到100万矢量/s，即显示图素点数为4万左右时，执行点、线等命令（或装配图的视角转换）的实时响应时间必须在1 s以内。若要选择满足以上要求的硬件，则其规格要点如下：

（1）CPU：主频3 GHz以上为好。

（2）数据总线：决定运算速度，必须64线以上，最好为128线。

（3）存储器：内存2 G以上为好；现在硬盘容量都很大已足够。

（4）显示器：17英寸（1英寸＝2.54 cm）以上，彩色。

（5）分辨率：1 024×768以上。

（6）显存：1 G以上为好。

（7）刷新频率：70 Hz 以上。

（8）色彩：256 色以上。

（9）鼠标：真三键。

（10）带有网卡。

1.3 CAD/CAM 的软件系统

1.3.1 软件系统

CAD/CAM 系统可以采用多种语言设计，应用较多的为 C、C++、PROLOG、FOR-TRAN 等。以前的工作站硬件占整个系统经济价值的主要部分，而现在软件系统在 CAM 中占有越来越重要的地位。目前 CAM 系统的性能主要由软件决定。

系统软件管理和控制计算机的各部分运行，充分发挥各设备的功能，提高了效率，为用户提供便利的操作环境。为了开发、销售的便利，软件系统被设计成模块化的。它主要包括操作系统、程序设计系统和服务程序三大模块。

（1）操作系统：常用的有 WIN 视窗操作系统、UNIX 操作系统和 NT 操作系统。

（2）程序设计系统：主要包括各种程序设计语言的语言处理系统及程序处理系统。如：连接程序、装入程序、错误诊断及程序编辑等。

（3）服务程序：主要包括数据转换、程序存档和程序管理，还包括监控系统和诊断系统。

1.3.2 应用软件

应用软件是面向某一应用领域而设计的程序包，是由 CAD/CAM 系统生产厂家或 CAD/CAM 软件开发公司提供的。一般包括图形处理软件、几何造型软件、有限元分析软件、优化设计软件、动态仿真软件、数控加工软件以及检测与质量控制软件等，也包括针对某一特定任务而设计的软件包。只有配备了这些应用软件之后，CAD/CAM 系统才能具备相应的功能，所以应用软件是 CAD/CAM 的主干部分。数据库系统既可看作系统软件，也可看作应用软件，这取决于数据库系统的应用环境。

1.3.3 数据库及其建立

数据库系统一般是由数据库和数据库管理系统（Date Base Management System，DBMS）所构成。数据库管理系统可为用户提供管理和操作数据的功能，其中包括建立、输入数据，并对其进行查询、运算、更改和打印。它允许用户直接使用数据，而不必了解数据信息在其内部的存储细节。在数据库管理系统的集中管理下，数据和文件都具有较高的独立性，解决了数据的完整性和安全性的问题，为实现多用户的数据共享建立了良好的环境。

目前，国内外开发了许多通用数据库系统，比较著名的有：Oracal 公司的用于微机的

dBASE‑Ⅱ、dBASE‑Ⅳ、FOXBASE 系统；IBM 公司的 IMS 系统等。根据其应用领域的不同,数据库系统一般分为商用数据库系统和工程数据库系统。CAD/CAM 一般使用工程数据库中的数据,其数据库管理系统称为工程数据库管理系统(Engineering Date Base Management System,EDBMS)。CAD/CAM 系统的数据库与普通数据库相比,所存储的数据不仅量大,而且形式多样、关系复杂、动态性强。它除了要处理表格数据、曲线数据、函数数据和文字信息以外,还需要处理大量的图形数据。另外,它还支持交互操作,即能满足在 CAD/CAM 系统工作过程中的信息交互和数据修改等方面的要求。

CAD/CAM 系统及其应用环境对 EDBMS 的特殊要求可归纳为以下几个方面:

(1) 数据模式的动态性:随着设计过程的扩展不断地变化扩充。

(2) 交互式的用户接口:设计者要随时控制和操纵整个设计过程,因此要求 EDBMS 能提供一种灵活的、对话式的操作手段,即交互式作业方式,并要求系统作出快速、实时的响应。

(3) 多用户工作环境:一个大规模的工程需要许多设计人员分工协作,所以,EDBMS 的多用户环境是不可缺少的。而且还要提供多用户协调工作的条件,并保证各类数据的语义一致。

(4) 数据类型的多释义性:不仅能表示字符,还要能支持描述各种规范、标准以及图形信息,并能提供方便、灵活的操作和显示。

(5) 支持造型系统和多种表达模式:CAD/CAM 材料数据库主要包括两个方面:一方面是供设计者使用的各种材料的特性数据;另一方面是各种刀具材料对各种零件加工的加工数据,这是一种与工艺有关的信息。由于其加工情况复杂,如① 加工材料很多;② 切削加工方法很多,各种加工方法又分为粗加工、半精加工、精加工等;③ 切削刀具材料种类繁多,有多种硬质合金材料、陶瓷材料,又有多种高速钢材料等;④ 润滑条件对刀具的耐用度也有影响。因此,建立这种材料库的难度很大,需进行工件、刀具材料的各项综合试验,再把得到的数据送到工业部门试用,并与工业部门多年积累的数据综合,然后提供给数据库,还需要花费大量的人力、物力和财力。

1.3.4　常用 CAD/CAM 软件简介

(1) Unigraphics NX 是 SIEMENS 公司的软件,功能多,性能好。机械产品设计从上而下,从装配的约束关系开始,若改变装配图中任一零件尺寸,所有关联尺寸会自动作相应的修改。大大减少了设计修改中的失误,思路更清晰,更符合机械产品的设计方法和习惯。UG 除有以上的优越性能外,在以下功能方面也很突出:

① Unigraphics NX 的 Wave 功能——自动推断、优化设计,更方便、高效,产品的概念化设计、草图设计功能符合产品设计和零件外形设计方法,即从产品外形的美术设计开始,先设计出不同角度的二维工艺造型图的轮廓,再以这些轮廓曲线设计外形曲面,使造型更具艺术美。

② Unigraphics NX 的 CAM 模块相比其他品牌的 CAM 软件,它的加工模式、进给方法、刀具种类、压板的避让等设定的选项更丰富,功能更强。钣金模块具有现行工业设计中的各种

钣金设计功能,如折边、展开、弯管、排料等。

③ Unigraphics NX 的 CAD 数据交换功能更是上了一个台阶,在这之前的各种 CAD/CAM 软件之间虽然可以进行各种标准化格式的转换,但转换后特征就丢失了,这是因为各品牌软件特征的数学模型有差异。转换后的模型没有特征就难以再修改。而 Unigraphics NX 经过格式转换的模型同样可以修改。所以 Unigraphics NX 是 CAD/CAM 软件中功能最丰富、性能最优越的软件。UG 软件是基于标准的 IGES(Initial Graphic Exchange Specification)和 STEP(Standard for the Transfer and Exchange of Product Model Date)的产品,被公认为在数据交换方面位于世界领先。UG 还提供了大量的直接转换器(如 CATIA、CADDS、SDRC、EMC 和 AUTOCAD),以确保同其他系统高效地进行数据交换。

(2) PRO/ENGINEER 是美国参数科技公司(Parametric Technology Corporation,PTC)1989 年开发出的 CAD/CAE/CAM 软件,在我国有许多用户。它采用面向对象的单一数据库和基于特征的参数化造型技术,为三维实体造型提供了一个优良的平台,该系统用户界面简洁、概念清晰,符合工程人员设计零件的思路与习惯,是典型的参数化三维零件造型软件,有许多模块可供选择,操作方便,性能优良,这一点正是国内许多厂家选用 PRO/ENGNEER 作为机械设计软件的主要原因。零件的参数化设计使修改很方便,零件全部设计完后,能进行虚拟组装,组装后的模型可以进行动力学分析,验证零件相互之间是否有干涉。CAM 模块具有对曲面和实体的加工功能,还支持高速加工和多轴加工。带有多种图形文件接口。

(3) Cimatron 系统是源于以色列为了设计喷气式战斗机所开发出来的软件。它集成了设计、制图、分析与制造,是一套结合机械设计与 NC 加工的 CAD/CAE/CAM 软件。从零件建模设计开始,产生凹凸模、模具设计、建立组件、检查零件之间是否关联、建立刀具路径,到支持高速加工、图形文件的转换和数据管理等都做得相当成功。它具有 CAD/CAM 软件所有的通用功能。其 CAD 模块采用参数式设计,具有双向设计组合功能。CAM 模块功能除了能对含有实体和曲面的混合模型进行加工外,其进给路径能沿着残余量小的方向寻找最佳路线,使加工路径最优化,从而保证曲面加工残余量大小的一致性且无过切现象。CAM 的优化功能使零件、模具达到最佳的加工质量,此功能明显优于其他同类产品。

(4) Mastercam 是由美国 CNC Software 公司开发的。其运行于 Windows 2000 或 WindowsNT 平台,是国内引进最早、使用较多的 CAD/CAM 软件。CAM 功能操作简便、易学、实用。它包括 2D 绘图、3D 模型设计、NC 加工等,在使用线框造型方面具有代表性,具有各种连续曲面加工功能、自动过切保护以及刀具路径优化功能,可自动计算加工时间,并对刀具路径进行实体切削仿真,其后处理程序支持铣、车、线切割,激光加工以及多轴加工。Mastercam 提供多种图形文件接口,如 SAT、IGES、VDA、DXF、CADL 等。

(5) Solidworks 是一套智能型的高级 3D 实体绘图设计软件。它运行于 Windows 平台,拥有直觉式的设计空间,是三维实体造型 CAD 软件中用得最普遍的一个软件。它使用最新的物体导向软件技术,采用特征管理员的参数式 3D 设计方式及高效率的实体模型核心,并具有高度的文件兼容性,可输入编辑及输出 IGES、Parasolid、STL、ACIS、STEP、TIFF、

VDAFS、VRML 等格式文件。

1.3.5 CAD/CAM 技术的发展

1) CAD/CAM 发展的回顾

CAD/CAM 的起源可以追溯到 20 世纪 50 年代美国麻省理工学院（MIT）的自动编程工具 APT。1962 年 MIT 的 I. E. Sutherland 开发出了用光笔与计算机进行对话、绘制图形的软件（SKETCHPAD），开创了 CAD 的历史。1963 年，通用汽车公司（GM）和工业商务管理公司（IBM）共同开发出可以进行图形处理的 DAC-I，它生成的模型仅为二维平面上的线框模型。1964 年，MIT 的 S. A. Coons 发明了能够处理自由曲面的单片曲面，称为昆式曲面。1967 年，Lockheed 公司开发出了用于飞机设计制造的 CADAM，该系统是以主机型的 IBM 大型计算机为核心的终端方式系统。该系统在世界上被广泛使用。此时，从线框模型向曲面模型发展。但由于缺少面的结构信息、面的表里信息以及与面对应的立体位置，所以当时还没有出现面向三维自由曲面的实用化的用于模具设计、制造的 CAD/CAM 系统。

1973 年的国际会议 PROLAMAT 发表了现在还正在使用的实体模型表达方法，即 CSG（Constructive Solid Geometry）和 B-rep（Boundary representation）。其中 CSG 是由当时北海道大学的冲野嘉数用 TIPS 系统提出的方案。B-rep 是由英国剑桥大学的 Braid. Lang 用 BUILD 系统提出的方案，从而用实体模型解决了形状的难点。至此，出现了面向三维自由曲面的实用性强的模具设计、制造 CAD/CAM 系统。

有关图形的基（标）准化是从 20 世纪 70 年代末期开始的。美国提出了 CORE 系统方案，原联邦德国提出了 GKS 方案。到 1980 年发布了 CAD/CAM 三维数据转换标准 IGES。由此，规定了数据转换的约束条件，促进了不同系统之间的数据交换的标准化。到了 90 年代，丰田汽车公司等强烈提出"单一数据库化"，并倡导"CAD/CAE/CAM/CAT 的一体化"。

2) CAD/CAM 展望

当今信息革命的浪潮正在冲刷着世界的每一个角落，世界统一市场正在形成，全球经济一体化正以超乎寻常的速度发展。因此，制造业所面临的环境比以往任何时候都要复杂多变，竞争之激烈在时空上超越了国家、地区的界限，而延伸至全球的各个角落。制造业要有能力对其外部环境的瞬间变化作出快速反应，必须采用先进的制造技术、战略理念，以求得长期的生存与发展。

CAD/CAM 技术是先进的制造技术之一，是集成制造、敏捷制造、智能制造等先进理念和模式的基础技术。CAD/CAM 技术的发展将集中在以下两个方面：

（1）高速宽带网络技术：把目前在内部 CAD/CAM 网络的单独场所的应用，扩展到多场所协同 CAD/CAM 应用，以满足制造业在全球化趋势下的协同 CAD/CAM 的需求。CAD/CAM 信息的快速网络传递也将成为现代集成制造系统（CIMS）的一个重要组成部分。多场所的协同 CAD/CAM 通常按以下形式工作：两个以上地理位置分散的 CAD/CAM 设计者，能够协同和交互进行三维 CAD 几何造型和编辑。协同设计完成之后,就可产生刀具路径。在刀具路径生成之后,后置处理生成的加工程序立即被发送到产品销售区域的加工厂用于加工。这种工作形式潜在的利益在于减少了市场导入时间,在合适的地点即可生产恰当的产品,缩短了产品的装运时间,提高了竞争力。从而消除了阻碍跨国企业运行的地理障碍。

　　(2) 快速无图纸设计/制造技术:快速无图纸设计/制造技术是指依靠数字化设计,并利用并行工作技术快速地进行系统安排、详细设计、分析计算、工艺规划。该技术预先在计算机中进行虚拟制造,设计采用单一数据库,以三维的方式设计全部零件,并通过虚拟制造提高可靠性,使各部门可以共享所有设计模型,能尽早获得相关技术、工艺的反馈信息,使设计更快、更合理。

② CAD/CAM 应用基础

2.1 模型

    CAD/CAM 是以计算机图形处理为基础的。当一名熟练的操作人员,在制造"简单产品"时,他的脑子里就应该有要制作的模型,不需要图纸都能制造。如果是工业产品,就无法参照那样的无形模型,必须进行设计作业,把实体设计成信息化的图纸,根据图纸加工零件。其意义为:图纸就是制作对象物的模型描述。但模型只表达了实体的一个方面,根据不同的目的,需要各种不同的模型来表达,所以需绘制相应的图纸。

    工业图纸是按标准规定绘制的,使用对象是能够理解其标准的人。所以至今为止设计图纸的画法或标记完全是依赖人的意识和推理能力。图纸制作及其理解就是设计制造中的信息生成和处理,这时图纸的绘制者必须明确要制造的对象才行,如果看图的人不能具体地理解图纸要表达的对象,他就不能读懂图纸。所以根据设计人员的理解程度(换句话说,在他的头脑里能够形成怎样的内部模型)的不同,作业的质量也有所不同。

    计算机不可能像人一样智能地理解图纸,把握目的,独立地设计图纸。为此,在传统的以图纸为中心的设计方式中,计算机的作用仅限于接受用来制图的准备数据、指令并进行绘图,以及接受人解释的制作图纸的数据。

    可是,如果计算机能根据人的指示,与人理解图纸一样制作信息、进行作业,那么计算机就能针对设计的对象,制作、处理信息。

    图纸信息计算机化,不仅仅是编制绘图的程序,还必须在计算机内部存在规定的要制作对象的信息以及能够处理要制作对象的程序作为前提。将制作对象的信息和对其进行处理的程序称为设计对象的内部实体模型。

    如果有程序能从模型中存在抽出必要(关键)信息,这样根据内部实体模型就能够生成工程图、说明图、装配图、分解图,就可以进行各种设计计算,并模拟制造过程、NC 加工以及进行机械装配等。

    人机对话图解:因为计算机内部的信息处理过程设计人员是不清楚的,想要生成、处理外部实体模型,必须使应答可视化,只有在计算机接受图形的情况下,才能实施。因此,人机交互式绘图很有必要。必须把内部实体模型转化成人能理解的外部模型形式进行显示,并且人能对其进行操作,才能得到相应的结果。所以计算机图形处理系统需要配备优秀的图形界面。

    随着科技的发展,通过网络与他人协同设计也将成为现实,在显示器界面上设计时,利用图形及图像的超级多媒体功能就能调出设计人员关心的详细信息,在可视化显示设计对象的工作过程、部件装配的情况下,完成产品的性能、外观设计。设计人员设计时可以对操作进行确认,所以,设计人员既可在线直接从数据库中取出与设计关联的信息来使用,又可与他人包括制造关联人员协同讨论设计对象,所以它将改变设计方法和设计质量。

2.2　内部模型

　　CAD/CAM 的目标是使机械零件的制造及装配自动化,使汽车车体、家电用品等外形工艺设计、分析、制造自动化。

　　为了利用计算机作图,由设计人员编写命令让机器代替圆规和直尺来移动笔绘图,但仅仅有绘图的程序移动笔和向 CRT 的显示缓冲面中写入画面的图素数据,计算机是不能绘制出图形的,这是因为计算机内部不存在图形的模型。要使计算机实现以上功能至少要在计算机内部存储用语言描述的图形要素以及它们之间的关系,即必须给计算机制作图形模型。

　　为了直观地进行上述操作,须使用计算机图形交互式输入手段,通过操作菜单、对话框进行零件的显示、选择并输入数据,最后在显示器上合成图形。与此对应的在计算机内部对图纸进行描述的程序就是内部模型。通过解释内部模型并在画面上进行图形显示。计算机要把立体图(投影显示在屏幕上的)解释成立体,必须制作内部模型,这种详细的描述相当麻烦。所以要使用与绘图时相同的交互手段,利用坐标变换、空间移动功能,在显示器上进行基本立体的组合、变形处理操作,合成出想要得到的立体。至此,由软件在计算机内部生成实体的特征模型。画面上的立体图不是内部特征模型的直接输出,是要经过以下处理,用假想的照相机拍摄立体的特征模型,生成二维信息的特征模型,再用图形处理命令输出二维特征模型。实体模型各部分附属的技术信息必须由设计人员输入。

　　形状模型是计算机内部描述和处理的对象,进行模型的构建和处理,对模型各部分的几何信息以及它所附加的非几何信息的提问给出合适的回答。首先用于内部描述到外部显示处理的转换,再用于设计时提供对象的体积、惯性、应力、刚性、热传导等等各种计算的数据,管理和控制工艺设计、日程制作、数控加工、装配、检查等。当机器人进行装配、检查时,除了需制造对象的形状模型以外,还要求增加特征模型占有空间的信息,快速发现物体相互干涉的部位,以及可能冲突的地方。这是因为计算机内部制作的模型不仅是制作对象,而且需要了解制作方的机械。随着制造过程自动化范围的扩大,根据计算机内部模型,进行制造、装配模拟测试,如果测试合格,则模拟用的指令就能用于实际作业。

2.3　产品模型

　　在理想的一体化 CAD/CAM 中,一旦给出产品要求,在概念设计的支持下,经过假设的产品设计过程制作产品规格,用多个设计方案验证产品概念,据此进行设计、制作产品。根据前面的设计制定产品基本计划,经过详细设计把产品信息传送给生产设计部门。制定出生产工艺框架,接着按工序制作详细的作业顺序,希望以后的工序"忠实"地执行所制定的指令直至产品最后完成。把这个作为目标就是模型化。包含产品和产品必要信息的模型就是产品模型。随着 CAD/CAM 的发展,产品模型有待继续开发。

　　上述 CAD/CAM 过程并不完全是自动化的,计算机是辅助的,人是主角。重要的是计算机能接受生成的信息。

　　产品模型处理的信息范围有如下几项:

　　(1) 制造对象:① 设计对象信息的生成与管理(支持系统和数据的接受)。② 对象的特征描述(三视图中标准的信息:形状、尺寸、公差;形状特征:表面精加工、材料及装配等的约束条件)。③ 生产准备信息(工序、作业、原材料、使用机械等)。④ 管理信息。

（2）制造过程：设计顺序、生产准备顺序。

（3）制造资源：设计关联数据、生产设备。

（4）质量保证：产品检查的对象和方法。

传统的制造对象以基准形状为主，就其信息而言，希望上述几项能自动处理、检验，但在方法上，是否需要人介入，这要根据与装配相关的模型间的约束条件处理的自动化程度来定。不论人是否介入，重要的是向后面传递的信息要正确无误。

2.4 模型的表达

在 CAD 系统中，计算机内部存放的三维几何体称为几何模型。模具设计和制造中通常使用的几何模型有："线框模型"、"曲面模型"、"实体模型"三种，它们在计算机内部所占存储空间"线框模型"最小，"实体模型"最大。

1）线框模型（Wire frame model）

线框模型是以物体形状的轮廓、棱边或交线作为形状数据来描述物体的。在图 2.1 中，定义了 8 个三维空间点，图 2.2 是由这些点连成的线生成的立方体，该立方体就是用线条来表达立体的，所以称为线框模型。

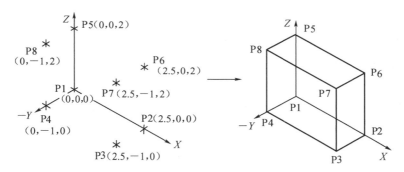

图 2.1   立方体的 8 个空间点   图 2.2   立方体的线框模型

该立方体在内存中存放的数据结构如图 2.3 所示，表 2.1 为 P1～P8 顶点对应的 8 个坐标值，表 2.2 为 12 条线与顶点的对应关系。

图 2.3   立方体各顶点及棱边

表 2.1   顶点与坐标值的对应表

顶点	坐标值		
	X	Y	Z
P1	0	0	0
P2	2.5	0	0
P3	2.5	−1	0
P4	0	−1	0
P5	0	0	2
P6	2.5	0	2
P7	2.5	−1	2
P8	0	−1	2

表 2.2   线与顶点的对应表

线	顶	点
S1	P1	P2
S2	P2	P3
S3	P3	P4
S4	P4	P1
S5	P5	P6
S6	P6	P7
S7	P7	P8
S8	P8	P5
S9	P1	P5
S10	P2	P6
S11	P3	P7
S12	P4	P8

像图 2.4(a)、(b)中所示的圆柱、圆锥等情况,除棱线以外没有轮廓线的多面体形状,用线框模型难以表达,即不清楚应该用怎样的棱线来形成侧面,所以需要添加图 2.4(c)所示的辅助线。

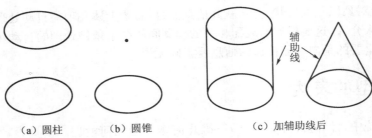

（a）圆柱　　　　　（b）圆锥　　　　　　　（c）加辅助线后

图 2.4　线框模型表达外形有时需要加辅助线

线框模型在计算机内部数据存放结构简单,计算机处理速度快,但形状所带的信息不完整,所以无法得到剖面图、消除隐蔽线和两个形体间的交线,不能计算出物体的体积、表面积、重量、重心等。

2）曲面模型（Surface model）

曲面模型是在三维物体线框模型的基础上再加进面的信息（数据）,即把三维线框模型的物体表面定义成面。图 2.5 所示的立方体是线框模型加上 F1~F6 的 6 个面的信息,线与顶点的对应关系见表 2.3,面与线的对应关系见表 2.4。最简单的面是由多边形和圆形成的平面,其他有旋转面、球面、锥面以及复杂的自由曲面。自由曲面是绘制复杂曲面的主要手段,UG 中有:通过曲线组、网格曲面、扫掠曲面等。不论哪种面都带有方向的信息,由这些信息可以生成阴影线、截面轮廓线、相贯线等。曲面模型虽然边界得到了定义,但每个面都是单独存储,并未记录面与面之间的相邻的拓扑关系,没有表示实体在哪一侧的信息,即不明确边界面所包围的是实心体还是空洞。

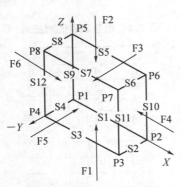

图 2.5　面与点线的对应关系

表2.3　线与顶点的对应表

线	顶点	
S1	P1	P2
S2	P2	P3
S3	P3	P4
S4	P4	P1
S5	P5	P6
S6	P6	P7
S7	P7	P8
S8	P8	P5
S9	P1	P5
S10	P2	P6
S11	P3	P7
S12	P4	P8

表2.4　面与线的对应表

面	线			
F1	S1	S4	S3	S2
F2	S5	S6	S7	S8
F3	S1	S10	S5	S9
F4	S2	S11	S6	S10
F5	S3	S12	S7	S11
F6	S4	S9	S8	S12

3）实体模型（Solid model）

实体模型是在曲面模型的基础上,定义了曲面相互之间的位置关系,即实体在面的那一侧的信息。定义实体侧的方法主要有三种,即一点指定法、法线矢量指定法、包围面的棱线指定法。如图 2.6 所示。

在图 2.6 中,一点指定法是指定实体所在的内侧。法线矢量指定法是指法线矢量指向实体的内侧。包围面的棱线指定法是按右螺旋指向实体侧,指定棱线的顺序,就面 F1 而言,顺序为 S1、S4、S3、S2。

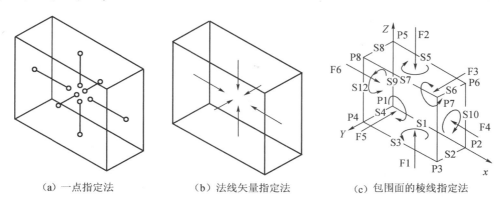

(a)一点指定法　　　　(b)法线矢量指定法　　　　(c)包围面的棱线指定法

图 2.6　实体侧的定义方法

(1)实体模型造型方法:主要有两种:CSG 法和 B-rep 法。

① CSG(Constructive Solid Geometry)结构实体造型表达法:使用立方体、圆柱体、圆锥体、四分之一圆柱体、倒圆角体等单一的基本实体进行和、差、残留共同部分的运算来表达复杂的形状,典型的基本实体如图 2.7 所示。

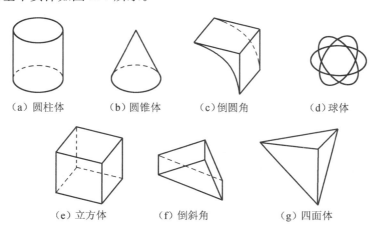

(a)圆柱体　　(b)圆锥体　　(c)倒圆角　　(d)球体

(e)立方体　　(f)倒斜角　　(g)四面体

图 2.7　典型的基本实体

② B-rep(Boundary representation)实体边界表达法:用模型的面与面之间的边界来表达实体形状,即空间实体可以定义为被有限面包围而成,每个面都是由有限条边界围成的封闭域。

B-rep 表达法比 CSG 表达法麻烦一些,但边界表达法能清楚地表达出形体的面、边、点及其相互之间的关系。目前大多数几何造型系统都是以一种造型方法为主兼用另一种。

（2）特征建模（Feature modeling）：实体模型在几何造型上已经很完善,它不仅仅是几何形状的描述,还能提供产品开发整个周期所需的信息。几何模型再加上工艺设计中所需的其他信息：如加工特征、材料、公差和表面粗糙度等,就称为零件特征。特征造型将促进 CAD/CAM 一体化的进程,实现工艺自动化。在零件设计时采用前述的具有某些使用功能和加工信息的形状特征进行组合、拼装,这样构建的模型称为特征模型。这种构造思维方式称为特征建模。

2.5　从设计向制造的信息传递

在理想情况下,设计人员对要制作的对象、要设计的相关东西都具有丰富的知识,参照所能利用的信息,在设计的各个阶段提出问题的解决方案并进行解答,从设计产品的功能和效率,制造和装配的经济性等观点出发,求得更好的解决方案,或结束其工序转向下一步,把设计工作进行下去。这些作业中有许多计算机辅助进行的作业——绘制图形和对图形进行计算,参照已有的图纸完成图纸的描述保存等。以往的 CAD 就是如此开发出来的。

从设计信息中取出生产准备、控制制造所必需的信息,并加以利用,从整体考虑 CAD 和 CAM 是以准确描述信息的形式和保持其意义的一贯性为前提的,这样才能使信息流程多样化,才能对上述设计作业流程进行修改。

在产品制作的先期——设计过程中,要详细生成制造对象的信息,但没有必要把所有的制造信息都表达出来。这是因为设计人员不可能对制作的所有细节都了解,同时因制作环境的不同,细节上的信息也会有所不同,因此不可能在设计时都预先描述出来。

集成了这些设计信息的制造部门,有必要进行规划,首先做什么,怎样做,用什么手段,这就是设计规划。短期规划要进行材料清单的处理、生产计划及数控程序的编制等繁杂的工作;中期规划有成本和质量管理计划;长期规划应具有最优化的手段以及对其投资的计划。

在这些计划下决定由谁做、什么时间、用什么、做多少,这就是过程计划。根据这些总规划和阶段计划,执行作业管理,这就是过程管理。

实现设计一体化和生产系统的自动化,其前提是在计算机内部存在能代替图纸的内部模型且计算机能够理解并进行描述,生成总体规划和现阶段规划的软件组群。为实现这个目的,在计算机内部必须有程序能从零件图纸、装配图纸中取出特征信息和用作制造的信息。

图纸中记录的信息有：形状及其尺寸公差;位置公差;面的精加工;材料和材质;零件清单;有关技术方面的标准事项。

以上这些可以抽出或制成以下信息：公差分析;设计的完整性和管理的合理性;标准零部件的使用管理;装配作业的设计;制造过程的计划编制;数控加工、测量的程序编制。

从设计时生成的制造对象的内部模型本身,自动地导出总体规划、阶段规划。到现在为止,所有的 CAM 软件还不是很完善,也必须由人介入输入信息。生成内部实体模型时,即使是由人给模型的各部分输入与图纸相同的、与制造相关的信息,也必须能自动化解释。为了能够取出与工程设计相关的信息,将带有制造作业特征的领域和种类名的模型,叫做基本特征模型。一般自动抽取这样的特征,是以加工条件、使用工具的文件(名)中的信息为基础,生成工艺设计,或从类似的特征中,取出已存在的工艺设计加以修改。

　　设计作业中的信息的生成以及下游信息的利用,过去都是无重叠的顺序流程,现在采用单一数据库,使信息能自由传递,并有多个流向,不仅能同时协同作业,而且下游能解释上游决定的信息,进而能参照其数据进行作业,与此对应,在上游生成信息时,下游就能参照其数据,就可提高下游作业的自动化效率。

3 数控加工工艺知识

3.1 数控加工工艺内容及特点

3.1.1 数控加工工艺的主要内容

所谓数控加工工艺,就是用数控机床加工零件的一种工艺方法。

数控加工与普通机床加工在方法和内容上有许多相似之处,不同点主要在控制方式上。以机械加工中小批零件为例,在通用机床上加工,就某工序而言,有工步的安排、机床运动的先后次序、进给路线及相关切削参数的选择等方面,虽然也有工艺文件说明,但操作上往往是由操作人员自行考虑和确定的,而且是用手工方式进行控制的。在数控机床上加工时,将工艺信息全部记录在控制介质上,即原先在通用机床上加工时需要操作人员考虑和决定的内容及动作,制作成数码信息输入数控机床的数控装置,对输入信息进行运算和控制,并不断向伺服机构发送信号,伺服机构对信号进行转换与放大处理,然后由伺服电机通过传动机构驱动机床按所编程序进行运动,加工出所需要的零件。可见,数控加工编程是关键。但必须有编程前的数控工艺准备和编程后的善后处理。严格地说,数控编程也属于数控工艺的范畴。因此,数控加工工艺主要包括以下几方面的内容:

(1) 选择并确定需要进行数控加工的零件及内容。

(2) 进行数控加工工艺设计。

(3) 对零件图形进行必要的数学处理。

(4) 编写加工程序(自动编程时为源程序,由计算机自动生成目标程序——加工程序)。

(5) 按程序单制作控制介质。

(6) 对程序进行校验与修改。

(7) 首件试加工与现场问题处理。

(8) 数控加工工艺技术文件的编写与归档。

3.1.2 数控加工工艺的特点

数控加工与通用机床加工相比,在许多方面遵循基本相同的原则,在使用方法上也有很多相似之处。但由于数控机床本身自动化程度较高,设备费用较高,设备功能较强,使数控加工相应形成了如下几个特点:

(1) 数控加工的工艺内容十分明确而且具体:进行数控加工时,数控机床是通过接受数控系统的指令来完成各种运动,从而实现加工的。因此,在编制加工程序之前,需要对影响加工过程的各种工艺因素,如切削用量、进给路线、刀具的几何形状,甚至工步的划分与安排等,一一作出定量描述,对每一个问题都要给出确切的答案和选择,而不能像采用通用机床加工那样,在大多数情况下对许多具体的工艺问题,由操作人员依据自己的实践经验和习惯自行考虑和决定。也就是说,本来由操作人员在加工中灵活掌握并可通过适时调整来处理的许多工艺问题,在数控加工时就转变为编程人员必须事先具体设计和明确安排的内容。

(2)数控加工的工艺工作相当准确而且严密:数控加工不能像通用机床加工时那样可以根据加工过程中出现的问题由操作人员自由地进行调整。比如加工内螺纹时,在普通机床上操作人员可以随时根据孔中是否挤满了切屑而决定是否需要退一下刀或先清理一下切屑,而数控机床是不可以的。所以在数控加工的工艺设计中必须注意加工过程中的每一个细节,做到万无一失。尤其是在对图形进行数学处理、计算和编程时,一定要准确无误。在实际工作中,一个字符、一个小数点或一个逗号的差错都有可能酿成质量事故,甚至重大机床事故。因为数控机床比同类的普通机床价格昂贵,其加工的往往也是一些形状比较复杂、价值也较高的工件,如果损坏零件会造成较大的经济损失,特别是当程序错误造成数控机床损坏时,就会造成严重的经济损失。

根据大量加工实例分析,数控工艺考虑不周和计算与编程时粗心大意是造成数控加工失误的主要原因。因此,要求编程人员除必须具备较扎实的工艺基本知识和较丰富的实际工作经验外,还必须具有耐心和严谨的工作作风。

(3)数控加工的工序相对集中:一般来说,在普通机床上加工是根据机床的种类进行单工序加工。而在数控机床上加工往往是在工件的一次装夹中完成对工件的钻、扩、铰、铣、镗、攻螺纹等多工序的加工。这种"多序合一"的现象属于"工序集中"的范畴,特定情况下,在一台加工中心上可以完成工件的全部加工内容。

3.1.3　数控加工的特点和适应性

1)数控加工的特点

由于数控加工的特点和数控机床本身的性能与功能,使数控加工体现出如下优点:

(1)柔性加工程度高:在数控机床上加工工件,主要取决于加工程序。它与普通机床不同,不必配备许多工装、夹具等,一般不需要很复杂的工艺装备,也不需要经常重新调整机床,就可以通过编程把形状复杂和精度要求较高的工件加工出来。因此能大大缩短产品研制周期,给产品的改型、改进和新产品研制开发提供了有利条件。

(2)自动化程度高,改善了劳动条件:数控加工过程是按输入的程序自动完成的,一般情况下,操作人员主要是进行程序的输入和编辑、工件的装卸、刀具的准备、加工状态的监测等工作,而不需要像手工操作机床那样进行繁重的重复性工作,体力劳动强度和紧张程度可以大大减弱,从而相应的改善了劳动条件。

(3)加工精度较高:数控机床是高度综合的机电一体化产品,是由精密机械和自动化控制系统组成的。数控机床本身具有很高的定位精度,机床的传动系统与机床的结构具有很高的刚度和热稳定性。在设计传动结构时采取了减少误差的措施,并由数控系统进行补偿,所以数控机床有较高的加工精度。更重要的是数控加工精度不受工件形状及复杂程度的影响,这一点是普通机床无法与之相比的。

(4)加工质量稳定可靠:由于数控机床本身具有很高的重复定位精度,又是按所编程序自动完成加工的,消除了操作人员的各种人为误差,所以提高了同批工件加工尺寸的一致性,使加工质量稳定,产品合格率高。一般来说,只要工艺设计和程序正确合理,并按操作规程精心操作,就可实现长期稳定生产。

(5) 生产效率较高:由于数控机床具有良好的刚性,允许进行强力切削,主轴转速和进给量范围都较大,可以更合理地选择切削用量,而且空行程采用快速进给,从而节省了切削进给和空行程时间。数控机床加工时能在一次装夹中加工出很多待加工部位,既省去了通用机床加工时原有的一些辅助工序(如划线、检验等),同时也大大缩短了生产准备时间。由于数控加工一致性好,整批工件一般只进行首件检验,加工过程中抽检即可,从而节省了测量和检测时间。因此其综合效率比通用机床加工有明显提高。如果采用加工中心,则能实现自动换刀,工作台自动换位,一台机床上完成多工序加工,缩短半成品周转时间,生产效率的提高就更加明显。

(6) 良好的经济效益:改变数控机床加工对象时,只需重新编写加工程序,不需要制造、更换许多工具、夹具和模具,更不需要更新机床。又因为加工精度高,质量稳定,减少了废品率,使生产成本下降,生产率提高,这样节省了大量工艺装备费用,获得了良好的经济效益。

(7) 有利于生产管理的现代化:利用数控机床加工,可预先准确计算加工工时,所使用的工具、夹具、刀具可进行规范化、现代化管理。数控机床将数字信号和标准代码作为控制信息,易于实现加工信息的标准化管理。数控机床易于构成柔性制造系统(FMS),目前已与 CAD/CAM 有机地相结合。数控机床及其加工技术是现代集成制造技术的基础。

虽然数控加工具有上述许多优点,但还存在以下不足之处:

数控机床设备价格高,初期投资大,此外零配件价格也高,维修费用高,数控机床及数控加工技术对操作人员和管理人员的素质要求也较高。

因此,应该合理地选择和使用数控机床,才能提高企业的经济效益和竞争力。

2) 数控加工的适应性

数控机床是一种高度自动化的机床,有一般机床所不具备的许多优点,所以数控机床加工技术的应用范围在不断扩大,但数控机床这种高度机电一体化产品,技术含量高,成本高,使用与维修都有较高的要求。根据数控加工的优缺点及国内外的大量应用实践,一般可按适应程度将零件分为下列三类:

(1) 最适应数控加工零件类:① 形状复杂,加工精度要求高,用普通机床很难加工或虽然能加工但很难保证加工质量的零件。② 用数学模型描述的复杂曲线或曲面轮廓零件。③ 具有难测量、难控制进给、难控制尺寸的非敞开式内腔的壳体或盒形零件。④ 必须在一次装夹中合并完成铣、镗、铰或攻螺纹等多工序的零件。

(2) 较适应数控加工零件类:① 在通用机床上加工时极易受人为因素干扰,零件价值又高,一旦操作失误便会造成重大经济损失的零件。② 在通用机床上加工时必须制造复杂的专用工件安装的零件。③ 需要多次更改设计后才能定型的零件。④ 在通用机床上加工时需要做长时间调整的零件。⑤ 在通用机床上加工时,生产率很低或体力劳动强度很大的零件。

(3) 不适应数控加工零件类:① 生产批量大的零件(当然不排除其中个别工序用数控机床加工)。② 装夹困难或完全靠找正定位来保证加工精度的零件。③ 加工余量很不稳定的零件,且在数控机床上无在线检测系统用于自动调整零件坐标位置。④ 必须用特定的工艺装备协调加工的零件。

综上所述,对于多品种小批量、结构较复杂、精度要求较高的零件,需要频繁改型的零件,价格昂贵、不允许报废的关键零件和需要最小生产周期的急需零件要采用数控加工。

图 3.1 表示用普通机床、数控机床和专用机床加工的零件批量数与综合费用的关系。

图 3.2 表示零件复杂程度及批量大小与机床的选用关系。

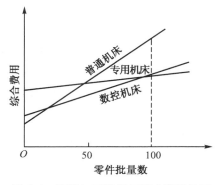

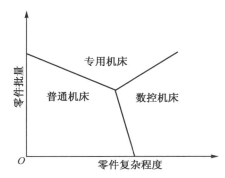

图 3.1 零件加工批量与综合费用关系 　　　图 3.2 数控机床复杂程度与批量的关系

3.1.4 数控机床的选用

数控机床的种类很多,常用的有:车削中心、加工中心、数控钻床、高速铣、数控铣床、数控车床、数控磨床、线切割、电火花等。根据加工内容的不同需选择不同的数控机床进行加工(见图 3.3～图 3.6)。

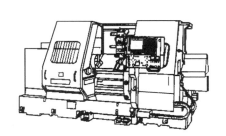

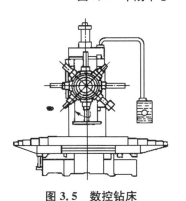

图 3.3 车削中心 　　　图 3.4 加工中心

图 3.5 数控钻床 　　　图 3.6 高速铣

选择数控机床主要取决于零件加工的内容、零件的尺寸大小、精度的高低。具体要求为：

（1）数控机床的主要规格尺寸应与加工零件的外轮廓尺寸相适应，即小零件应选小机床，大零件应选大机床，做到设备合理选用。

（2）数控机床精度应与工序要求的加工精度相适应。

（3）数控机床的生产率应与加工零件的生产类型相适应。单件小批量生产选择通用设备，大批量生产选择高效的专用设备。

（4）数控机床的选择还应结合现场的实际情况。例如设备的类型、规格及精度状况、设备负荷的平衡状况及设备的分布排列情况等。

（5）就零件形状和精度而言，一般精度的回转体选择普通数控机床；精度要求高的或回转体端面需铣槽（或钻孔、局部非圆形状）的回转体零件可选择中、高档的数控机床或车削中心；箱体类零件通常选择卧式加工中心；一般零件的铣削加工选择数控铣床；模具类零件或带有曲面轮廓的零件通常选择加工中心（使用 CAD/CAM 软件生成加工程序）；淬火模具或要求加工时间很短的零件可选择高速铣；零件上孔特别多的可选择数控钻床进行加工。

3.1.5　数控加工的工艺文件

数控加工的工艺文件就是填写工艺规程的各种卡片。常见的加工工序卡见表 3.1。

表 3.1　数控加工工序卡

零件名称	程序号	零件图号	材料	机床型号
控制器面板	%120	NCS—01	铝	MCV—50A

零件工序简图
（定位、夹紧、程序原点示意）

序号	工序内容	刀　具			切削用量		零点偏置代码	加工时间	检验量具	备注
		T 码	规格、名称	补偿	S	F				
1	打中心孔	11	ϕ2 中心钻	D11	1 500	60	G54		游标卡尺	
2	钻　孔	10	ϕ6.3 钻头	D10	1 000	80	G54		游标卡尺	
3	扩　孔	9	ϕ9 扩孔钻	D9	800	80	G54		游标卡尺	
4	粗铣内腔	8	ϕ8 立铣刀	D8	1 600	180	G54		游标卡尺	
5	精铣内腔	7	ϕ6 立铣刀	D7	2 000	120	G54		游标卡尺	
6	铣斜面	12	90°专用铣刀	D12	1 000	100	G54		游标卡尺	

注：G54 中 Z 坐标值置为 0，每把刀对刀得到的 Z 值，设定在刀具长度补偿参数中。

数控加工工序卡是数控机床操作人员进行数控加工的主要指导性工艺文件。它包括：①所用的数控设备；②程序号；③零件图号、材料；④本工序的定位、夹紧简图；⑤工步顺序、工步内容（工序具体加工内容）；⑥各工步所用刀具；⑦切削用量；⑧各工步所用检验量具等。在铣削、车削加工中心上加工，采用工序集中的方式，一个工序内有许多加工工步，通常把工艺文件分成数控工艺卡、刀具调整卡、程序清单。

刀具调整卡的内容有：刀具号、刀具名称、刀柄型号、刀具的直径和长度。常见的刀具调整卡见表 3.2；程序清单为具体的程序，它存放在计算机中或在打孔纸带上，通过计算机的串行口（或读带机）送入控制器。

表 3.2　刀具调整卡

机床型号	MCV－50A		零件号	NCS－01	程　序　号		％120
刀具号	工序内容	刀柄型号		刀具名称	刀　具		备　注
					直径 (mm)	长度 (mm)	
T11	打中心孔	40BT－Z10－45		中心钻		H11	
T10	钻　孔	40BT－Z10－45		钻头	$\phi6.3$	H10	
T9	扩　孔	40BT－Z10－45		扩孔钻	$\phi9$	H9	刀具长度用 H 号补偿
T8	粗铣内腔	40BT－Q1－75		立铣刀	$\phi8$	H8	
T7	精铣内腔	40BT－Q1－75		立铣刀	$\phi6$	H7	
T12	铣斜面	40BT－M2－60		90°专用铣刀		H12	

3.2　机械加工工艺基础

3.2.1　机械加工工艺过程的基本概念

1）生产过程和工艺过程

（1）生产过程：生产过程是指由原材料到制成产品之间的各个相互关联的劳动过程的总和。一般包括原材料的运输和保存、生产准备、备料及毛坯制造、毛坯经机械加工而成为零件，装配与检验和试车、油漆和包装等。

在现代化生产中，某一产品的生产往往有许多模式。但从生产过程来看，某工厂所用的原材料、半成品或部件，却是另一些工厂的成品。而本工厂的成品，往往又是另外工厂的半成品或部件。

（2）工艺过程：工艺过程是直接改变加工对象的形状、尺寸、相对位置和性能，使之成为成品的过程。工艺过程是生产过程中的主要过程；其余劳动过程如各项生产准备、质量检验、运输、保管等则是生产过程中的辅助过程。

在机械加工车间进行的那一部分工艺过程，称为机械加工工艺过程。用数控机床（数控车、数控铣、加工中心、线切割、电火花等）进行加工的工艺过程称为数控工艺过程。

这些工艺过程的有关内容写成工艺文件，称为工艺规程。它是指导生产的主要技术文件，是组织和管理生产的依据。

2）工艺过程的组成

机械加工工艺过程是由一系列的工序组合而成的，毛坯依次地通过这些工序而成为成品。工序是工艺过程的基本组成部分，也是生产计划和成本核算的基本单元。

数控加工工艺就是用数控机床加工的方法改变毛坯的形状、尺寸和材料等物理机械性质，成为所需的具有一定精度、粗糙度的零件。

（1）工序：工序是工艺过程的基本单元。它是指一个（或一组）工人在一个工作地点，对一个(或同时对几个)工件连续完成的那一部分加工过程。划分工序的要点是工人、工作地点及工件三者不变并加上连续完成。只要工人、工作地点、工件这三者中改变了任两个或不是连续完成,则将成为另一工序。

（2）安装或工位:安装就是指定位并夹紧的整个过程,又称之为装夹。工件在机床上占据的每一个加工位置称为工位。

（3）工步与进给:工步是指在一个安装或工位中,加工表面、切削刀具及切削用量都不变的情况下所进行的那部分加工。因此改变加工表面、切削刀具及切削用量三者中其中的一个就变为另一个工步。有些工件,由于余量大,需要用同一刀具,在同一转速及进给量下对同一表面进行多次(分层) 切削,这每一次切削就称为进给。一个工步可能有几次走刀。走刀是构成工艺过程的最小单元。

3）生产类型及工艺特点

某种产品(包括备品和废品在内)的年产量称为该产品的年生产纲领。生产纲领对工厂的生产过程和生产组织起决定性作用。生产纲领不同,各工作地点的专业化程度,所用的工艺方法、机床设备和工艺装备亦不相同。

根据年生产纲领大小的不同,可分成三种不同的生产类型,即单件生产、成批生产和大量生产。其工艺特点如下:

（1）单件生产:指单个地制造不同结构和不同尺寸的产品,并且很少重复,甚至完全不重复。例如重型机器制造、大型船舶制造、航天设备制造、新产品试制等。

单件生产所用的机床设备,过去采用通用机床(一般的车、铣、刨、钻、磨等机床)和通用夹具、标准附件(如三爪卡盘、四爪卡盘、虎钳、分度头等),现在大部分采用数控机床,也有一些采用通用机床,用数控机床加工,生产出的产品质量好、效率高。

（2）成批生产:一年中分批地制造相同的产品,生产呈周期性的重复。每批所制造的相同零件的数量称为批量。按照批量的大小和产品的特征,成批生产又可分为小批生产、中批生产及大批生产三种。小批生产在工艺方面接近于单件生产,两者常常相提并论。大批生产在工艺方面接近于大量生产。成批生产就其效率和成本而言,用数控机床加工最合适。

（3）大量生产:产品生产数量很大,大多数工作地点长期进行某一个零件的某一道工序的加工。大量生产中,广泛采用专用机床、自动机床、自动生产线及专用工艺装备。车间内机床设备都按零件加工工艺先后顺序排列,采用流水生产的组织形式。各种加工零件都有详细的工艺规程卡片。

3.2.2　机械加工工艺规程

规定零件制造工艺过程和操作方法的工艺文件,称为工艺规程。它是在具体的生产条件下,以最合理或较合理的工艺过程和操作方法,并按规定的图表或文字形式书写成工艺文件,经审批后用来指导生产的。工艺规程一般应包括下列内容:零件加工的工艺路线;各工序的具体加工内容;各工序所用的机床及工艺装备;切削用量及工时定额等。

1）工艺规程的作用

（1）工艺规程是指导生产的主要技术文件:合理的工艺规程是在工艺理论和实践经验的

基础上制定的。按照工艺规程进行生产不但可以保证产品的质量,并且有较高的生产率和良好的经济效益。一切生产人员都应严格执行既定的工艺规程。

(2)工艺规程是生产管理工作的基本依据:在生产管理中,原材料及毛坯的供应、通用工艺装备的准备、机床负荷的调整、专用工艺装备的设计和制造、生产计划的制定、劳动力的组织以及生产成本的核算等,都是以工艺规程为基本依据的。

(3)工艺规程是新建或扩建工厂、车间的基本资料:在新建或扩建工厂、车间时,只有根据工艺规程和生产纲领才能正确地确定生产所需的机床和其他设备的种类、规格和数量,车间的面积,机床的布置,生产工人的工种、等级及数量以及辅助部门的安排等。

2)工艺规程制定时所需的原始资料

(1)产品装配图和零件工作图。

(2)产品的生产纲领。

(3)产品验收的质量标准。

(4)现有的生产条件和资料。它包括毛坯的生产条件或协作关系,工艺装备及专用设备的制造能力,加工和工艺设备的规格及性能,工人的技术水平以及各种工艺资料和标准等。

(5)国内外同类产品的有关工艺资料等。

3)制定工艺规程的步骤

制定工艺规程的步骤大致如下:

(1)分析研究产品图纸:了解整个产品的原理和所加工零件在整个机器中的作用。分析零件图的尺寸公差和技术要求。分析产品的结构工艺性,包括零件的加工工艺性和装配工艺性。检查整个图纸的完整性。如果发现问题,要和设计部门联系解决。

(2)选择毛坯:根据生产纲领和零件结构选择毛坯,毛坯的类型一般在零件图上已有规定。对于铸件和锻件,应了解其分模面、浇口、冒口位置和拔模率,以便在选择定位基准和计算加工余量时有所考虑。如果毛坯是用棒料或型材,则要按其标准确定尺寸规格,并决定每批加工件数。

(3)拟定工艺路线:主要有两个方面的工作,其一是确定加工顺序和工序内容。安排工序的集中和分散程度,划分工艺阶段,这项工作与生产纲领有密切关系。其二是选择工艺基准。常常需要提出几个方案,进行分析比较后再确定。

(4)确定各工序所用的加工设备和工艺装备:要确定各工序所用的加工设备(如机床)、夹具、刀具、量具及辅助工具。如果是通用的而本厂又没有则可安排生产计划或采购;如果是专用的,则要提出设计任务书及试制计划,由本厂或外单位进行研制。

(5)计算加工余量、工序尺寸及公差:当计算各工序的加工余量和总的加工余量时,如果毛坯是棒料或型材,则应按棒料或型材标准进行圆整后修改确定。计算各个工序的尺寸及公差,就是要控制各工序的加工质量以保证最终的加工质量。

(6)计算切削用量:如果有切削用量手册等资料,则可查阅并进行计算,否则就要按各工厂的实际经验来确定。目前,对单件小批生产一般不规定切削用量,而是由操作工人根据经验自行选定;数控加工中每一步切削都必须制定出切削用量;对于自动线和流水线,为了保证生产节拍,必须规定切削用量。

（7）估算工时定额：传统的普通机床的加工，通常使用切削用量手册、工时定额手册等资料，用查表或由统计资料估算（不是很准确）。用 CAD/CAM 生成程序在数控机床上加工，CAM 系统根据操作人员设定的切削用量能自动精确地计算出确切的加工时间。

（8）确定各主要工序的技术要求及检验方法：必要时，要设计和试制专用检具。

4）定位基准

基准是指零件的设计基准或工艺基准，它是零件上的一个表面、一条线或一个点，根据这些面、线、点来确认其他的面、线、点的位置，前者称为后者的基准。

（1）基准类型：基准可分为设计基准和工艺基准两类，设计基准是指零件设计时所用的基准；工艺基准是指在数控加工过程中所采用的基准。根据用途不同，工艺基准又可分为定位基准、工序基准、测量基准。

① 定位基准：加工时确定零件在机床或夹具中的位置所依据的点、线、面位置的基准，即确定被加工表面位置的基准。它是由工件定位基面与夹具定位元件的工作表面相接触的面、线、点决定的。

② 工序基准：在工序图上，用以标定被加工表面位置的面、线、点称为工序基准，所标注的加工面的位置尺寸叫工序尺寸，工序基准是工序尺寸的设计基准。

③ 测量基准：在测量时确定零件位置或零件上被测量面所依据的面、线、点称为测量基准。即测量被加工表面尺寸、位置所依据的基准。

（2）定位基准的选择：定位基准的选择直接影响零件的加工精度、加工顺序的安排以及夹具结构的复杂程度等，所以它是制定工艺规程中的一个十分重要的问题，各工序定位基准的选择，应先根据工件定位要求来确定所需定位基准的个数，再按基准选择原则来选定每个定位基准。为使所选的定位基准能保证整个数控加工工艺过程顺利地进行，通常应先考虑如何选择精基准来加工各个表面，然后考虑如何选择粗基准把作为精基准的表面先加工出来。

① 精基准的选择：选择精基准时，应从整个工艺过程来考虑如何保证工件的尺寸精度和位置精度，并使装夹方便可靠。一般应按下列原则来选择：

a. 基准重合原则：应选用设计基准作定位基准。如图 3.7 所示，为主轴箱的定位基准情况。在生产批量不大时，应以设计基准底面 M 和导向面 E 作为定位基准来镗孔 Ⅰ 和孔 Ⅱ 。

b. 基准统一原则：应尽可能在多工序中选用一组统一的定位基准来加工其他各表面。采用基准统一原则可以避免基准转换所产生的误差，并可使各工序所用夹具的某些结构相同或相似，简化夹具的设计和制造。在数控加工中，加工中心带有刀库，一次安装能进行铣、钻、镗等许多工步的加工，所以精基准通常采用基准统一原则。

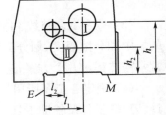

图 3.7　主轴箱定位基准

c. 自为基准原则：有些精加工或光整加工工序要求余量小而均匀，应选择加工表面本身作为定位基准。如磨削床身导轨面，就是以导轨面本身为基准来找正定位。

d. 互为基准原则：对相互位置精度要求高的表面，可以采用互为基准、反复加工的方法。例如车床主轴的主轴颈与主轴锥孔的同轴度要求高，一般先以轴颈定位加工锥孔，再以锥孔定位加工轴颈，如此反复加工来达到同轴度要求。

e. 可靠、方便原则：应选定位可靠、装夹方便的表面作基准。

② 粗基准的选择：选择粗基准主要是选择第一道机械加工工序的定位基准，以便为后续工序提供精基准。选择粗基准的出发点是：一要考虑如何合理分配各加工表面的余量；二要考虑怎样保证不加工表面与加工表面间的尺寸及相互位置要求。这两个要求常常是不能兼顾的，因此，选择粗基准时应首先明确哪个要求是主要的。

一般应按下列原则来选择：

a. 若工件必须首先保证某重要表面的加工余量均匀，则应选该表面为粗基准。例如车床床身导轨面不仅精度要求高，而且要求耐磨。在铸造床身时，导轨面向下放置，使其表面层的金属组织细致均匀，无气孔、夹砂等缺陷。加工时要求从导轨面上只切去薄而均匀的余量，保留紧密耐磨的金属层组织。为此应选导轨面为粗基准加工床脚平面，再以床脚平面为精基准加工导轨面（见图 3.8(a)）。反之，若选床脚平面为粗基准，会使导轨面的加工余量大而不均匀，降低导轨面的耐磨性（见图 3.8(b)）。

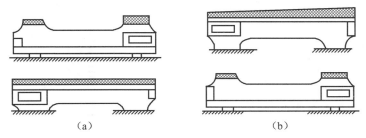

(a)   (b)

图 3.8 床身加工粗基准比较

b. 若工件每个表面都要求加工，为了保证各表面都有足够的余量，应选加工余量最小的表面为粗基准。如图 3.9 所示的阶梯锻轴，两段轴有 3 mm 的偏心，应选小端外圆面为粗基准。

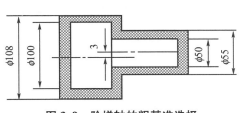

图 3.9 阶梯轴的粗基准选择

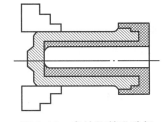

图 3.10 套的粗基准选择

c. 若工件必须保证某不加工表面与加工表面之间的尺寸或位置要求，则应选该不加工表面为粗基准。如图 3.10 所示的零件要求壁厚均匀，应选不加工的外圆面为粗基准来镗孔。

d. 选作粗基准的表面应尽可能平整，没有飞边、浇口、冒口或其他缺陷。粗基准一般只允许使用一次。若两次装夹使用同一粗基准，则此两次装夹所加工的表面之间会产生较大的位置误差。只有当重复使用某一粗基准所产生的定位误差在允许的范围之内时，该粗基准才可以重复使用。

5）加工余量

加工余量是指加工过程中，所切去的金属层厚度。余量有工序余量和加工总余量之分，工序余量是相邻两工序的尺寸之差；加工总余量是毛坯尺寸与零件图设计的尺寸之差，它等于各工序余量之和。

加工总余量的大小对零件的加工质量和制造的经济性有较大的影响。余量过大会浪费原材料、增加加工工时、机床刀具及能源的消耗；余量过小则不能消除上一道工序留下的各种误差、表面缺陷和本工序的装夹误差，容易造成废品。工序余量太大（或是局部太大），精加工时刀具受到的切削力大（切削力变化大），刀具受力变化大，容易产生形变误差；余量太小精加工时影响表面粗糙度。数控加工余量的选用原则与普通加工相同，可采用经验估算、查表修正和分析计算等方法。但同时要考虑到机床的刚性、工艺系统的刚性、机床参数的范围，从而合理确定加工余量。

3.2.3　夹具概述

机床夹具的定义及组成

（1）定义：机床夹具是将工件进行定位、夹紧，并将刀具进行导向或对刀，以保证工件和刀具间的相对位置关系的附加装置，简称夹具。将工件在机床上进行定位、夹紧的装置，称为辅助工具。

（2）组成：通常夹具由定位元件、夹紧装置、导向元件、对刀装置和连接元件等部分组成。图 3.11 是一个加工拨叉零件的铣床夹具（如果拨叉较长容易引起震动）。

① 定位元件：它起定位作用，保证工件相对于夹具的位置，可用六点定位原理来分析其所限制的自由度。常用的定位元件有固定支承钉、板，可调支承钉，V 形块等。如图 3.12 所示。

② 夹紧装置：将工件夹紧，保证在加工时保持所限制的自由度。常见的手动夹紧机构根据动力源的不同，可分为手动、气动、液动和电动等方式。

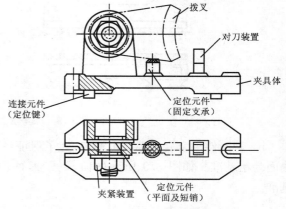

图 3.11　加工拨叉的铣床夹具

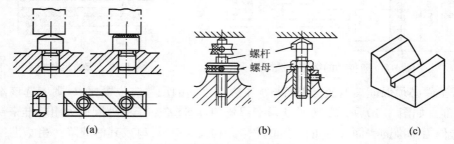

(a)　　　　　　　　(b)　　　　　　　　(c)

图 3.12　常用的各种定位支承元件

③ 导向元件和对刀装置：它是用来保证刀具相对于夹具的位置，对于钻头、扩孔钻、铰刀、镗刀等孔加工刀具用导向元件；对于铣刀、刨刀等用对刀装置，如图 3.11 所示。

④ 连接元件：它是用来保证夹具和机床工作台之间的相对位置，对于铣床夹具，有定位键与铣床工作台上的 T 形槽相配以进行定位，再用螺钉夹紧，如图 3.13 所示。对于钻床夹具，由于孔加工时只是沿轴向进给就可完成，用导向元件就可以保证相对位置（如钻模板上的钻套等），因此，在将夹具装在工作台上时，用导向元件直接对刀具进行定位，不必再用连接元件定

位了,所以一般的钻床夹具没有连接元件。

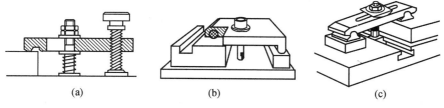

(a)   (b)   (c)

图 3.13 常见的夹紧机构

⑤ 夹具体:它是夹具的本体。定位元件、夹紧装置、导向元件、对刀装置、连接元件等都装在它上面,因此夹具体一般都比较复杂,它保证了各元件之间的相对位置。

⑥ 其他元件及装置:如动力装置的操作系统等。

(3) 夹具的作用:① 保证加工质量、提高机床加工精度等级:如相对位置精度的保证,精度的一致性等;② 提高生产率:用夹具来定位、夹紧工件,避免了手工找正等操作,缩短了安装工件的时间;③ 减轻劳动强度:如可用气动、电动夹紧;④ 扩大机床的工艺范围:在机床上安装一些夹具就可以扩大其工艺范围,如在数控铣床上加一个数控分度盘,就可以在圆柱面上加工螺旋槽。

(4) 夹具的分类:它有多种分类方法:从专业化程度分;从使用机床的类型分;从动力来源分,等等。以下从专业化程度来分,可分为:

① 通用夹具:如常见的三爪卡盘、平口钳、V 形块、分度头和转台等。通常作为数控机床、通用机床的附件。

② 专用夹具:根据零件工艺过程中某工序的要求专门设计的夹具,此夹具仅用于该工序的零件加工用,都是用于成批和大量生产中。

③ 组合夹具:由许多标准件组合而成,可根据零件加工工序的需要拼装,用完后再拆卸,可用于单件、小批生产。数控铣床、加工中心用得较多。

3.3 数控加工路线设计

3.3.1 加工阶段的划分

(1) 工序的划分:零件的加工质量要求较高时,应把整个加工过程划分为以下几个阶段:

① 粗加工阶段:其任务是切除大部分加工余量,使毛坯在形状和尺寸上接近零件成品,目标是获得高的生产率。

② 半精加工阶段:其主要任务是使主要表面达到一定的精度,为主要表面的精加工做好准备。并完成一些次要表面的加工。

③ 精加工阶段:使各主要表面达到图纸规定的质量要求。

④ 光整加工阶段:对于质量要求很高(IT6 及其以上,$Ra \leqslant 0.32 \ \mu m$)的表面,特别是曲面加工,需进行光整加工,主要用于进一步提高尺寸精度和减小表面粗糙度值(不能用来提高位置精度)。

(2) 划分加工阶段的原因

①　可保证加工质量：因为粗加工切除的余量大，切削力、夹紧力和切削热都较大（高速切削零件加工完后，零件不太热，热变形很小），致使工件产生较大的变形。同时，加工表面被切除一层金属后，内应力要重新分布，也会使工件变形。如果不划分加工阶段，则安排在前面的精加工工序的加工效果，必然会被后续的粗加工工序所破坏。而划分加工阶段，则粗加工造成的误差可通过半精加工和精加工予以消除。而且各加工阶段之间的时间间隔有自然时效的作用，有利于使工件消除内应力和充分变形，以便在后续工序中修正。

②　可合理使用机床：粗加工采用功率大、普通精度的设备；精加工采用精度较高的机床。这样有利于合理发挥设备的效能，保持高精度机床的工作精度。

③　粗加工阶段可发现毛坯缺陷从而及时报废或修补。

④　可适应热处理的需要：为了便于穿插必要的热处理工序，并使它发挥充分的效果，就自然而然地将加工过程划分成几个阶段。例如精密主轴加工，在粗加工后进行时效处理，在半精加工后进行淬火，在精加工后进行冰冷处理及低温回火，最后进行光整加工。

⑤　表面精加工安排在最后，可使这些表面少受或不受损伤。应当指出：加工阶段的划分不是绝对的。对于刚性好、余量小、加工要求不高或内应力影响不大的工件（如高速切削铝合金材料），可以不划分加工阶段。

（3）在高速铣削中由于切削速度很大，通常可达到（1 000 m/min），与普通切削产生的切削热的传导有很大的不同，工件得到的热量很少，所以在高速铣削或加工中心加工中通常采用工序集中的加工方式，粗、精加工并不分开。节省了零件的装夹时间，更容易保证零件的位置精度。

3.3.2　加工工序的划分

1）机械加工工序的安排原则

（1）先基面后其他：先用粗基准定位加工出精基准面，再以精基准定位加工其他表面。如果精基准面需要变换，则应按基准转换次序和逐步提高加工精度的原则来安排基面和主要表面的加工。

（2）先粗后精：当零件需要划分加工阶段时，先安排各表面的粗加工，中间安排半精加工，最后安排主要表面的精加工和光整加工。

（3）先主后次：先加工零件上的装配基面和工作表面等主要表面，后加工键槽、紧固用的光孔与螺纹孔等次要表面。因为次要表面的加工面积较小，它们又往往与主要表面有一定的相互位置要求，所以一般应放在主要表面半精加工之后进行加工。

（4）先面后孔：对于箱体、支架等类零件，由于平面的轮廓尺寸较大，以平面为精基准来加工孔，定位比较稳定可靠，故应先加工平面，后加工孔。

2）热处理工序的安排

热处理工序在工艺路线中的位置安排，主要取决于热处理的目的。一般可分为：

（1）预备热处理：退火与正火常安排在粗加工之前，以改善切削加工性能和消除毛坯的内应力；调质一般应放在粗加工之后、半精加工之前进行，以保证调质层的厚度；时效处理用以消除毛坯制造和机械加工中产生的内应力。对于精度要求不太高的工件，一般在毛坯进入机械加工之前安排一次人工时效即可。对于机床床身、立柱等结构复杂的铸件，应在粗加工前后都要进行时效处理。对一些刚性差的精密零件（如精密丝杠），在粗加工、半精加工和精加工过程中要安排多次人工时效。

（2）最终热处理：主要用以提高零件的表面硬度和耐磨性以及防腐、美观等。淬火、渗碳淬火、淬火—回火等安排在半精加工之后、磨削加工之前进行；氮化处理由于温度低，变形小，且氮化层较薄，故应放在精磨之后进行。表面装饰性镀层、发蓝处理，应安排在机械加工完毕之后进行。

　3）辅助工序的安排

检验工序是数控加工主要的辅助工序。在每道工序中，首件一定要检查，尺寸不合格或尺寸不在公差范围之内，修改补偿尺寸后再确认一次。以后加工一定数量，就要进行抽检，如刀具磨损要进行及时的补偿或换新的刀具，防止成批不合格件流向下道工序。除工序自检之外，还要独立安排抽检工序，做到不合格材料不投产，不合格毛坯不加工，不合格工序不转入下道工序。具体的抽检时间顺序安排为：重要和复杂毛坯加工之前；重要和费工时的工序之后；完工、入库之前。

此外，去毛刺、倒钝锐边、去磁、清洗及涂防锈油等都是不可忽视的辅助工序。

3.3.3　工序集中与分散

安排了加工顺序之后，需将各加工表面的各次加工，按不同的加工阶段和加工顺序组合成若干个工序，从而拟定出零件加工的工艺路线。组合时可采用工序集中或工序分散的原则。

（1）工序集中是把零件的加工集中在少数几道工序内完成。其特点是：

① 有利于采用高效的专用设备和工艺装备，生产效率高。

② 由于工件装夹次数少，不仅可减少辅助时间，缩短生产周期，而且可在一次安装中加工许多表面，容易保证它们的相互位置精度。

③ 工序数目少，可以减少机床数量，相应地减少了操作人员数和生产面积，并可简化生产计划和生产组织工作。

（2）工序分散是把零件的加工分散到许多工序内完成。其特点是：

① 机床与工艺装备比较简单，容易调整。生产准备工作量小，容易适应产品变换。

② 对工人的技术要求低。

③ 设备数量多，操作工人多，生产面积大。

工序集中与工序分散各有优缺点，应根据生产类型、零件的结构特点与技术要求以及现有设备条件等来确定工序集中或分散的程度。a. 单件小批生产宜于工序集中，采用通用机床或数控机床。b. 中小批量生产通常采用数控机床（加工中心）加工，一次安装可进行钻、铣、镗等加工，加工方式是工序顺序集中或组织集中。c. 大批量生产可采用多刀、多轴等高效、专用机床将工序集中，加工方式是工序平行集中；也可按工序分散组织流水生产，加工方式是工序分散。

3.3.4　进给路线的确定

数控加工中进给路线对加工时间、加工精度和表面质量有直接的影响。

铣削有顺铣和逆铣两种方式。当工件表面无硬皮，机床进给机构无间隙时，应选用顺铣，用顺铣方式安排进给路线。因为采用顺铣加工，已加工零件表面质量好，刀齿磨损小。精铣时，尤其是零件材料为铝镁合金、钛合金或耐热合金时，应尽量采用顺铣。当工件表面有硬皮，机床的进给机构有间隙时，应选用逆铣，按照逆铣安排进给路线。因为逆铣时，刀齿是从已加工表面切入，不会崩刃；机床进给机构的间隙不会引起振动和"爬行"。

1) 铣削外轮廓的进给路线

铣削平面零件外轮廓时,一般是采用立铣刀侧刃切削。刀具切入零件时,应避免沿零件外轮廓的法向切入,以避免在切入处产生刀具的接刀痕,而应沿切削起始点延伸线或切线方向逐渐切入工件,保证零件曲线的平滑过渡。同样,在切离工件时,也应避免在切削终点处直接抬刀,要沿着切削终点延伸线或切线方向逐渐切离工件。如图 3.14 所示。

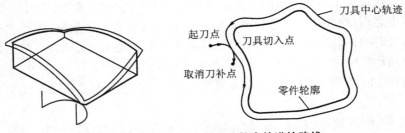

图 3.14　刀具切入和切出外轮廓的进给路线

2) 铣削内轮廓的进给路线

铣削封闭的内轮廓表面时,同铣削外轮廓一样,刀具同样不能沿轮廓曲线的法向进刀和退刀。此时刀具可以沿过渡圆弧切入和切出工件轮廓。图 3.15 所示为铣切内腔的进给路线。

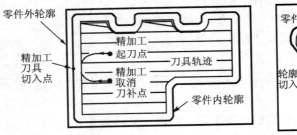

图 3.15　内腔精加工切入/切出路径

3) 铣削曲面的进给路线与加工效果

对于曲面加工不论是精加工还是粗加工都有多种切削方式,针对不同的加工零件形状,选择一种进给路径较短的方式。图 3.16(b)所示的路径比图 3.16(a)的路径短。

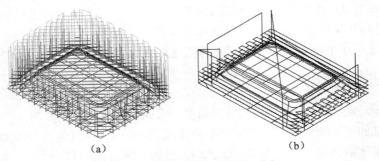

(a)　　　　　　　　　　　　　　(b)

图 3.16　曲面加工的不同走刀路径

此外还必须考虑残余量大小的一致性,如平行铣削方式,平行 X 轴方向走刀,垂直走刀路径的曲面上残余量小,平行走刀路径的曲面上残余量大,如图 3.17(a)所示。这种粗加工结果不符合精加工切削用量均匀一致的要求。若改用 45°方向走刀,效果如图 3.17(b)所示,虽然还有局部残余量还比较大,但整体残余量最大值变小,且其一致性比较好。

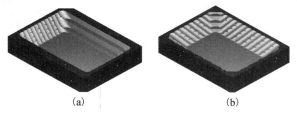

(a) (b)

图 3.17 铣削曲面的两种进给路线

曲面精铣时如图 3.18 所示,使用平头刀和球头刀进给路径相同,但使用平头刀和球头刀的效果是不同的。图 3.18(b)是使用球头刀铣削的,圆圈中所示的最大残余量比图 3.18(a)用平头刀铣削的最大残余量的值要小,但底面(平面)的铣削用平头刀比球头刀效果好。

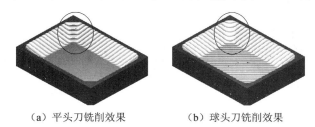

(a)平头刀铣削效果 (b)球头刀铣削效果

图 3.18 曲面铣削使用不同类型刀具的不同效果

在高速铣削中选择走刀路径方式,既要考虑刀具路径的长短,又要考虑刀具的受力。高速铣削方式下为了使切削力和脉动都小,在槽切削中通常采用摆线式切削。如图 3.19 所示。

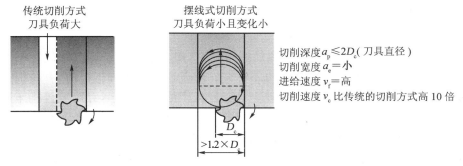

图中文字:
传统切削方式
刀具负荷大

摆线式切削方式
刀具负荷小且变化小

切削深度 $a_p \leq 2D_c$(刀具直径)
切削宽度 a_e=小
进给速度 v_f=高
切削速度 v_c 比传统的切削方式高 10 倍

D_c
$>1.2 \times D_c$

图 3.19 传统切削方式与高速摆线切削方式

4)Z 向进给

通常采用二刃键槽铣刀直接进刀,进刀路线短,但该方式进刀速率较小,加工效率不高,而且端面刀刃刀具中心部位的切削速度接近零,刀刃容易损坏。当采用直径较大的镶片立铣刀或高速铣削方式下,当采用坡走铣或螺旋式 Z 向进刀方式,中心部位刀刃有一定的切削速度,在刀具端面中心部位没有刀刃的情况下,也能连续地 Z 向进刀,且刀刃不容易损坏。图 3.20(a)所示为坡走铣、图 3.20(b)所示为螺旋式 Z 向进刀方式。高速切削的薄壁件,如图 3.21 所示。

总之,确定进给路线的原则是在保证零件加工精度和表面粗糙度的条件下,尽量缩短进给路线,以提高生产率。

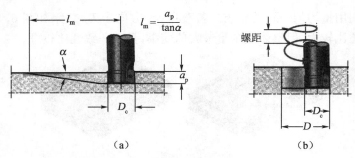

图 3.20　坡走铣与螺旋式 Z 向进刀方式

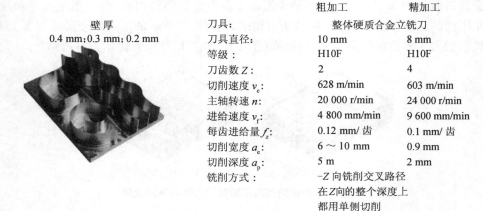

	粗加工	精加工
刀具：	整体硬质合金立铣刀	
刀具直径：	10 mm	8 mm
等级：	H10F	H10F
刀齿数 Z：	2	4
切削速度 v_c：	628 m/min	603 m/min
主轴转速 n：	20 000 r/min	24 000 r/min
进给速度 v_f：	4 800 mm/min	9 600 mm/min
每齿进给量 f_z：	0.12 mm/齿	0.1 mm/齿
切削宽度 a_e：	6～10 mm	0.9 mm
切削深度 a_p：	5 m	2 mm
铣削方式：	-Z 向铣削交叉路径 在 Z 向的整个深度上 都用单侧切削	

壁厚
0.4 mm；0.3 mm；0.2 mm

图 3.21　高速切削的薄壁件示例

3.4　数控加工的工序设计

　　工艺路线确定之后,各道工序的内容已基本确定,接下来便可进行工序设计。工序设计时,由于所用机床不同,工序设计的要求也不一样。对普通机床的加工工序,有些细节问题可不必考虑,由操作人员在加工过程中处理。对数控机床的加工工序,针对数控机床高度自动化、自适应性差的特点,要充分考虑到加工过程中的每一个细节,工序设计必须十分严密。

　　工序设计的主要任务是为每一道工序选择机床、夹具、刀具及量具,确定定位夹紧方案、刀具的进给路线、加工余量、工序尺寸及其公差、切削用量及工时定额等。

3.4.1　工件装夹与夹具选择

1) 工件的定位

　　(1) 六点定位原理:工件在空间具有六个自由度,即沿 X、Y、Z 三个坐标轴方向的移动自由度 $\vec{X}$、$\vec{Y}$、$\vec{Z}$ 和绕 X、Y、Z 三个坐标轴的转动自由度 $\hat{X}$、$\hat{Y}$、$\hat{Z}$,如图 3.22 所示。因此,要完全确定工件的位置,就需要按一定的要求布置六个支承点(即定位元件)来限制工件

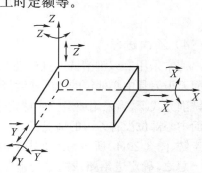

图 3.22　工件在空间的六个自由度

的六个自由度。其中每个支承点限制相应的一个自由度。这就是工件定位的"六点定位原理"。

如图3.23所示的长方形工件,底面 A 放置在不在同一直线上的三个支承上,限制了工件的 $\hat{X}$、$\hat{Y}$、$\hat{Z}$ 三个自由度;工件侧面 B 紧靠在沿长度方向布置的两个支承点上,限制了 $\vec{X}$、$\hat{Z}$ 两个自由度;端面 C 紧靠在一个支承点上,限制了 $\vec{Y}$ 自由度。

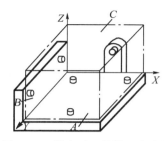 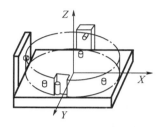

图3.23 长方形工件的六点定位　　　　图3.24 盘状工件的六点定位

图3.24所示为盘状工件的六点定位情况。平面放在三个支承点上,限制了 $\hat{X}$、$\hat{Y}$、$\vec{Z}$ 三个自由度;圆柱面靠在侧面的两个支承点上,限制了 $\vec{X}$、$\vec{Y}$ 两个自由度;在槽的侧面放置一个支承点,限制了 $\hat{Z}$ 自由度。

由图3.23和图3.24可知,工件形状、定位表面不同,定位点的布置情况会各不相同。

(2) 限制工件自由度与加工要求的关系:根据工件加工表面加工要求的不同,有些自由度对加工要求有影响,有些自由度对加工要求无影响。工件定位时,影响加工要求的自由度必须限制,不影响加工要求的自由度不必限制。

(3) 完全定位与不完全定位:工件的六个自由度都被限制的定位称为完全定位(如图3.23、图3.24所示)。工件被限制的自由度少于六个,但不影响加工要求的定位称为不完全定位。

(4) 过定位与欠定位:按照加工要求应限制的自由度没有被限制的定位称为欠定位。欠定位是不允许的,因为欠定位保证不了加工要求。工件的一个或几个自由度被不同的定位元件重复限制的定位称为过定位。当过定位导致工件或定位元件变形,影响加工精度时,应严禁采用;但当过定位不影响工件的正确定位,并能提高工件刚度,有利于提高加工精度时,就可以采用。

2) 工件的定位方式与定位元件

(1) 工件以平面定位:工件以平面作为定位基准时,常用的定位元件如下所述。

① 主要支承:主要支承用来限制工件的自由度,起定位作用。

a. 固定支承:固定支承有支承钉和支承板两种形式。在使用过程中,可根据坯料的情况(已加工表面或毛坯)选择不同头部结构的支承钉。

b. 可调支承:可调支承用于在工件定位过程中,支承钉的高度需要调整的场合。大多用于工件毛坯尺寸、形状变化较大,以及粗加工定位等情况。

c. 自位支承(浮动支承):自位支承是在工件定位过程中,能自动调整位置的支承。相当于一个定位支承点,只限制工件一个自由度。用于提高工件的刚性和稳定性。

② 辅助支承:辅助支承用来提高工件的装夹刚性和稳定性,不起定位作用,也不允许破坏原有的定位。

（2）工件以外圆柱面定位：有支承定位和定心定位两种。

① 支承定位：支承定位最常见的是 V 形块定位。图 3.25(a)为常见 V 形块结构，用于较短工件精基准定位；图 3.25(b)用于较长工件粗基准定位；如果定位基准与长度较大，则 V 形块不必做成整体钢件，而采用铸铁底座镶淬火钢垫，如图 3.25(c)所示。长 V 形块限制工件的四个自由度，短 V 形块限制工件的两个自由度。V 形块两斜面的夹角有 60°、90°和 120°三种，其中以 90°最为常用。

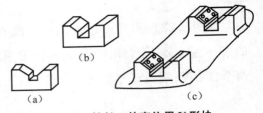

图 3.25　较长工件定位用 V 形块

② 定心定位：定心定位能自动地将工件的轴线确定在要求的位置上，如常见的三爪自动定心卡盘和弹簧夹头等。此外也可用套筒作为定位元件。图 3.26 是套筒定位的实例，图 3.26(a)是短套筒孔，相当于两点定位，限制工件的两个自由度；图 3.26(b)是长套筒孔，相当于四点定位，限制工件的四个自由度。

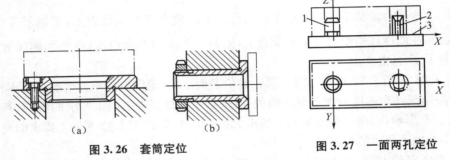

图 3.26　套筒定位　　　　　　　图 3.27　一面两孔定位

（3）工件以圆孔定位：工件以圆孔内表面定位时，常用定位元件有：定位销、圆柱心轴、圆锥销、锥度心轴等。

（4）工件以一面两孔定位：图 3.27 为一面两孔定位简图。利用工件上的一个大平面和与该平面垂直的两个圆孔作定位基准进行定位。夹具上如果采用一个平面支承（图中 3，限制 $\vec{X}$、$\vec{Y}$ 和 $\vec{Z}$ 三个自由度）和两个圆柱销（都限制 $\vec{X}$ 和 $\vec{Y}$ 两个自由度）作定位元件，则在两销连心线方向产生过定位（重复限制 $\vec{X}$ 自由度）。为了避免过定位，将其中一销做成削边销（见图中 2）。削边销不限制 $\vec{X}$ 自由度，限制 $\vec{Z}$ 自由度。

3）定位误差

一批工件逐个在夹具上定位时，各个工件在夹具上所占据的位置不可能完全一致，所以加工后各工件的工序尺寸存在误差。这种因工件定位而产生的工序基准在工序尺寸方向上的最大变动量，称为定位误差，用 ΔD 表示。

（1）定位误差产生的原因

① 基准不重合误差：定位基准与设计基准不重合时所产生的加工误差，称为基准不重合误差。在工艺文件上，设计基准已转化为工序基准，设计尺寸已转化为工序尺寸，此时基准不重合误差就是定位基准与工序基准之间尺寸的公差，用 ΔB 表示。

② 基准位移误差：一批工件定位基准相对于定位元件的位置最大变动量（或定位基准本身的位置变动量）称为基准位移误差，用 ΔY 表示。

（2）常见定位方式的定位误差　① 工件以圆柱面配合定位的基准位移误差：a. 定位副固定单边接触。b. 定位副任意边接触：当心轴垂直放置时，工件可以与心轴任意边接触，此时定位误差为单边接触的双倍（不考虑定位孔与定位心轴间的最小配合间隙时）。

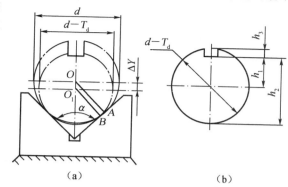

$$\Delta Y = D_{max} - d_{min} = T_D + T_d \quad (3.1)$$

式中：T_D——工件定位孔直径公差；T_d——定位心轴直径公差。

图 3.28　工件以外圆在 V 形块上定位

② 工件以外圆在 V 形块上定位的误差：如图 3.28 所示，工件以外圆在 V 形块上定位，定位基准是工件外圆轴心线，因工件外圆柱面直径有制造误差，因此产生的工件在垂直方向上的基准位移误差为：

$$\Delta Y = OO_1 = \frac{d/2}{\sin(\alpha/2)} - \frac{(d-T_d)/2}{\sin(\alpha/2)} = T_d/2\sin(\alpha/2) \quad (3.2)$$

对于图 3.28（b）中的三种工序尺寸标注，其定位误差分别为：当工序尺寸标为 h_1 时，因基准重合，$\Delta B = 0$，所以

$$\Delta D = \Delta Y = T_d/2\sin(\alpha/2) \quad (3.3)$$

当工序尺寸标为 h_2 时，工序基准为外圆柱面下母线，与定位基准不重合，两者以 $(d-T_d)/2$ 相联系。所以 $\Delta B = T_d/2$。由于工序基准在定位基面上，因此 $\Delta D = |\Delta Y \pm \Delta B|$。符号的确定：当定位基面直径由大变小时，定位基准朝下运动，使 h_2 变大；当定位基面直径由大变小时，假定定位基准不动，工序基准相对于定位基准向上运动，使 h_2 变小。两者变动方向相反，故有：

$$\Delta D = |\Delta Y - \Delta B| = \left| \frac{T_d}{2\sin(\alpha/2)} - \frac{T_d}{2} \right| = \frac{T_d}{2}\left[\frac{1}{\sin(\alpha/2)} - 1 \right] \quad (3.4)$$

当工序尺寸标为 h_3 时，工序基准为外圆柱面上母线，基准不重合，误差仍为 $\Delta B = T_d/2$；当定位基准面直径由大变小时，ΔB 和 ΔY 都使 h_3 变小，故有：

$$\Delta D = \Delta Y + \Delta B = \frac{T_d}{2\sin(\alpha/2)} + \frac{T_d}{2} = \frac{T_d}{2}\left[\frac{1}{\sin(\alpha/2)} + 1 \right] \quad (3.5)$$

4）工件的装夹

加工过程中，为保证工件定位时确定的位置正确，防止工件在切削力、离心力、惯性力、重力等作用下产生位移和振动，需将工件夹紧。这种保证加工精度和安全生产的装置，称为夹紧装置。

（1）对夹紧装置的基本要求：夹紧装置的自动化程度及复杂程度应与工件的产量和批量相适应。

① 夹紧过程中，不改变工件定位后所占据的正确位置。

② 夹紧力的大小适当：既要保证工件在加工过程中其位置稳定不变、震动小，又要使工件不产生较大的夹紧变形。

③ 操作方便、省力、安全。

（2）夹紧力方向和作用点的选择

① 夹紧力应朝向主要定位基准：如图 3.29（a）所示，被加工孔与左端面有垂直度要求，因此，要求夹紧力 F_J 朝向定位元件 A 面。如果夹紧力改朝 B 面，由于工件左端面与底面的夹角误差，夹紧时将破坏工件的定位，影响孔与左端面的垂直度要求。又如图 3.29（b）所示，夹紧力 F_J 朝向 V 形块，使工件的装夹稳定可靠。但是，如果改为朝向 B 面，则夹紧时工件有可能

会离开 V 形块的工作面而破坏工件的定位。

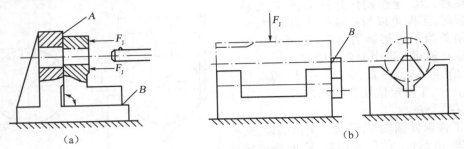

图 3.29　夹紧力朝向主要定位面

② 夹紧力方向应有利于减小夹紧力：当夹紧力与切削力、工件重力同方向时，加工过程所需的夹紧力可最小。

③ 夹紧力的作用点应选在工件刚性较好的方向和部位：这对刚性差的工件特别重要。

④ 夹紧力的作用点应尽量靠近工件加工面：这样既提高了工件的装夹刚性，又减少了加工过程中的振动。

⑤ 夹紧力作用点应落在定位支承范围内。

5) 夹具的选择

单件小批量生产时，应优先选用组合夹具、通用夹具或可调夹具，以节省费用和缩短生产准备时间。成批生产时，可考虑采用专用夹具，但力求结构简单。

装卸工件要方便可靠，以缩短辅助时间，有条件且生产批量较大时，可采用液动、气动或多工位夹具，以提高加工效率。除上述几点外，还要求夹具在数控机床上安装准确，能协调工件和机床坐标系的尺寸关系。

3.4.2　刀具与切削用量选择

1) 机床刀具

(1) 刀具材料应具备的性能：切削时，刀具切削部分不仅要承受很大的切削力，而且要承受切削变形和摩擦所产生的高温。要使刀具能在这样的条件下工作而不至于很快地变钝或损坏，保持其切削能力，就必须使刀具材料具有如下的性能：

① 高的硬度和耐磨性：刀具材料的硬度必须远远高于被加工材料的硬度，否则在高温高压下，就不能保持刀具锋利的几何形状。通常刀具材料的硬度都在 60HRC 以上。

② 足够的强度与韧性：刀具切削部分的材料在切削时要承受很大的切削力和冲击力。

③ 良好的耐热性和导热性：刀具材料的耐热性是指刀具材料在高温下保持其切削性能的能力。

④ 良好的工艺性：为了便于制造，要求刀具材料有较好的可加工性，包括锻压、焊接、切削加工、热处理、可磨性等。

⑤ 经济性：选择刀具材料时应注意经济效益，在满足要求的情况下，力求价格低廉。

(2) 刀具材料的种类：目前最常用的刀具材料有高速钢和硬质合金。陶瓷材料和超硬刀具材料(金刚石和立方氮化硼)应用也越来越多，它们的硬度很高，具有优良的抗磨损性能，刀具耐用度高，能保证高的加工精度。

① 高速钢:高速钢是含有较多的钨、铬、钼、钒等合金元素的高合金工具钢。按用途不同分为通用型高速钢和高性能高速钢。

② 硬质合金:硬质合金是由硬度和熔点都很高的碳化物(WC、TiC、TaC、NbC 等),用 Co、Mo、Ni 作粘结剂制成的粉末冶金制品。在国内常用的硬质合金有三大类:钨钴类硬质合金(YG)、钨钛钴类硬质合金(YT)、钨钛钽(铌)类硬质合金(YW)。

③ 其他刀具材料:有涂层刀具材料、陶瓷、金刚石、立方氮化硼(CBN)。

近年来国内外,硬质合金涂层刀具用地很多,刀具的耐磨性、综合切削性比较好。国际上刀具牌号的分类为:P 类加工钢材;M 类加工不锈钢等;F 类加工铸铁;N 类加工有色金属;S 类加工耐热合金;H 类加工淬过火的高硬材料。

(3) 刀具分类:按刀具结构分类,有整体式、焊接式和机夹可转位式刀片等。按刀具切削刃数量划分,可分为单刃刀具、多刃刀具等。

① 整体式刀具:使用较多的整体式刀具有高速钢车刀、立铣刀等,如图 3.30 所示。近年来由于刀具制造技术的发展,整体式硬质合金键槽铣刀、球头铣刀使用越来越多。

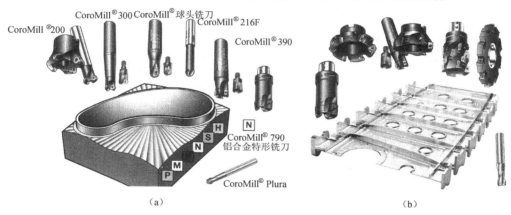

图 3.30 常见铣削刀具

② 焊接式刀具:焊接式刀具结构简单,刚性好,可根据加工要求较方便地刃磨出所需的几何形状,应用十分普遍。但焊接后的硬质合金刀具,经刃磨后易产生内应力和裂纹,使切削性能下降,影响生产率的提高。如图 3.31(c)所示。

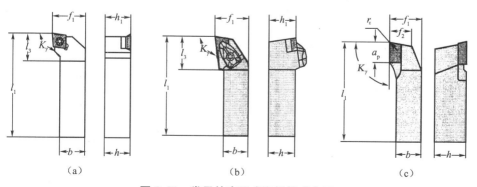

图 3.31 常见的夹固式和焊接式车刀

③ 机夹可转位刀片式刀具(机夹不重磨式刀具):以机夹可转位刀片式车刀为例,如

图 3.31 的(a)、(b)所示,这种刀具具有一定几何角度的多边形刀片,以机械紧固的方法,装夹在标准刀杆上。当刀片磨钝后,将夹紧机构松开,将刀片转位后即可继续切削。使用机夹不重磨刀具能提高硬质合金刀具的耐用度和刀片利用率,节约了刀杆和刃磨砂轮的消耗,简化了刀具的制造过程,有利于刀具标准化和生产组织管理。对于旋转刀具,目前也大量采用可转位刀片刀具,如图 3.32 所示为可转位刀片面铣刀,图 3.33 所示为可转位刀片球头铣刀。

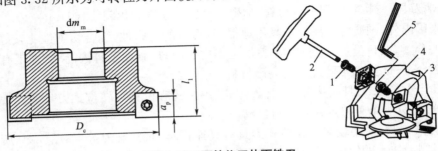

图 3.32 可转位刀片面铣刀

1、4—螺钉;2—起子;3—刀垫;5—内六角扳手

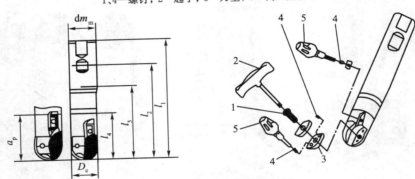

图 3.33 可转位刀片球头铣刀

1、4—螺钉;2—起子;3—刀垫;5—内六角扳手

(4)刀具几何角度:刀具切削部分组成要素:刀具种类繁多,结构各异,但其切削部分的几何形状和参数都有共性,总是近似地以普通外圆车刀的切削部分为基础,确定刀具一般性定义,分析刀具切削部分的几何参数。普通外圆车刀刀具角度标注如图 3.34 所示。夹固式的夹紧机构如图 3.35 所示。

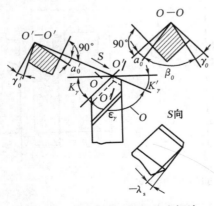

图 3.34 外圆车刀刀具角度标注

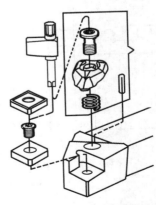

图 3.35 夹固式的夹紧机构

车刀角度名称:γ_0:前角;α_0:后角;β_0:楔角;K_γ:主偏角;K'_γ:副偏角。

(5) 刀具的工作角度:上述的刀具角度是在刀具静止参考系中定义的角度,即在不考虑刀具的具体安装情况和运动影响的条件下而定义的刀具标注角度。实际上,在切削加工中,由于进给运动的影响或刀具相对于工件安装位置发生变化时,常常使刀具实际的切削角度发生变化。这种在实际切削过程中起作用的刀具角度,称为工作角度。通常进给运动对刀具角度的影响趋势为前角增大、后角减小。刀尖安装高度高于旋转中心时对刀具角度的影响与进给运动相同,低于则影响相反。

2) 刀具的选择

一般优先采用标准刀具,必要时也可采用各种高生产率的复合刀具及其他一些专用刀具。此外,应结合实际情况,尽可能选用各种先进刀具,如可转位刀具、整体硬质合金刀具、陶瓷涂层刀具等。刀具的类型、规格和精度等级应符合加工要求,刀具材料应与工件材料相适应。

(1) 对刀具性能的要求:在刀具性能上,数控机床加工所用刀具应高于普通机床加工所用刀具。所以选择数控机床加工刀具时,还应考虑以下几个方面:

① 切削性能好:为使刀具在切削粗加工或难加工材料的工件时,能采用大的背吃刀量和高速进给,刀具必须具有能够承受高速切削和强力切削的性能。同时,同一批刀具在切削性能和刀具寿命方面一定要稳定,以便实现按刀具使用寿命换刀或由数控系统对刀具寿命进行管理。

② 精度高:为适应数控加工的高精度和自动换刀等要求,刀具必须具有较高的精度。如有的整体式立铣刀的径向尺寸精度高达 0.005 mm 等。

③ 可靠性高:要保证数控加工中不会发生刀具意外损坏及因潜在缺陷而影响到加工的顺利进行等情况,要求刀具及与之组合的附件必须具有很好的可靠性及较强的适应性。

④ 耐用度高:数控加工的刀具,不论在粗加工或精加工中,都应比普通机床加工所用刀具具有更高的耐用度,以尽量减少更换(或修磨刀具)及对刀的次数,从而提高数控机床的加工效率,保证加工质量。

⑤ 断屑及排屑性能好:数控加工中,断屑和排屑不像普通机床加工那样,能及时由人工处理,切屑易缠绕在刀具和工件上,会损坏刀具和划伤工件已加工表面,甚至会发生伤人和设备事故,影响加工质量和机床的顺利、安全运行,所以要求刀具应具有较好的断屑和排屑性能。

(2) 立铣刀受力分析:从刀具受力,使用的方便性、经济性,特别是从学生实习的方便性角度来分析。三刃立铣刀的刀刃螺旋角大,切削时对于某一刀刃来讲,刀刃与工件的接触从切入时的一点逐渐增大到最大,然后减小到最小直至离开,当一个刀刃的切削力由大开始减小时另一个刀刃又已经开始切入,刀具受力变化小,受冲击小。二刃键槽铣刀,刀刃的螺旋角小,刀刃一旦切入工件,切削力几乎很快就达到最大值,当一个刀刃离开工件时另一个刀刃可能还没有切入工件,刀具受到的冲击力大。所以工厂里的铣工通常喜欢使用三刃铣刀,因其受冲击力小,铣削过程平稳,震动小,而键槽铣刀主要的一个优点是在精铣键槽时,二刃刀受力对称,铣出的键槽直线性好,通常用于铣削键槽,也是二刃刀被称为键槽铣刀的原因。就使用方便性而言,二刃铣刀能在工件中间进刀,使用三刃铣刀必须在下刀点预先钻孔,因为三刃铣刀在刀具端面中心处有一个刃磨用的顶针孔,刀刃不到中心部,所以 Z 向不能直接进刀,在 CAM 加工中,可选择坡走铣或螺旋下刀方式,而二刃铣刀刀刃到中心部,可以 Z 向直接进刀,所以使用方便,特别是对于学生实习。球头模具铣刀刀刃到中心部,也可以 Z 向直接进刀。从经济性考虑,普通立铣刀与球头模具立铣刀相比形状简单,要便宜得多。选择原则:二维轮廓的粗、精铣,三维曲面的粗铣选择键槽铣刀或镶片式立铣;三维曲面的精铣为了给后道工序留下较小的抛光余量,选择球头模具立铣刀。

粗加工铣削斜面时在相同的切削深度的情况下,键槽铣刀与球头模具铣刀铣削的残余量大小如图 3.36 所示。

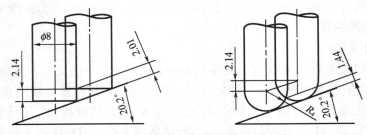

图 3.36　铣刀对残余量大小的影响

3) 切削用量的选择

(1) 刀具耐用度的定义:刀具由开始切削一直到磨损量达到磨钝标准为止的总切削时间称为刀具耐用度,以符号 C 来表示。

刀具耐用度与刀具寿命这两个名词含义不同。刀具寿命是表示一把新刀从投入切削起,到报废为止总的实际切削时间,其中包括该刀具多次重磨,因此刀具寿命等于这把刀的刃磨次数(包括新刀开刃)乘以刀具的耐用度。

(2) 切削用量与刀具耐用度的关系:切削速度对刀具耐用度影响最大,其次是进给量,最后是切削深度。

(3) 金属切除率与切削用量的选择:对于粗加工,要尽可能保证较高的单位时间金属切除量(金属切除率)和必要的刀具耐用度。在车削加工中,单位时间内的金属切除量可以用下式计算:

$$Z_\omega \approx 1\,000vfa_p \tag{3.6}$$

式中:Z_ω——单位时间内的金属切除量($\mathrm{mm^3/s}$);v——切削速度($\mathrm{m/s}$);f——进给量($\mathrm{mm/r}$);a_p——切削深度(mm)。

提高切削速度、增大进给量和切削深度,都能提高金属切除率。同时考虑到切削用量与刀具耐用度的关系,所以,在选择粗加工切削用量时,应优先采用大的切削深度,其次考虑采用大的进给量,最后才选择合理的切削速度。

工厂中实际切削用量制定的通常方法是:

① 经验估算法:凭工艺人员的实践经验估计切削用量。

② 查表修正法:将工厂生产实践和试验研究积累的有关切削用量的资料制成表格,并汇编成册。确定切削用量时根据零件材料、刀具材料从手册中查出切削速度 $v(\mathrm{m/min})$ 和每转进给量 $S_0(\mathrm{mm/r})$,以此计算出主轴转速和进给速度,再结合工厂的实际情况进行适当修正。计算公式如下(其中 D 为刀具直径,n 为主轴转速,F 为进给速度):

$$n = 1\,000v/(\pi D) \quad (\mathrm{r/min}) \tag{3.7}$$

$$F = S_0 n \quad (\mathrm{mm/min}) \tag{3.8}$$

切削深度应根据工件的加工余量和机床—夹具—刀具—工件系统的刚性来确定。在保留半精加工、精加工必要余量的前提下,应当尽量将粗加工余量一次切掉。只有当总加工余量太大,一次实在切削不完时,才考虑分几次走刀。走刀次数多,从辅助时间来说,是不合适的。粗加工时限制进给量提高的因素是切削力。进给量主要根据机床—夹具—刀具—工件系统的刚性和强度来确定。在工艺系统的刚性和强度好的情况下,可选用大一些的进给量;在切削细长轴类、铣削大平面薄板件等刚性差的零件时,首先要考虑怎样提高加工系统的刚性,切削用量的选择要使加工系统的变形、震动控制在不影响加工精度的范围内。

断续切削时为了减少冲击,应降低一些切削速度和进给量。车削内孔时刀杆刚性差,应适当采用小一些的切削深度和进给量。车削端面时可适当提高一些切削速度,使平均速度接近车削外圆时的数值。

加工大型工件时,机床和工件的刚性较好,可采用较大的切削深度和进给量,但切削速度则应降低,以保证必要的刀具耐用度,同时也使工件旋转时的离心力不致太大。

(4) 加工精度、表面质量与切削用量选择的关系:半精加工、精加工时首先要保证加工精度和表面质量,同时应兼顾必要的刀具耐用度和生产效率。

半精加工、精加工时的切削深度根据粗加工留下的余量确定。限制进给量提高的主要因素是表面粗糙度。为了减小工艺系统的弹性变形,减小已加工表面的残留余量的大小,半精加工尤其是精加工时一般多采用较小的切削深度和进给量。在曲面加工和带有曲面的模具加工中,为了保证加工精度,粗加工选择切削用量时,通常采用小切深,快进给。以便给精加工留下均匀一致且比较小的残余量,使得精加工切削时切削力小,工艺系统的弹性变形小,应变引起的切削误差小。在切削深度和进给量确定之后,一般也是在保证合理刀具耐用度的前提下确定合理的切削速度。

为了抑制积屑瘤和鳞刺的产生,以提高表面质量,用硬质合金刀具进行精加工时一般多采用较高的切削速度,高速钢刀具则一般多采用较低的切削速度。例如,硬质合金精车刀的切削速度一般在 $80\sim100$ m/min。

精加工时刀尖磨损往往是影响加工精度的重要因素,因此应选用耐磨性好的刀具材料,并尽可能使之在最佳切削速度范围内工作。

在钻、扩、铰的工序中,通常为了保证孔的位置精度,先打中心孔,然后再钻、扩、铰,扩、铰的加工余量大小还可以根据钻夹头的跳动情况适当修改,一般情况采用附录 1 表格中的数据即可。当钻夹头的跳动很小时,可减小扩孔加工余量到 0.75 mm,铰加工余量到 0.1 mm。在铸铁上加工直径为 $\phi30$ mm(或 $\phi32$ mm)的孔时,可直接用 $\phi28$ mm(或 $\phi30$ mm)钻头预钻一次。

但对于具体的数控机床,如小型数控车床、铣床,教学型的数控车床、铣床,应按相应的数控机床的刚性情况减小到所允许的合理切削用量范围内。

习　题

3.1　何为工艺过程? 它对组织生产有何作用?

3.2　对零件图进行工艺分析,分析的内容是什么? 作用是什么?

3.3　粗、精加工基准选择原则是什么?

3.4　工序集中与工序分散各有那些优缺点？加工中心加工通常采用哪种方式,为什么？

3.5　加工工序安排的主要原则有哪些？

3.6　数控机床所用的夹具通常有哪些？其作用是什么？

3.7　针对以下不同情况:粗、精加工;大批量、小批量;自动编程、手动编程,刀具、刀具材料的选择原则是什么？

3.8　试论述硬质合金、高速钢底基涂层(陶瓷、硬质合金等)、高速钢刀具材料的性能,实际加工中如何选择？

3.9　粗、精加工切削用量的选择原则是什么？

3.10　试分析进刀方式的选择与加工精度要求和刀具类型的关系。

4 Mastercam CAD 功能基本操作

4.1 Mastercam 的基本操作

1) 窗口界面(见图 4.1)

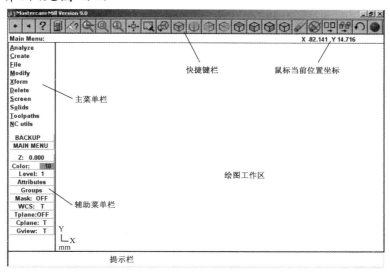

图 4.1 Mastercam 的主界面

2) 主菜单栏功能入口

Analyze(分析):分析图素的所有相关的信息,编辑二维图形。

Create(绘图):CAD 绘制图形的入口,绘制点、线、圆弧、曲线、曲面、实体、标注尺寸及其他绘图功能。

File(档案):文档处理(存储、调用、编辑、图形格式转换、图形合并、通信等)。

Modify(修整):对图形进行修剪、打断、连接、倒圆角、延伸等。

Xform(转换):图形的镜像、旋转、比例、平移、偏置等功能。

Delete(删除):删除屏幕上及系统数据库中的图形。

Screen(屏幕):系统配置,改变屏幕上图形的颜色、层、隐藏图素等。

Toolpath(刀具路径):CAM 加工入口,有外形、挖槽、钻孔、曲面加工等模组。

NC utils(公共管理):编辑、管理、检查刀具路径等。

4.1.1 坐标系

坐标系定义:作图平面定义为 3D 时,坐标系为空间直角坐标系;定义 3D 以外的其他作图平面时,所使用的坐标系为工作坐标系。方向的判断为:X 轴正向朝右,Y 轴正向朝上,Z 轴正向指向操作者,如图 4.2 所示。

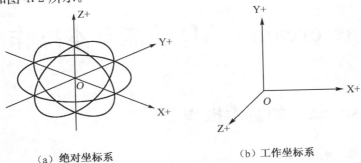

(a) 绝对坐标系   (b) 工作坐标系

图 4.2 坐标系

4.1.2 作图平面、工作深度 Z 与图形视角

进入 CAD 绘图,不论是画线框模型、曲面模型还是实体建模,首先要设定坐标系,即选择作图平面及工作深度 Z,在选定的作图平面中,作出二维的几何图形,然后进行特征建模。

在 Mastercam 中,用工作坐标系,则首先设定作图平面(即构图面),作图平面在 Z 轴上所处的位置(即工作深度 Z),同时选一个合适的图形视角。再在设定的作图平面中绘图,绘制出不同平面中的立体的所有图素。在 Mastercam 中若有作图平面必有工作深度,两者缺一不可。坐标系、作图平面、工作深度的相互关系如图 4.3、图 4.4 所示。

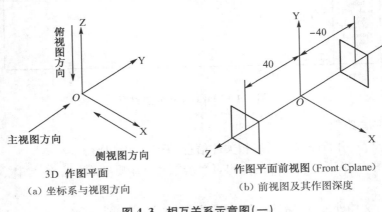

(a) 坐标系与视图方向   (b) 前视图及其作图深度

图 4.3 相互关系示意图(一)

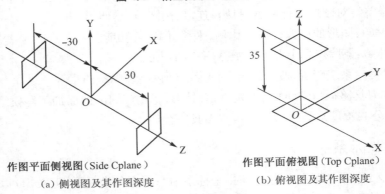

(a) 侧视图及其作图深度   (b) 俯视图及其作图深度

图 4.4 相互关系示意图(二)

1) 作图平面设定菜单

可以在辅助菜单栏选择"构图面"选项得到"构图面构建"菜单,并可以用该菜单来定义不同的作图平面(见图 4.5)。

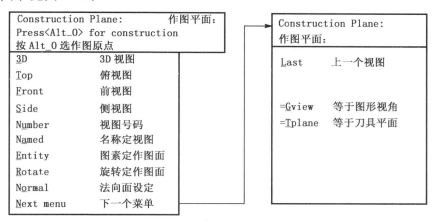

图 4.5　作图平面设定菜单

(1) 3D(3D 视图):该构图空间是唯一不受工作深度影响的。使用 3D 视图就是在三维空间直接构建图素。例如:在 3D 空间构图面上任何直线的两端点并不需要与三个基本构图面(俯视图、前视图、后视图)中的任何一个平面平行。也就是说,在 3D 空间绘制直线图素时,其两端点的深度可以不一样。

如果要在空间构建图素而又没有可捕捉的已存在图素,则需要输入空间点坐标(如 11,−12,25)去构建。

在空间构图状态下有些平面功能是难以预见结果的。如在空间构图状态下两点加半径画圆弧,按数学原理可以画出无数符合条件的圆弧。因此必须在某一个平面上来使用该平面构图功能。相似的情况还有:两点画圆弧、画矩形、极坐标画线、画水平线或垂直线、输入文字、画椭圆、极坐标画圆弧、倒角或倒圆角等。

(2) Top(俯视图):该构图面是 Mastercam 默认的构图面,打开 Mastercam 将自动进入该构图面。该构图面也就是由原始三维坐标系统的 X 轴和 Y 轴所定义的平面。也可以把该构图面看作是机械制图的俯视图面。

该构图面的工作深度就是原始坐标系 Z 轴的刻度。当使用该构图面时,工作深度轴 Z 轴的正向由屏幕指向用户。

(3) Front(前视图):该构图面也就是由原始三维坐标系统的 X 轴和 Z 轴所定义的平面。也可以把该构图面看作是机械制图的主视图面。

该构图面的工作深度就是原始坐标系 Y 轴的刻度。当使用该构图面时,工作深度轴的正向由屏幕指向用户。

在工作深度的问题上容易使用户混淆。当使用某个构图面时,同时就会使用存在在该构图面上的工作坐标系。用户面对任何作图平面时,都可以将水平方向看作是 X 轴,垂直方向看作是 Y 轴,而深度 Z 轴垂直于该构图面指向用户。在前视图中工作坐标系的深度轴 Z 轴刚好和原始坐标系的 Y 轴指向相反。如需输入坐标值则优先使用的是工作坐标系。

(4) Side(侧视图):该构图面也就是由原始三维坐标系统的 Y 轴和 Z 轴所定义的平面。

也可以把该构图面看作是机械制图的右视图面面。

该构图面的工作深度就是 X 轴的刻度。当使用该构图面时，工作深度轴的正向由屏幕指向用户。

（5）Number（视角号码）：当选择该项时，提示输入一个视角号码（最多可以输入 1～100 的号码）。被输入的号码必须是一个已经存在的视角。有八个视角是系统内定的，它们分别是：1—Top（俯视图）；2—Front（前视图）；3—Back（后视图）；4—Bottom（仰视图）；5—Right（右视图）；6—Left（左视图）；7—Isometric（等角视图）；8—Axonometric（轴向视图）。

（6）Last（上一个视图）：该选项设置的作图平面是在这以前最后一次设置的作图平面。

（7）Entity（图素定作图面）：选择屏幕上已存在的图素决定一个作图平面。例如：由三个点、两条线或平面图素（如一个圆弧）或实体表面等定义一个作图平面。

使用图素定面时，建议通过捕捉点来确定当前构图面的工作深度，这比直接输入工作深度准确可靠。

（8）Rotate（旋转定作图面）：该选项旋转当前的构图平面至一定的角度，以形成新的构图面。

（9）Normal（法向定作图面）：将某条空间直线作为法线，通过该法线其中一个端点且垂直于该法线的平面定义为作图平面。选择法线时靠近哪个端点，生成的构图面就通过这个端点。

选取一条直线后，主菜单栏显示如图 4.6(a)所示菜单。在屏幕上显示工作坐标系（见图 4.6(b)）。

① Next（下一个）：用于改变 Z 轴方向。

② Save（存储）：用于存储已设定的作图平面。

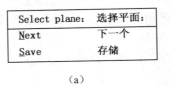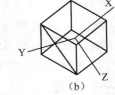

图 4.6　法向面设定菜单及坐标系

（10）＝Gview（等于视角平面）：该选项是改变作图平面，等于视角平面。

（11）＝Tplane（等于刀具平面）：该选项是改变刀具平面，等于视角平面。

2）Gview 图形视角设定菜单

Gview 图形视角设定菜单见图 4.7。

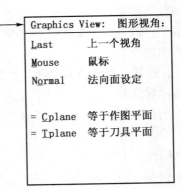

图 4.7　图形视角设定菜单

图形视角菜单的选项基本上与作图平面菜单的选项相同，操作也相同，其中：

（1）Dynamic（动态旋转）：在图形区用动态方式改变图形位置，设定一个临时图形视角。动态旋转改变图形位置有四种选项：旋转、比例、平移、自由旋转。旋转是图形视角中动态旋转的缺省设置，且任何时候都可以打开其他选项，只要从键盘键入四个选项的第一个字母（R，S，T，F）。各选项功能如下：

① Rotate（旋转）：图形绕设定的点跟随光标运动，左右移动光标图形在 XY 平面内绕 Z 轴旋转，若上下移动光标，在屏幕上系统移动图形 Z 轴内外上下摆动。

② Scale（比例）：移动鼠标缩小、放大屏幕上的图形，但不改变图形的方向。

③ Translate（平移）：移动鼠标上下，左右平动移动屏幕上的图形。

④ Free（自由旋转）：移动鼠标系统使图形跟随光标位置自由旋转。

（2）动态旋转操作步骤如下：

a. 从辅助菜单选 Gview→Dynamic。

b. 在图形上输入用于旋转图形的一个点。

c. 选取下列方法之一（可重复进行）：

① 直接用鼠标在屏幕上旋转图形，左右移动绕 Z 轴转动，上下移动 Z 轴内外摆动。

② 输入 S，然后在图形区移动鼠标，放大、缩小图形。

③ 输入 T，然后在图形区移动鼠标，平移图形至所需的位置。

④ 输入 F，然后在图形区移动鼠标，自由地旋转图形。

⑤ 输入 R，同直接用鼠标在屏幕上旋转图形相同。

3）鼠标右键快捷菜单

单击鼠标右键弹出 Mastercam 中使用频率很高的快捷菜单，如图 4.8 所示。各选项说明：

① Zoom window（窗口缩放）：用一个矩形选取图形，放大至整个绘图工作区。

② Unzoom（缩小）：缩小当前屏幕上的图形。

③ Dynamic Spin（动态旋转）：动态旋转绘图区的图形。

④ Dynamic Pan（动态平移）：动态平移绘图区的图形。

⑤ Dynamic Zoom（动态缩放）：动态缩放绘图区的图形。

⑥ Fit screen（适度化）：将屏幕上的图形放大至整个绘图工作区。

Zoom window	窗口缩放
Unzoom	缩小
Dynamic Spin	动态旋转
Dynamic Pan	动态平移
Dynamic Zoom	动态缩放
Fit screen	适度化
Repaint	重画
Top	俯视图
Front	前视图
Side	侧视图
Isometric	等角视图
√Auto Highlight	自动突显
√Auto Cursor	自动捕捉

图 4.8　快捷菜单

⑦ Repaint（重画）：刷新画面，显示可见的图形。

⑧ Top（俯视图）：改变图形视角到俯视图。

⑨ Front（前视图）：改变图形视角到前视图。

⑩ Side（侧视图）：改变图形视角到侧视图。

⑪ Isometric（等角视图）：改变图形视角到等角视图。

⑫ Auto Highlight（自动突显）：打开或关闭图素自动突显功能。

⑬ Auto Cursor（自动捕捉）：打开或关闭端点自动捕捉功能。

4.1.3　工作层(层别)

要熟练高效地使用一个绘图软件,图层的使用是非常关键的。图层可以看作是没有厚度的透明塑胶片重叠在一起,每一个图层就是一片透明塑胶片。使用某个图层就是在某个图层上构建图素;关闭图层就是把某张塑胶片拿掉。

一个 Mastercam 的模型可以包括线架,还可以包括尺寸标注、曲面和刀具路径等。有了图层可以分门别类地在各个独立的图层上摆放这些对象。不同层中的图素可以任意地显示或隐藏,以便观察(看清图素)和操作。在任何时候控制和改变某些工作层的对象,而不会影响其他层别的对象。

在辅助菜单中选择"层别"选项(或者<Alt>+<Z>),即可调出"图层管理器"对话框(见图4.9)。

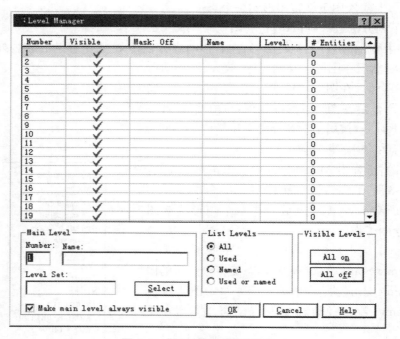

图 4.9　"图层管理器"对话框

在 Mastercam 中可以使用 1~255 个图层构建模型的各种特性。其中,目前构图层是正在构建图素的图层。

Mastercam 的图层和 AutoCAD 中的图层有所不同。AutoCAD 要使用某个图层则需要用户去"新建",而 Mastercam 中 1~255 个图层"本来就有",直接使用就行。Mastercam 还允许将某个图层的内容拷贝或者移动到另一个图层。

图层管理器说明如下:

(1) Number(层别号码)(共有 255 个)。

(2) Visible(可看见的层别):图层的属性之一。指出存在于该图层上的模型特性是可见的。如果想将该层设定为不可见,只需要选择该项,将红色的"√"去掉。如果想将所有层设置为不可见,可以直接选择"显示所有层"中的"全关"按钮。不过当前使用的图层不能被关闭。

（3）Mask:off（限定层别）:选择了某层为限定层后,只能对该层图素进行操作,而不能对其他层别的图素操作。

（4）Name（层别名称）:可以直接双击该项或者在"系统层之设定"中的"名称"空格中填写对某个图层的说明,如该图层是尺寸标注层等。

（5）Level...（层别叙述）:可以填写更加详细的对层别的说明。

（6）♯Entities（图形数量）:存在于某个图层上图素的数量。

（7）Main Level（系统层设定）:可以设定某个层别为"当前层"。

① Number（层别）:输入层别号码,将该号码的层设定为"当前层"。

② Name（名称）:可以在层别号码外为该层加上更方便记忆的说明。

③ Level Set（层组）:允许为层别添加更详细的说明,还可以用该说明为层别分类。

④ Select（选择）:通过直接在绘图区选择某项图素,将该图素所在的层别定义为"当前层"。

⑤ Make main level always visible（使系统层永远开启）:"当前层"总是可见的。

（8）List Levels（层别之显示）:选择性地显示某些层别号码。

（9）Visible levels（显示所有层）:可以一次打开或者关闭所有的图层。

如果想要编辑修改某一层的图素,而又不想被其他图层的图素影响,可以直接关闭其他各层（也就是使其他各层不可见）。但如果又想利用其他图层的图素作为编辑修改图素的参考,就要用到限定图层的功能。可以直接选择次菜单区"限定层"的选项来得到图层对话框,然后选择"限定层别"选项来限定图层。

4.1.4　点输入法和通用选择方法

1）点输入法

在 Mastercam 工作期间,用得最多的是点的输入（这里介绍的是如何在三维空间输入一点,而不是指用 Create 绘制一个实际的点）。使用一个绘图指令在三维空间输入一点,可以使用光标,也可利用点输入菜单。

（1）光标自动抓点:在绘图工作区单击鼠标右键,弹出快捷选择菜单（如图4.8所示）,若在自动捕捉（Auto Cursor）前方出现标记"√",则表示自动捕捉功能已打开;若没有出现标记"√",则自动捕捉功能已关闭。可以通过单击"自动捕捉"切换这两种状态。

还有一种设置自动捕捉功能的方法,通过菜单:屏幕→下一页→自动抓点。若其选中为Y,则选用了该功能。

一旦选用了自动捕捉,在屏幕的图形上移动光标,系统检测和捕获点,捕获到点就在点上显示一个小方框,且点的对应输入菜单反影显示。自动捕捉能捕获的点有:现存点、端点、中点、圆的1/4处点、圆的中心、曲线的交点、现在选用的格点上的点。

自动捕捉快捷方便,但在很多图上系统不能检测所输入的点,在此情况下,可以使用点输入菜单选点。

（2）菜单方式抓点:点输入是 Mastercam CAD 系统中最基本的指令,也是绘图时用得最多的指令,可在提示区直接输入坐标值产生点。位置点的输入（Point Entry）有以下方法:

① Origin（原点）:输入原点;

② Center（圆心点）:找出已存在的圆弧的圆心;

③ Endpoint（端点）:在线段或圆弧的端点上定义一点;

④ Intersec(交点):在两图素相交处产生点;

⑤ Midpoint(中点):在图素的中点处产生点;

⑥ Point(已存在的点):屏幕上已存在的点作为当前的输入点;

⑦ Last(上次输入的点):系统记忆的最后一点;

⑧ Relative(相对点):定义相对已知点的点;

⑨ Quadrant(四等分位点):产生圆弧 1/4 处的点;

⑩ Sketch(任意点):移动光标至想要的位置,按下鼠标的左键,定义出一点。

选择相对点选项后,首先需选取一个已知点,这时在主菜单区弹出直角坐标和极坐标两个选项。当选择直角坐标(Rectang)选项时,在提示区输入相对坐标值,回车后即可按选取的点及输入的相对坐标创建点。选择极坐标(Polar)选项时,在提示区显示数值输入框,提示输入相对长度,输入后按回车键,系统接着提示输入相对角度,输入后再按回车键,系统即可按选取的点及输入的相对长度和相对角度创建点。

在输入数值时可以采用以下几种方法:

① 直接在输入框中输入需要的数值;

② 键入 X 后,在绘图区选取一点,以该点的 X 坐标作为输入值;

③ 键入 Y 后,在绘图区选取一点,以该点的 Y 坐标作为输入值;

④ 键入 Z 后,在绘图区选取一点,以该点的 Z 坐标作为输入值;

⑤ 键入 R 后,在绘图区选取圆弧或圆,以圆弧或圆的半径作为输入值;

⑥ 键入 D 后,在绘图区选取圆弧或圆,以圆弧或圆的直径作为输入值;

⑦ 键入 L 后,在绘图区选取直线、圆弧或样条曲线,以该图素的长度作为输入值;

⑧ 键入 S 后,在绘图区选取两个点,以这两个点间的距离作为输入值;

⑨ 键入 A 后,在绘图区定义一个角度,以该角度值作为输入值。

创建如图 4.10 所示等边三角形第三个顶点 P3 的操作步骤如下:

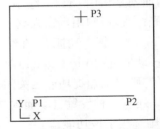

① 在主菜单区选择 Create→Point→Position(绘图→点→指定位置)选项,打开抓点方式子菜单。

② 选择抓点方式子菜单中的相对点选项,系统提示选取相对点,选取图中点 P1。

③ 在主菜单区选择极坐标选项,系统在提示区显示数值输入框提示输入相对长度。

图 4.10 用相对极坐标创建点示例

④ 在数值输入框中键入 S 后按回车键,系统提示选取定义距离的两个点。

⑤ 依次选取点 P1 和 P2,系统即将点 P1 和 P2 间的距离显示在输入框中,按回车键确认。

⑥ 系统接着提示输入相对角度,直接键入 60 后按回车键,系统即可创建等边三角形的第三个顶点 P3。

(3) 运用栅格帮助:栅格是指一个参考的格点。当进行绘制时,光标可以捕捉一点,这样使绘图更精确。系统绘制的图形不储存栅格格点(也不打印),但是,用户可以设置文件中储存栅格格点的位置。

通过菜单:屏幕→下一页→屏幕网格点(或者<Alt>+<G>),即可调出屏幕网格点之设定对话框,利用其可能设定的各参数来进行栅格的显示、不显示以及捕捉方式等的设置。

2）通用选择方法

Mastercam 通常直接选择图素只能选择一个图素,当要选多个图素时,为了提高效率,需用一个选项来选取,系统提供了一个通用的选择菜单,并给出了多个选择方法。

通用选择方法的标题是按各种选项而改变的,每个项目选择方法的操作是一样的。有些菜单不包括所有选项,即不同的功能其菜单内容有所不同。图 4.11（a）为平移图素的功能菜单。

Translate:	select entities to translate
平移:	选择图素平移
Unselect	回复选取
Chain	串连
Window	窗选
Area	区域
Only	仅某图素
All	所有的
Group	群组
Result	结果
Done	执行

Select chain 1	选择串连 1
Options	选项,打开串连选项对话栏设置串连参数
Partial	部分串连,让操作人员构建部分串连

（a）平移选择菜单　　　　　　　（b）串连选择菜单

图 4.11　选择菜单

（1）Unselect（回复选取）:取消已作的选择（即不选择已用鼠标选择的反白的图素,还原图素）,按＜Esc＞键返回到通用选择方法菜单。

（2）Chain（串连）:选择相串连的图素。串连是一种通用的选项,在生成曲面、分析、轮廓偏置中经常用到。串连就是选取串接在一起的多个图素（线、弧、样条曲线）。如一条水平线和一条圆弧相切,用快速选取法选择直线时,则仅能选取直线;若采用串连方式选择直线时,可同时选取直线及与其相连的圆弧。

串连包括的基本要素:起点、方向、终点。可以定义一个封闭式的串连图素,也可以根据需要任意定义其中一部分串连。串连方法菜单按照使用功能而不同,但串连方法的操作每种情况都是相同的。在该菜单下定义一个或多个图素边界,选 Chain 弹出串连选择菜单（如图4.11（b）所示）。

Partial 构建部分串连,它是一个开放式或封闭式串连的子串连,系统在选择结束时紧靠着所选择图素的端点,计算一个部分串连的起点至已选择图素的端点,若在初始方向至选择的上一个图素没有路径,部分串连的起点移至图素的相反点,显示部分串连菜单。部分串连选取第一个图素后,显示如图 4.12 的菜单。

Partial Chain:	select the last entity or
部分串连:	选择最后一个图素或
Reverse	换向
Backup	回上步骤
End here	结束选择
Wait　　Y	继续　　是

图 4.12　部分串连菜单

在图 4.13（a）中,串连没有分支,只需选取二次,第一次选取在开始图素的起始点附近,第二次选在串连终止的图素上。在图 4.13（b）中因为有分支点,把 Wait 设定为 Y,接下去把要串连在一起的物体一个一个选取,要保证选取的物体的箭头方向一致。选取完后,选 End here 结束部分串连的选择。主菜单栏弹出 Select chain 2（选择串连 2）,选择 Change strt 可以改变部分串连的起始图素,选择 Change end 可以改变部分串连的最后一个图素,如果有图素的箭头的方向反了,选 Reverse 把箭头方向反向过来。单击"Done"结束部分串连。

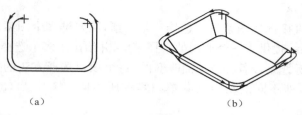

（a）   （b）

图 4.13　部分串连操作示例

（3）Window（窗选）：Windows 选项通过定义一个窗口来选取对象。图 4.14 就是平移窗选菜单。

矩形和多边形是两种窗口类型，当某选项被选中时，其后会有一个"＋"号。这可以通过鼠标点取来切换。

视窗内、视窗外、范围内、范围外、相交物这五个选项用来设置窗口的选择类型。当某选项被选中时，其后会有一个"＋"号。选项解释分别为：

Translate:select entities to translate:	
Enter the first rectangular window corner	
平移：选择图素平移：输入矩形窗口的第一个角	
Rectangle	＋ 用矩形窗口选取
Polygon	用多边形窗口选取
Inside	＋ 视窗内
In + intr	范围内
Intersect	相交物
Out + intr	范围外
Outside	视窗外
Use mask　N	限定因素　　　　无
Set mask	设定

图 4.14　平移窗选菜单

① Inside（视窗内）：被选取的对象为选择窗口内的所有完全被包围的对象。

② In＋intr（范围内）：被选取的对象为选择窗口内及与选择窗口相交的所有对象。

③ Intersect（相交物）：被选取的对象为与选择窗口相交的所有对象。

④ Out＋intr（范围外）：被选取的对象为选择窗口外及与选择窗口相交的所有对象。

⑤ Outside（视窗外）：被选取的对象为完全落在选择窗口外的所有对象。

在窗口选取菜单中，可以通过"设定"菜单来设置可被选取对象的类型和属性。选择该选项后弹出"图素之限定"对话框。该对话框中的图素形式用来设置限定对象的类型。选中"属性"前面的复选框后，可以设置限定对象属性，如对象的颜色、线型、图层及线宽等。只有同时满足图素形式和属性设定的对象才能被选取。如在图形形式中设定了直线和圆弧，在属性中设定了颜色为红色，则只有红色的直线和圆弧才能被选取。

当"限定图素"设置为 Y 时，以上"设定"有效；当"限定图素"设置为 N 时，以上"设定"无效。

多边形窗选菜单的功能与矩形窗选菜单完全相同。Polygon（多边形窗选）操作步骤如下：

① 选 Polygon 多边形。

② 选择视窗内、范围内、相交物、范围外、视窗外的其中之一。

③ 用鼠标绘制多边形的边，然后选取 Done（执行），被选取图素变色。

Select area or:	区域选取或:
Mode	模式
Options	选项
Done	执行

图 4.15　区域选取菜单

注：当输入多边形的最后一点时，选取 Done（执行），系统封闭多边形用直线连接多边形的第一点和最后一点。

（4）Area（区域）：Area 选项通过选取封闭区域内的一点来选取对象。图 4.15 就是区域选取菜单。

选择了区域选取后,有三个子菜单可供选择:

① Mode(模式):即回到通用选择菜单,更换选择模式;

② Option（选项）:即打开串连时的选项菜单一样的"串连之选项"菜单,但其中只有"Infinite nesting in area chainin 区域内全部串连"复选框与区域选取有关。若它被选中,则被选取的对象包括组成包含选择点最小封闭区域的对象及该封闭区域内的所有对象。若它未被选中,则被选取的对象包括所有组成包含选择点最小封闭区域的对象及该封闭区域内的除岛屿内对象外的其他对象。

③ Done(执行):告诉系统串连过程已结束。

Area 区域选取操作步骤如下:

① 选 Area,显示区域串连菜单。

② 选取选项,在串连选项对话框中设置参数,若需要时,按 Done(执行)。

③ 选取图素形成多边形封闭区域。

（5）Only(仅某图素):该选项选择一次仅删除某一种图素的一个,在复杂图形的情况下,为防止选择出错特别有用。选择 Only,菜单如图 4.16 所示。选项解释如下:

Only:	仅某图素:
Points	点
Lines	直线
Arcs	圆弧
Splines	样条曲线
Surfaces	曲面
Solids	实体
Color	颜色
Level	图层
Mask	限定层

图 4.16　仅某图素选择菜单

① Points(点):仅选取一个或多个点。

② Lines(直线):仅选取一条或多条线。

③ Arcs(圆弧):仅选取一个或多个圆弧。

④ Splines(样条曲线):仅选取一条或多条样条曲线。

⑤ Surfaces(曲面):仅选取一个或多个曲面。

⑥ Solids(实体):按实体选择图素,其中可以设定是选择边、面或实体。

All:	所有的:
Points	点
Lines	直线
Arcs	圆弧
Splines	样条曲线
Surfaces	曲面
Solids	实体
Entities	图素
Color	颜色
Level	图层
Mask	限定层

图 4.17　所有某一类图素选择菜单

⑦ Color(颜色):选择该项,打开颜色设置对话框,设置颜色,再选择一个或多个图素。

⑧ Level(图层):选择该项,打开设置图层对话框,设置图层,再选择一个或多个图素。

⑨ Mask(限定层):选择该项,打开设置限定使用层对话框,设置限定层,再选择一个或多个图素。

（6）All(所有的):选择该项,可以选取某一类所有的图素。选择 All,菜单如图 4.17 所示。

（7）Group(群组):选择该项就是选取现在的群组。

（8）Result(结果):选择该项就是选取现在的结果,即当前操作的结果。

（9）Done(执行):选择该项告诉系统图形定义已经结束,可进入下一步的工作。

4.2　图形绘制

Mastercam9 的图形绘制功能,可以绘制几何图形和标注图素尺寸,从主菜单中选 Create

（绘图），显示第一页 Create 菜单，选择下一页，显示第二页菜单，见图 4.18。

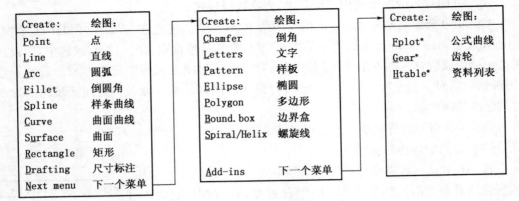

图 4.18　图形绘制菜单

4.2.1　点的绘制

选择主菜单区的 Create→Point（绘图→点），进入点的绘制功能入口，能绘制 11 种类型的点。

（1）Position（指定位置）：除坐标输入法外还有 11 种方法，前面已叙述过，是点的最基本的画法。

（2）Along ent（等分绘点）：在所选取的图素（线、弧或样条曲线）上产生等距离的点。

操作步骤如下（见图 4.19）：

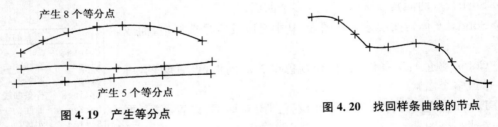

图 4.19　产生等分点

图 4.20　找回样条曲线的节点

① 入口路径：Create→Point→Along ent（绘图→点→等分绘点）。

② 选取线、圆弧或样条曲线。

③ 输入所要的等分点数，回车。

（3）Node pts（曲线节点）

操作步骤如下（见图 4.20）：

① 入口路径：Create→Point→Node pts（绘图→点→曲线节点）。

② 选取参数式样条曲线，回车。

找回定义样条曲线时的原始节点，这些样条曲线的原始节点，在编辑修改等的操作中不会被改变，即不受影响，除非样条曲线被删除掉。

（4）Cpts NURBS（控制点）

操作步骤如下（见图 4.21）：

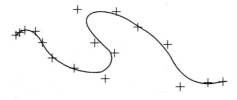

图 4.21 产生样条曲线控制点

图 4.22 产生动态点

① 入口路径:Create→Point→ Cpts NURBS(绘图→点→控制点)。

② 选取有理 B 样条曲线,回车。

找出 NURBS 曲线的控制点,即生成 NURBS 曲线曲面的控制点。该功能与 Node pts 功能相似。

(5) Dynamic(动态绘点):沿着一条线、圆弧或曲面用鼠标在任意的地方产生点。

操作步骤如下(见图 4.22):

① 入口路径:Create→Point→Dynamic(绘图→点→动态绘点)。

② 选取一条线、弧、样条曲线或曲面,一个临时的箭头显示在选择的图素上。

③ 用鼠标移动肩头的基部到想要的位置,单击鼠标的左键产生一个点。可以连续绘制,按<Esc>键退出动态点的绘制。

(6) Length(指定长度):沿一条线、圆弧或样条曲线在给定长度(弧长)上产生点。选择图素时,要选取将要产生点的那一端,系统用该端点作为测量的基点。如图 4.23 所示。

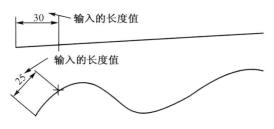

图 4.23 沿指定长度产生点

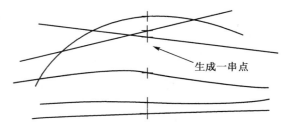

图 4.24 生成剖切点(一串点)

(7) Slice(剖切点):定义一串点。选取一组线、圆弧或样条曲线,定义一个平面与和它们相交产生一串点。

操作步骤如下(见图 4.24):

① 入口路径:Create→Point→Slice(绘图→点→剖切点)。

② 选取一组将要产生一串点的曲线后,按"Done"(执行)。

③ 使用定义平面的菜单,去定义相交平面,按"Do it"(执行),生成一串点。

(8) Srf project(投影至点):选取要投影点的曲面,然后选取将用来进行投影的点。投影有两种:一是沿曲面的法线方向投影,另一种是垂直构图面投影。点投影菜单 Projection Menu 见图 4.25。

Projection in Construction View: 投影垂直于作图平面:		
Surfaces		曲面
Points		点
View/norm	V	视角／法向
Make pts	Y	作点
Make lines	N	作线
To file	N	至文件
Do it		执行

图 4.25 点投影菜单

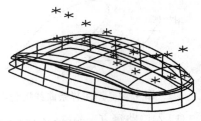

图 4.26 点在曲面上的投影

操作步骤如下(见图 4.26):

① 调出曲面和将要投影的点。

② 入口路径:Create→Point→Srf project(绘图→点→投影至面)。

③ 显示选择菜单,选 All(所有的)。

④ 显示 All 菜单,选 Surface(曲面),曲面变色,按"Done"(执行)。

⑤ 弹出对话栏,提问要选择现存的点图素吗? 按"是"。

⑥ 用选点的方法,选择点去投影,选 All(所有的)。

⑦ 显示 All 菜单,选 Points(点),按"Done"(执行)。

⑧ 选项选择,投影垂直作图面,View/norn 选择为 V,无文件输出。按"Do it"(执行),在曲面上生成投影点。

(9) Perp/dist(法线/距离点):用于绘制一个与选取曲线(直线、圆弧、圆或样条曲线)距离为指定长度的点。该创建点与指定点(曲线上或曲线外一点)连线为曲线的法线。

(10) Grid(栅格点):用于绘制一个格状阵列点,用户可以定义 X、Y 方向的步长,阵列的旋转角度以及 X、Y 方向的点数(见图 4.27)。

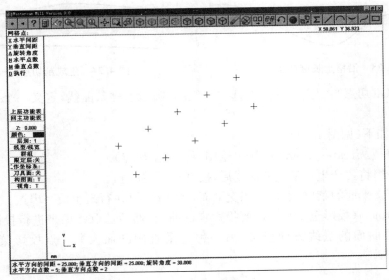

图 4.27 Grid 子菜单及绘制栅格点示例

(11) Bolt circle(圆周上的点):用于在一个虚拟的圆周上绘制一系列的圆周点,就如同在圆周上钻孔一样(见图4.28)。需要定义圆的圆心和半径,指定圆周上的点数,确定在圆周上的第一点的起点和增量角,从一点到下一点是用角度表示的。

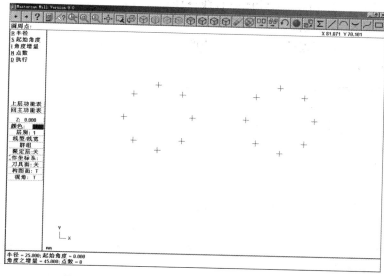

图 4.28 Bolt circle 子菜单及绘制圆周上的点示例

4.2.2 直线的绘制

直线的绘制是二维绘图的基本方法之一。选择主菜单区的 Create→Line(绘图→直线)选项则打开画直线子菜单,如图 4.29 所示。

（1）Horizontal(水平线):在 2D 作图平面中绘制一条平行于 X 轴的水平线。

操作步骤如下:

① Create→Line→Horizontal(绘图→直线→水平线)。

② 输入第一个点,如:(−10,10),回车;输入第二个点,如(20,10),回车。提示栏显示:输入 Y 坐标(Enter the Y Coordinate)在文本输入框显示当前的 Y 坐标(10)。

③ 按回车接受当前的 Y 值,否则输入新的 Y 值,按回车。

（注:两个点选取的 Y 坐标可以不同,并且两个选取点也不一定为该水平线的端点,这两个点仅定义水平线的两个端点的 X 轴坐标。）

Line:	直线:
Horizontal	水平线
Vertical	垂直线
Endpoints	任意线段
Multi	连续线
Polar	极坐标画线
Tangent	切线
Perpendclr	法线
Parallel	平行线
Bisect	分角线
Closest	连近距线

图 4.29 画直线菜单

（2）Vertical(垂直线):在 2D 作图平面中绘制一条垂直于 X 轴的垂直线。

操作步骤如下:

① Create→Line→Vertical(绘图→直线→垂直线)。

② 输入第一个点,如:(5,−10),回车;输入第二个点,如:(5,20),回车。提示栏显示:输入 X 坐标(Enter the X Coordinate),在文本输入框显示当前的 X 坐标(5)。

③ 按回车接受当前的 X 值,否则输入新的 X 值,按回车。

（3）Endpoints(任意线段(两点画线)):输入两点绘制一条线段(在 2D 或 3D 中)。

操作步骤如下：

① Create→Line→Endpoints(绘图→直线→任意线段)。

② 输入两点绘制一条线段。

(4) Multi(连续线)：用连续输入点的方法产生连续折线(在 2D 或 3D 中)。

操作步骤如下：

① Create→Line→Multi(绘图→直线→连续折线)。

② 用点输入法输入一系列点绘制连续的折线。

③ 按<Esc>键退出折线的绘制。

(5) Polar(极坐标画线)：相对于一点用角度和长度画线。

操作步骤如下：

① Create→Line→Polar(绘图→直线→极坐标画线)。

② 输入一点，回车(作为线的一个端点，极坐标的相对点)。

③ 输入一个角度值，回车，输入一个长度值，回车(确定线段的另一点)，绘制出一条线段。

(6) Tangent(切线)：绘制一条相切于圆弧或样条曲线的线段。
画切线菜单如图 4.30 所示。

Tangent line:	切线
Angle	角度
2 arces	两圆弧
Point	点

图 4.30　画切线菜单

● Angle(角度)：该选项为：选取一圆弧或样条曲线，给定一角度(即切线的角度)和长度，在圆弧和样条曲线的选点附近产生切线，通常切点的两侧是两条，用光标选取要保留的，则另一条自动删除。

操作步骤如下(见图 4.31)：

图 4.31　角度法产生切线

① Create→Line→Tangent→Angle(绘图→直线→切线→角度)。

② 选取一圆弧或样条曲线。

③ 输入切线的角度值(如 30)，回车。

④ 输入切线的长度值(如 25)，回车(产生两条切线)。

⑤ 用光标选取要保留的，则另一条自动删除。

● 2 arces(两圆弧)：该选项构建一条切于两圆弧的切线。

操作步骤如下(见图 4.32)：

图 4.32　两弧法产生切线

① Create→Line→Tangent→2 arces(绘图→直线→切线→两圆弧)。

② 选择一个圆弧，选择另一个圆弧，产生一条两圆弧的切线。

● Point(点):该选项通过圆外点(或延长线通过圆外点)产生切于圆弧或样条曲线的切线。

操作步骤如下(见图 4.33):

① Create→Line→Tangent→ Point(绘图→直线→切线→圆外点)。

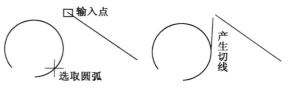

图 4.33　圆外点法产生切线

② 选择一个圆弧或样条曲线(切点将产生在选择处附近)。

③ 用点输入法输入切线要通过(或延长线将要通过)的一点。

④ 输入切线长度值,回车,产生一条切线。

(注:圆弧、样条曲线的画法在后面介绍。)

(7) Perpendclr(法线):构建一条已知几何对象(直线、圆弧或样条曲线)的法线。法线菜单如图 4.34 所示。

● Point(点):构建一条通过(或延长线通过)一已知点的直线、圆弧或样条曲线的法线。

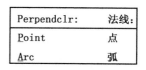

Perpendclr:	法线:
Point	点
Arc	弧

图 4.34　法线菜单

操作步骤如下(见图 4.35):

图 4.35　经过一已知点产生圆弧的法线

① Create→Line→Perpendclr→Point(绘图→直线→法线→经过一点)。

② 选择线、圆弧或样条曲线。

③ 输入一通过点。

④ 输入法线长度,回车,产生一条法线。

● Arc(弧):产生切于圆弧且垂直一直线的线段。

操作步骤如下(见图 4.36):

图 4.36　切于圆弧的直线的法线

① Create→Line→Perpendclr→Arc(绘图→直线→法线→与圆相切)。

② 选取一线段(注:将要产生的法线垂直于该线)。

③ 选取一圆弧。

④ 输入法线的长度值,回车;如不输入长度值直接回车,则法线长度为文本框显示的值。

⑤ 显示两条法线,选取一条保留。

（8）Parallel（平行线）：构建一条平行于已知线段的线，平行线菜单如图 4.37 所示。

● Side/dist（方向/距离）：选取一已知线段，设定偏置方向和距离产生一条平行线。

Parallel:	平行线:
Side/dist	方向/距离
Point	通过一点
Arc	切于圆弧

图 4.37　平行线菜单

操作步骤如下：

① Create→Line→Side/dist（绘图→直线→平行线→方向/距离）。

② 选取一线段。

③ 用鼠标设定偏置侧（用鼠标在选取的线的某一侧单击一下，确定将要产生平行线的那一侧）。

④ 输入偏置距离，回车（如不输入偏置距离直接回车，则偏置距离为文本框显示的值），产生一平行线。

● Point（通过一点）：选取一线段，产生一条平行线。

操作步骤如下：

① Create→Line→Parallel→Point（绘图→直线→平行线→通过一点）。

② 选取一线段。

③ 选取一点，产生一条通过该点，平行于已知线段的平行线。

● Arc（切于圆弧）：产生与圆相切且平行已知线段的线。

操作步骤：

① Create→Line→Parallel→Arc（绘图→直线→平行线→切于圆弧）。

② 选取一线段（注：将要产生的线段平行于该线段）。

③ 选取一圆弧，通常产生两条切于圆弧，平行于所选线段的线。

④ 选取其中要保留的一条，另一条自动被删除。

（9）Biscet（分角线（角平分线））：产生一条两相交直线（或相交直线延长线）的角平分线。

操作步骤如下（见图 4.38）：

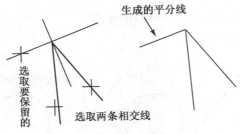

图 4.38　两条相交线的分角线

① Create→Line→Biscet（绘图→线→分角线）。

② 选择两条相交线。

③ 输入平分线的长度值，回车（产生四条平分线）。

④ 选取要保留的线。

（10）Closest（连近距线）：由一个图素向另一个图素作一条最短的垂直近距线。

操作步骤如下：

① Create→Line→Closest（绘图→直线→连近距线）。

②　选取一条线(圆弧或样条曲线)。

③　选取另一条线(圆弧或样条曲线或点),产生一条最短的垂直法线。

4.2.3　圆弧的绘制

圆弧/圆的绘制是二维绘图基本方法之一,选择主菜单区的 Create→Arc(绘图→圆弧),可以打开画圆弧菜单,如图 4.39 所示。

(1) Polar(极坐标):定义圆心、半径、起始角、终止角,构建一个圆弧,极坐标构建圆弧的菜单如图 4.40 所示。

● Center pt(圆心点):定义圆心、半径、起始角度、终止角度构建一个圆弧。

Arc:	圆弧:
Polar	极坐标
Endpoints	两点画弧
3 points	三点画弧
Tangent	切弧
Circ 2 pts	两点画圆
Circ 3 pts	三点画圆
Circ pt+rad	点半径圆
Circ pt+dia	点直径圆
Circ pt+edg	点边界圆

图 4.39　画圆弧菜单

操作步骤如下:

①　Create→Arc→Polar→Center pt(绘图→圆弧→极坐标→圆心点)。

②　输入圆心的坐标。

③　输入圆弧的半径值,回车。

④　输入圆弧的起始角度值,回车。

⑤　输入圆弧的终止角度值,回车,产生一个圆弧。

Polar:	极坐标:
Center pt	圆心点
Sketch	任意点
Start pt	起始点
End pt	终止点

图 4.40　极坐标方式画弧菜单

● Sketch(任意点):定义圆心、半径和两点(用任意点方式在图上定出两点)构建圆弧。

操作步骤如下:

①　Create→Arc→Polar→Sketch(绘图→圆弧→极坐标→任意点)。

②　输入圆弧的圆心坐标,输入圆弧半径值,回车。

③　用任意点方式输入一点(确定圆弧的起始角度)。

④　用任意点方式输入另一点(确定圆弧的终止角度)。

● Start pt(起始点):定义圆弧起点、半径、起始角度和终止角度构建圆弧。

操作步骤如下:

①　Create→Arc→Polar→Start pt(绘图→圆弧→极坐标→起始点)。

②　输入圆弧起始点。

③　输入圆弧半径值,回车。

④　输入圆弧起始角度值,回车。

⑤　输入圆弧终止角度值,回车,产生一个圆弧。

● End pt(终止点):定义圆弧终止点、半径、起始角度和终止角度构建圆弧。

操作步骤如下:

①　Create→Arc→Polar→End pt(绘图→圆弧→极坐标→终止点)。

②　输入圆弧终止点。

③　输入圆弧半径值,回车。

④　输入圆弧起始角度值,回车。

⑤　输入圆弧终止角度值,回车,产生一个圆弧。

（2）Endpoints（两点画弧）：定义圆弧的两个端点、半径构建圆弧。

操作步骤如下：

① Create→Arc→Endpoints（绘图→圆弧→两点画弧）。

② 输入圆弧的两端点。

③ 输入圆弧的半径值，回车（过两端点产生两个相交的圆，有四段圆弧）。

④ 选取要保留的一段。

（3）3 points（三点画弧）：定义圆上的三点构建一个圆弧（三点不能共线）。

操作步骤如下：

① Create→Arc→3 points（绘图→圆弧→三点画弧）。

② 输入三点（顺序为：起点、圆弧上的点、终点）产生一个圆弧。

（4）Tangent（切弧）：构建切于一条或多条线、圆弧、样条曲线的圆弧。切弧菜单如图 4.41 所示。

Tangent arc:	切弧：
1 entity	切于一个图素
2 entities	切于两个图素
3 ents/pts	切于三个图素／点
Center line	中心线
Point	通过一点画弧
Dynamic	动态画弧

图 4.41　切弧菜单

● 1 entity（切于一个图素）：已知切点、相切的图素以及切弧的半径构建一个圆弧。

操作步骤如下（见图 4.42）：

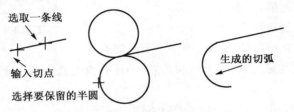

图 4.42　切一物体的切弧

① Create→Arc→Tangent→1 entity（绘图→圆弧→切弧→切一物体）。

② 选择一条线或圆弧。

③ 输入切点。

④ 输入圆弧半径值，回车（产生内、外切圆，在切点断开是四个半圆）。

⑤ 选择要保留的那个半圆，则其余三个自动被删除。

● 2 entities（切于两个图素）：已知两个图素，切弧的半径（大小要能保证在几何关系上能构建出圆弧）。

操作步骤如下（见图 4.43）：

图 4.43　切两物体的切弧

① Create→Arc→Tangent→2 entities（绘图→圆弧→切弧→切两物体）。

② 输入圆弧半径值，回车。

③ 选取一个图素，选取另一个图素（产生切于两图素的圆弧）。

● 3 ents/pts（切于三个图素）：已知三个图素（点、线或圆弧）构建一个定半径切于三图素的圆弧。

操作步骤如下：

① Create→Arc→Tangle→3 ents/pts(绘图→圆弧→切弧→切于三图素)。

② 选取第一个图素，选取第二个图素，选取第三个图素，产生一个切于三图素的弧。

● Center line（中心线）：圆心在一已知线上，与另一已知线相切的切弧。

操作步骤如下（见图 4.44）：

选取相切的图素

选取圆心所处的线

选取要保留的圆弧

生成的切弧

图 4.44　中心线法画切弧

① Create→Arc→Tangent→Center Line(绘图→圆弧→切弧→中心线)。

② 选取相切的图素（线）。

③ 选取圆心所处的线。

④ 输入圆的半径值，回车（产生两个圆）。

⑤ 选取要保留的，另一个自动被删除。

● Point（通过一点画弧）：已知圆弧通过的点、相切的图素和圆弧半径，构建一个圆弧。

操作步骤如下：

① Create→Arc→Tangent→Point(绘图→圆弧→切弧→通过的点)。

② 选取相切的图素。

③ 输入圆弧要通过的点。

④ 输入圆弧半径值，回车（通常产生两个或两个以上圆弧）。

⑤ 选取要保留的圆弧，其余自动删除。

● Dynamic（动态绘弧）：构建一个小于或等于 180° 的切弧。

操作步骤如下：

① Create→Arc→Tangent→Dynamic(绘图→圆弧→切弧→动态绘弧)。

② 选取一图素，在该图素上产生一个临时箭头。

③ 移动箭头的基部至要选的位置（即圆弧的切点），按鼠标左键，显示点输入菜单。

④ 输入圆弧的第二个端点，产生一个圆弧。

(5) Cir 2 pts(两点画圆)：用两点构建一个整圆。

操作步骤如下：

① Create→Arc→Cir 2 pts(绘图→圆弧→两点画圆)。

② 输入两点，产生一个整圆（两点在同一直径上）。

(6) Cir 3 pts(三点画圆)：用三点画一个整圆（三点在圆周上）。

操作步骤如下：

① Create→Arc→Cir 3 pts(绘图→圆弧→三点画圆)。

② 输入三点产生一个整圆。

（7）Cir pt ＋rad（点半径圆）：用圆心位置和半径构建一个圆。

操作步骤如下：

① Create→Arc→Cir pt ＋rad（绘图→圆弧→点半径圆）。

② 输入半径值，回车（产生出一个浮动圆，可随鼠标移动）。

③ 输入圆心点，回车（产生出一个固定的圆）。再输入圆心点可继续产生圆，按 Esc 键结束操作。

（8）Cir pt ＋ Dia（点直径圆）：用圆心和直径构建一个圆。

操作步骤如下：

① Create→Arc→Cir pt ＋ Dia（绘图→圆弧→点直径圆）。

② 输入直径值，回车（产生一个浮动圆，可随鼠标移动）。

③ 输入圆心点，回车（产生出一个固定的圆）。再输入圆心点可继续产生圆，按 Esc 键结束操作。

（9）Cir pt ＋ edg（点边界圆）：用圆心和圆周上的一点构建一个圆。

操作步骤如下：

① Create→Arc→Cir pt ＋ edg（绘图→圆弧→点边界圆）。

② 输入圆心点，回车。

③ 输入圆周上的一点，回车（产生一个圆）。

4.2.4 样条曲线的绘制 *

选择主菜单区中的 Create→Spline（绘图→曲线）选项，可以打开样条曲线菜单，如图 4.45 所示。

Spline:		样条曲线：	
Type	P	类型	P
Manual		手动	
Automatic		自动	
Ends	Y	端点状态	Y
Curves		曲线	
Blend		熔接	

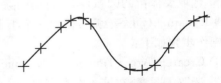

图 4.45 样条曲线菜单   图 4.46 手动输入点产生的样条曲线

● Type（类型）：设定样条曲线的类型，P 为参数式样条曲线，N 为 NURBS 有理 B 样条曲线。

● Manual（手动）：用手动输入点的方式输入一系列点，按＜Esc＞键结束点的输入，产生一条样条曲线（见图 4.46）。

● Automatic（自动）：已定义（存在）一系列点，要用这一系列点生成一条样条曲线。

用鼠标选取将生成的样条曲线上的第一点、第二点以及最后一点，自动产生出一条样条曲线（见图 4.47）。

---

* 注：第 4.2.4 节、第 4.2.5 节应放在第 5 章曲面绘制之后学习。

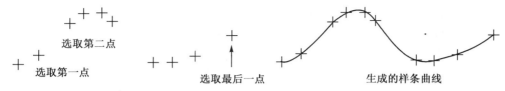

图 4.47   自动选取方式生成的样条曲线

操作步骤如下：

① Create→Spline→Automatic(绘图→样条曲线→自动选取)。

② 选取第一点，选取第二点，选取最后一点。

③ 设定端点条件：如设定角度 0°：按"Angle"，输入 0°，回车。

④ 按"Do it"(执行)，见图 4.45(样条曲线起点处切线水平)。

● Ends(端点状态)：该选项定义产生的样条曲线的端点状态。如果设置为 Y 时，则在自动或手动创建样条曲线时，系统提示区给出所创建样条曲线两端点的切线方向，并在图形窗口用箭头表示两端点处的切线方向；如果设置为 N 时，则在两端点没有切线方向显示。

● Curves(曲线)：该选项用于将已存在的图素(直线、圆弧或样条曲线)转换成样条曲线。

图 4.48   曲线熔接

● Blend(熔接)：该选项用于光顺地连接两曲线创建一条与两曲线在曲线选取点处相切的样条曲线(见图 4.48)。

操作步骤如下：

① Create→Spline→Blend(绘图→样条曲线→熔接)。

② 选取一个图素，移动箭头，把箭头尾部移到顺接样条曲线的起点部位，单击左键；选取另一个图素，移动箭头，把箭头尾部移到顺接样条曲线的终点部位，单击左键。

4.2.5   曲面曲线的绘制

曲面曲线的绘制属于 CAD 功能，因此放在本章讲解。如果是初学者，可以在学完曲面的创建后再学习本节内容。

Mastercam 的曲面曲线的功能是在曲面的基础上绘制曲线，可以是参数式曲线或者是 NURBS 式曲线。这种曲面曲线的构建功能通常用于修剪已知图素或者是在已知曲面的基础上反求线架。

选择主菜单区中的 Create→Curve(绘图→曲面曲线)选项可以打开曲面曲线菜单，如图 4.49 所示。

在 Mastercam 中可以绘制 10 种曲面曲线。

(1) Const param(指定位置)：在指定位置绘制标准参数曲线是在曲面或实体的表面上选取一点，在曲面或实体的表面上创建该选取点位置曲面的两个方向中的一条或两条曲线。

选择图 4.49 所示菜单中的"Const param"(指定位置)项，系统弹出如图 4.50 所示指定位置曲线菜单，系统提示区提示选择一个曲面，在图形窗口选取一个曲面，同时选取点出现一个箭头，移动箭头到欲绘制曲线的位置并单击鼠标，此时主菜

Curve:	曲面曲线：
Const param	指定位置
Patch bndy	缀面边线
Flowline	曲面流线
Dynamic	动态绘线
Slice	剖切线
Intersect	交线
Project	投影线
Part line	分模线
One edge	单一边界
All edge	所有边界

图 4.49   曲面曲线菜单

单区会出现方向菜单,选择"**OK**"(确定)项,则按箭头方向绘制曲线;如果在方向菜单中选择"**Flip**"(切换方向),则按该曲面的另一个方向绘制曲线;如果选择"**Both**"(两者),则在选取点创建两条曲线。

Constant Parameter curve: 绘制曲面上指定位置的曲线:	
Options	选项
Solid face	实体面

图 4.50　指定位置曲线菜单

图 4.50 所示菜单中各项的含义如下:

● Options(选项):选择"Options"选项,系统弹出如图 4.51 所示的标准参数曲线对话框,用户通过该对话框可以进行标准参数曲线的相关设置。

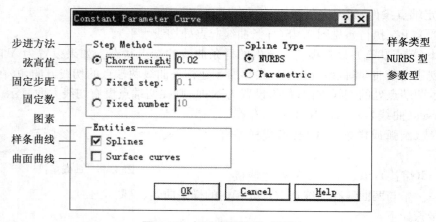

图 4.51　标准参数曲线对话框

步进方法　弦高值　固定步距　固定数　图素　样条曲线　曲面曲线　样条类型　NURBS 型　参数型

对话框说明:

① 步进方法:用于设置如何在曲面上定义欲绘制的曲线经过的点。

弦高值:按输入的弦高值定义点。

固定步距:以输入的固定间距生成若干个点。步距越小,生成的数据越多;步距越大,生成的数据越少。

固定数:当相邻点的距离等于或小于输入的弦高值时,系统自动计算出输入数量的点。

② 图素:用于设置生成曲线的类型。

样条曲线:按定义的点绘制样条曲线。该曲线只有定义点在曲面上。

曲面曲线:生成经过定义点的曲面曲线。曲面曲线是整条曲线(即所有点)都在曲面上。

③ 样条类型:参数型:生成参数型曲线。NURBS 型:生成 NURBS 曲线。

● Solid face(实体面):用于在实体表面绘制曲线,其方法和在曲面表面绘制曲线基本类似,这里不再赘述。

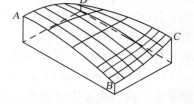

图 4.52　指定位置构建曲面曲线模型

操作示例:准备操作:

入口路径:C:\MCAM9\MILL\MC9\SAMPLES\2D MACHING\
　　　　　3D CONTOUR WITH CUTTER COMP - M. MC9

绘制如图 4.52 所示的实体模型。

操作步骤如下:

① Create→Curve→Const param→Solid tace(绘图→曲面曲线→指定位置→实体面),按提示选取曲面ABCD,并且确定曲面曲线所在的位置。

② 按提示确定曲面曲线的生成方向,如图 4.53 所示。

③ 确认后等到 AB 向的曲面曲线,如果选择曲面曲线方向时选择"Both"(两者),则得到如图 4.54 所示的两条曲面曲线。

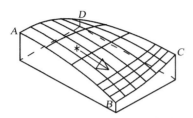

图 4.53 指定位置绘制曲面曲线步骤一

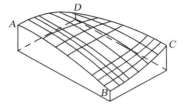

图 4.54 指定位置绘制曲面曲线步骤二

(2) Patch bndy(缀面边线(曲面的轮廓曲线)):该功能是在一个参数式曲面上,绘制出网格状的参数式曲线。这些被绘制的参数式曲线,是基于此曲面的系数(误差值)。

操作步骤如下:

① 仍然使用如图 4.52 所示的模型。

② Create→Curve→Patch bndy(绘图→曲面曲线→缀面边线),按提示选取一个参数式曲面 ABCD(注意:绘制缀面边线只能选择参数式曲面)。

③ 得到如图 4.55 所示的效果。

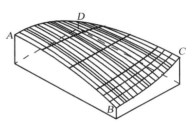

图 4.55 缀面边线曲面曲线

(3) Flow line(曲面流线):该功能是沿着一个完整的曲面的切削或者截断方向绘制多条曲线。

操作步骤如下:

① 仍然使用如图 4.52 所示的模型。

② Create→Curve→Flow line(绘图→曲面曲线→曲面流线),按提示选取曲面 ABCD。

③ 确认或者改变曲线的方向。

④ 出现曲面流线参数设定菜单,如图 4.56 所示。

菜单说明:

● Number(曲线数目):可以输入需要绘制的等距曲面流线的数目(最小的数量为 2,但是并不是代表只绘制两条曲面流线,而只是最小的可能性)。

● Dist(距离):可以输入每两条流线之间的距离(此例输入 3)。

● Toler(误差):可以输入误差值来定义曲线的精确度公差。

● Options(选项):弹出内容和图 4.51 同样的对话框。此例中选择曲线型式为参数式。

⑤ 确认执行,得到如图 4.57 所示的结果。

Flowline curve:	曲面流线:
CURVES/SURF	曲线/曲面
Number	曲线数目
Dist	距离
Toler	误差
Options	选项
Do it	执行

图 4.56 曲面流线参数设定菜单

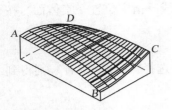

图 4.57　曲面流线曲面曲线

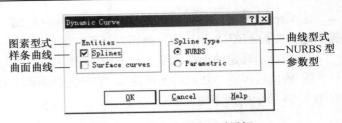

图 4.58　动态绘线选项对话框

（4）Dynamic（动态绘线）：该功能用于在曲面或实体的表面上动态地选取生成动态曲线的点，用这些点和设置的参数绘制动态曲线。

操作步骤如下：

① 仍然使用如图 4.52 所示的模型。

② Create→Curve→Dynamic（绘图→曲面曲线→动态绘线）。

③ 先选择"Options"（选项）按钮，出现如图 4.58 所示的对话框。

④ 按提示选取曲面 ABCD。

⑤ 在 ABCD 曲面上任意使用鼠标取点，如图 4.59 所示。

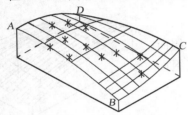

图 4.59　动态取点

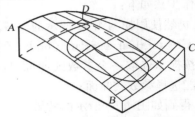

图 4.60　动态绘线结果

⑥ 完成后按＜Esc＞键确认，得到如图 4.60 所示结果。

（补充说明：使用动态绘线绘制出的曲线，必然存在于曲面 ABCD 上。动态绘线的功能绘制出的曲线可以作为雕刻用的花纹线架，用于雕刻机数控加工 3D 曲面上的 3D 图案。）

（5）Slice（剖切线）：该功能是绘制曲面和平面的交线。

操作步骤如下：

① 仍然使用如图 4.52 所示的模型。

② Create→Curve→Slice（绘图→曲面曲线→剖切线），按提示选择 ABCD 曲面，单击"Done"执行。

③ 按提示定义平面，可以定义为 XY 俯视平面，工作深度选择为 A 点下方－5 处。

④ 得到剖切面参数菜单如图 4.61 所示。

菜单说明：

● Surfaces（选取曲面）：可以重新选择原始曲面。

● Plane（选取平面）：可以重新定义与曲面剖切的平面。

● Spacing（剖切间距）：沿平面法线方向补正一定的距离后产生的平面和曲面相切。

● Offset（补正距离）：原始曲面补正一定的距离产生新的曲面和平面相切。

● Trim（修剪延伸）：是否修剪曲面到相交的平面。

⑤ 选择"Options"选项按钮，得到如图 4.62 所示的剖切面选项对话框。

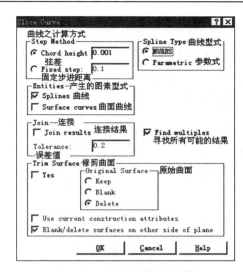

图 4.62　剖切面选项对话框

Slice curve:	剖切线:
Surfaces	选取曲面
Plane	选取平面
Spacing	剖切间距
Offset	补正距离
Trim　N	修剪延伸　否
Options	选项
Do it	执行

图 4.61　剖切面参数菜单

⑥ 如图 4.62 所示选择参数,设定剖切间距和补正距离为 0,单击"OK"确认,得到如图 4.63 所示的结果。

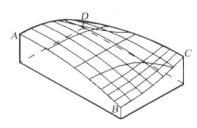

图 4.63　剖切线绘制结果

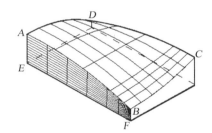

图 4.64　绘制交线的模型

(6) Intersect(交线):该功能是产生曲面和曲面的交线。

操作步骤如下:

① 从存档中取出如图 4.64 所示的构建交线的模型。

② Create→Curve→Intersect(绘图→曲面曲线→交线),按提示选择 ABCD 平面,并确认执行。按提示选择 AEFB 曲面,并确认执行。

③ 得到交线参数菜单如图 4.65 所示。

菜单说明:

● Surfaces(选取曲面):可以重新选择原始曲面。

● Offset 1(补正距离 1):确定第一组曲面的补正距离。

● Offset 2(补正距离 2):确定第二组曲面的补正距离。

● Trim(修剪延伸):是否修剪曲面到生成的曲线。

④ 选择"Options"选项按钮,得到如图 4.66 所示的对话框(大多数内容和图 4.62 相同)。

⑤ 如图 4.66 所示选择参数,补正距离都为 0,单击"OK"确认,生成了曲面交线 AB,如图 4.67 所示。

Intersection curve:	交线:	
Surfaces	选取曲面	
Offset 1	补正距离	1
Offset 2	补正距离	2
Trim　N	修剪延伸	否
Options	选项	
Do it	执行	

图 4.65　交线参数菜单

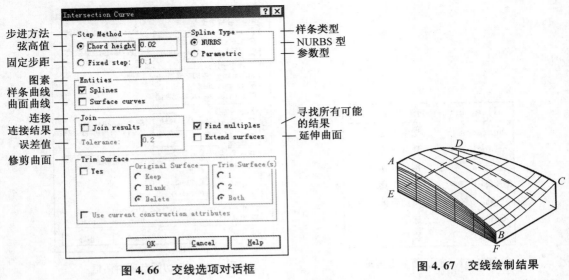

图 4.66　交线选项对话框　　　　　　　　　图 4.67　交线绘制结果

（7）Project（投影线）：该功能是将外形（可以使用串连选择）投影到一个或者一组曲面上，生成 3D 曲线。

投影的方式可以依照目前的构图面的法向或者依照曲线的法向做投影。并且可以使用投影出的曲线来修剪原始曲面。

操作步骤如下：

① 从存档中取出如图 4.68 所示的投影线构建模型。

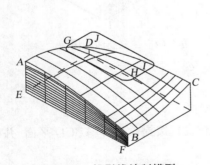

图 4.68　投影线绘制模型

Projection Curve: in Construction view		投影线：对构图面投影
Surfaces		选取曲面
Curves		选取曲线
Offset		补正距离
View/Norm	V	视角/正交
Trim	N	修剪延伸
Options		选项
Do it		执行

图 4.69　投影线参数菜单

② Create→Curve→Project（绘图→曲面曲线→投影线），按提示选择 ABCD 平面，并确认执行。

③ 按提示选择串连 GHIJ 外形，并确认执行。

④ 得到投影线参数菜单，如图 4.69 所示。

菜单说明：

● Surfaces（选取曲面）：可以重新选择原始曲面。

● Curves（选取曲线）：可以重新选择要作投影的外形。

● Offset（补正距离）：将原始曲面补正成新的曲面再作外形投影。

● View/Norm（视角/正文）：可以将外形垂直于当前的构图平面投影到曲面上（相对于构

图面作正交投影 V）；也可以将外形按曲面法向投影到曲面上（对曲面作正交投影 N）。本次选择将外形按俯视构图面法向投影。

⑤ 选择"Options"选项按钮，得到和图 4.62 相似的投影线选项对话框。选择弦差为 0.01，其余采用默认值。单击"OK"确认，得到如图 4.70 的投影线绘制结果。

（8）Part line（分模线）：该功能是绘制曲面的水平分模线，可用于铸造模具和塑料模具。

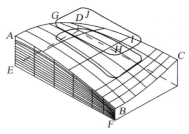

图 4.70　投影线绘制结果

操作步骤如下：

① 从存档中取出如图 4.71 所示的线架模型。

图 4.71　线架模型

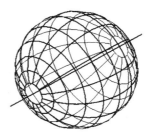

图 4.72　分模线构建模型

② 在该线架的基础上绘制旋转曲面，如图 4.72 所示。

③ Create→Curve→Part line（绘图→曲面曲线→分模线），按提示选择该旋转曲面，并确认执行。

④ 得到分模线参数菜单，如图 4.73 所示。

Parting line curve:	分模线：
Surfaces	选取曲面
View	视角
Angle	角度
Trim　N	修剪延伸　否
Options	选项
Do it	执行

图 4.73　分模线参数菜单

Select View:	选择视角：
Top	俯视图
Front	前视图
Side	侧视图
Isometric	等角视图
Cplane	同构图面
Number	视角号码

图 4.74　视角子菜单

菜单说明：

● Surfaces（选取曲面）：可以重新选择原始曲面。

● View（视角）：可以定义分模线的视角，该选项有如图 4.74 的子菜单。

● Angle（角度）：用给定的角度构建分模线，该角度是曲面的法向矢量代表零度和俯视 XY 构图面的夹角。

● Trim（修剪延伸）：是否将原始曲面修剪到分模线处。

⑤ 选择"Options"选项按钮，得到如图 4.75 所示的分模线选项对话框。

⑥ 如图 4.75 选择参数后，将视角定义为俯视 XY 视角，角度为 0°，修剪延伸为 Y，保留上半部分，单击"OK"确认，得到如图 4.76 所示的分模线绘制结果。

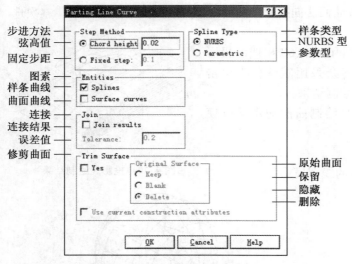

步进方法 —— Step Method
弦高值 —— Chord height 0.02
固定步距 —— Fixed step: 0.1
样条类型 —— Spline Type
NURBS 型 —— NURBS
参数型 —— Parametric
图素 —— Entities
样条曲线 —— Splines
曲面曲线 —— Surface curves
连接 —— Join
连接结果 —— Join results
误差值 —— Tolerance: 0.2
修剪曲面 —— Trim Surface
Yes
Original Surface
原始曲面 —— Keep
保留 —— Blank
隐藏 —— Delete
删除
Use current construction attributes
OK Cancel Help

图 4.75　分模线选项对话框

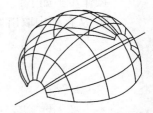

图 4.76　分模线绘制结果

（9）One edge（单一边界）：该功能是绘制曲面某一条边的边界曲线。

操作步骤如下：

① 从存档中取出如图 4.77 所示的模型。

② Create→Curve→One edge（绘图→曲面曲线→单一边界）。

③ 得到单一边界参数菜单，如图 4.78 所示。

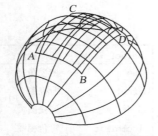

图 4.77　构建单一边界模型

One Edge Curve:	单一边界线:
Options	选项
Break angle	折角
From solid	由实体产生

图 4.78　单一边界参数菜单

（折角参数：可以用该项设定一个数值，让系统去控制边界的起始终止位置，默认值为 30°。）

④ 选择"Options"选项按钮，得到类似于图 4.75 上半部分的选项对话框。选择弦差（0.01）和曲线型式（参数式）。确认后选择 $ABCD$ 曲面。

⑤ 按提示用鼠标选择边界 AB，确认后产生单一边界 AB 曲线。

（10）All edges（所有边界）：该功能是用于一次产生选择曲面的所有曲面边界，一般用于对导入的曲面模型反求线架。

该功能的操作类似于绘制单一边界线。例如选择图 4.77 中的 $ABCD$ 曲面，确认执行后，可以一次得到 $ABCD$ 曲面的所有边界 AB、BD、DC、CA 曲线。

4.2.6　矩形的绘制

选择主菜单区中的 Create→Rectangle（绘图→矩形）选项，可以打开矩形菜单，如

图4.79 所示。

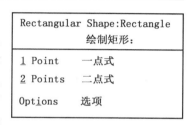

图 4.79 矩形菜单

（1）1 point（一点式）：通过设定矩形的特殊位置点的位置、宽度和高度绘制一个矩形。选择该选项后，弹出如图 4.80 所示的对话框。该对话框用于指定矩形的宽度和高度，并设置特殊点在矩形中的位置。用户可以将特殊点设置为矩形的四个角点、中心点或四条边的中点。设置完此对话框的各参数后，在绘图区选取一点为矩形的特殊点的位置即可按设置绘制出矩形。

（2）2 points（二点式）：通过设定矩形的任意两个对角点绘制矩形。矩形的宽度、高度及位置均由选取的两个对角点来定义。

（3）Options（选项）：该选项用于设置矩形的类型。选择此选项后，弹出如图 4.81 所示的对话框。

图 4.80　一点式绘制矩形对话框

图 4.81　矩形选项对话框

矩形选项对话框中矩形型式选项组用于选择矩形形状，用户可以选择的矩形外形有：Rectangular（矩形）、Obround（键槽形）、Single D（D 形）、Double D（双 D 形）、Ellipse（椭圆形）。角落倒圆角选项组用于设置矩形倒圆角参数，当选中"On"（开）复选框时，可以在半径输入框内指定圆角半径。旋转角度选项组用于设置矩形的旋转角度，当选中"On"（开）复选框时，可以在角度输入框内指定矩形旋转的角度。产生曲面选项组用于指定是否创建曲面，当选中"On"（开）复选框时，可以选择曲面的类型是 NURBS 曲面或参数型曲面。而当选中产生中心点复选框时，可在矩形的中心点位置创建一个点。

4.2.7　椭圆的绘制

选择主菜单区中的 Create→Next menu→Ellipse（绘图→下一页→椭圆）选项，系统弹出建立椭圆对话框，如图 4.82 所示。

这个对话框使得用 Mastercam9 绘制椭圆比用 Mastercam8 绘制椭圆方便多了。只要输入长轴和短轴半径、起始和结束角度以及椭圆的旋转角度，确定后在绘图区指定中心点位置就可以绘制椭圆了。

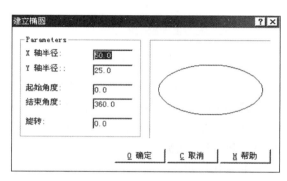

图 4.82　建立椭圆对话框

4.2.8　多边形的绘制

选择主菜单区中的 Create→Next menu→Polygon(绘图→下一页→多边形)选项,系统弹出建立多边形对话框,如图 4.83 所示。

在这个对话框中,如果外接圆复选框被选上,则半径输入框中输入的是多边形的外接圆的半径,否则,半径输入框中输入的是多边形的内切圆的半径。建立 NURBS 复选框若被选上,则生成的多边形为一条 NURBS 样条曲线,否则生成的多边形为多条直线。

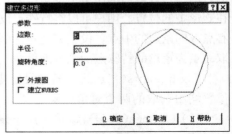

图 4.83　建立多边形对话框

在对话框中设置好多边形的边数、半径和旋转角度后,在绘图区指定中心点位置就可以绘制出多边形了。

4.2.9　文字的产生

选择主菜单区中的 Create→Next menu→Letters(绘图→下一页→文字)选项,系统弹出 Create Letters(创建文字)对话框,如图 4.84 所示。该对话框用于选择文本的字体、输入文本和设置文本的大小及排列方式等。

(1) 选择文本的字体:创建文字对话框中的"Font"(字体)选项组用于指定文本的字体。字体下拉列表中提供了三种类型的文本字体:图形标注字体(Drafting Font)、系统预定义的字符文件(MC9 Font)和真实字体(TrueType Font)。

图 4.84　创建文字对话框

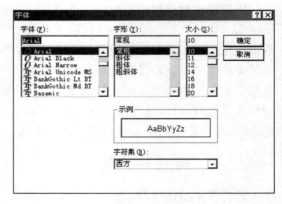

图 4.85　字体对话框

① 当选择图形标注字体时,采用图形标注方式来绘制文本。系统将根据图形标注中注释文本(Note Text)设置的属性来绘制文本,但可以重新指定文本的高度。

(注意:采用 Letters 命令绘制的文本与图形标注中绘制的文本不同,该命令绘制的文本是由多条直线、圆弧和样条曲线组成的曲线串连,可以用于加工,而图形标注中绘制的文本为一个单一几何对象,不能直接用于加工。)

② 当选择系统预定义的字符文件时,采用系统预定义的字符文件来绘制文字。选择不同

的字符文件选项,系统在 Font(字体)选项组中的 MC Directory 文本框中指出字符文件所在的文件夹。该方法只能绘制选取文件夹已有字符文件定义的字符,字符文件也为 MC9 文件,用户可以修改或添加字符文件。

③ 当选择真实字体时,采用 Windows 系统的真实字体绘制文本。用户可以单击 Font(字体)选项组中的"TrueType"(字形)按钮来指定真实字体的类型。单击该按钮后,系统弹出如图 4.85 所示的字体对话框。该对话框可设置文本的字体和字体样式(该对话框中的大小设置无效)。设置完文本的字体和字体样式后单击"确定"按钮,在字体下拉列表中即有该真实字体的选项。

(2) 输入文字:创建文字对话框中的 Letters(文字)文本框用于输入文本文字,用户在此文本框中输入需要的字符即可。

(3) 设置文本参数:创建文字对话框中的 Parameters(参数)选项组用于指定文本参数,包括文本的高度、字符间距及放置方式等。

当选择图形标注字体时,按默认的图形标注中放置注释文字方式放置字符,用户可通过 Height(高度)文本框来指定字符的高度。

当选用系统预定义的字符文字或真实字体时,系统提供了四种放置文本的方式:水平放置(Horizontal)、垂直放置(Vertical)、圆弧顶部放置(Top of Arc)和圆弧底部放置(Bottom of Arc)。当采用水平放置或垂直放置时需指定文本字符的高度(Height)和间距(Spacing);当采用圆弧顶部放置或圆弧底部放置时,除指定文本字符高度和间距外,还需指定圆弧的半径(Arc Radius)。

(4) 指定文本的位置:设置完创建文字对话框中的所有参数后,单击"确定"按钮,系统返回绘图区并提示用户指定文本放置的位置。对于图形注释文本和水平、垂直放置的文字需指定文本的起始点;对于圆弧顶部放置和圆弧底部放置的文字需指定圆弧的圆心位置。

4.2.10　插入样板

选择主菜单区中的 Create→Next menu→Pattern(绘图→下一页→插入文件对象)选项,系统弹出 Create Pattern(创建阵列)对话框,如图 4.86 所示。该对话框用于设置插入已有 Mastercam 文件中图形对象的有关参数。用户可以将 MC9、MC8、MC7 和 GE3 等文件中的图形对象插入至当前文件中。

注意:在进行插入操作时,仅能插入文件中的图形对象(包括图形标注和实体等),不能插入原文件中的刀具路径。进行完插入操作后,系统将自动生成一个包含所有插入文件中图形对象的群组,群组名称即为插入文件的名称。

Create Pattern(创建阵列)对话框各选项的含义及功能如下:

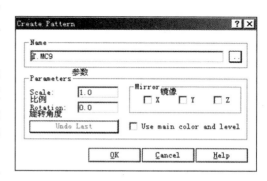

图 4.86　创建阵列对话框

(1) Name(名称)选项组:该选项组用于指定插入文件的位置及名称,用户可以直接输入文件的路径及名称,也可单击文本框右边的按钮,通过弹出的文件选择对话框选择需插入的文件。

（2）Parameters（参数）选项组：该选项组用于设置进行插入操作时的有关参数。

● Scale（比例）：用于设置插入对象的缩放比例。在进行插入操作时，系统将忽略插入文件的单位与当前文件单位的不同。例如，插入文件采用英制单位而当前文件采用公制单位，插入文件中长 1in（1in＝2.54cm）的直线按缩放 1 比例插入，在当前文件中的长度为 1mm。

● Ration（旋转）：设置插入对象的旋转角度。

● Mirror（镜像）：设置插入对象的镜像轴。用户可以设置一个或多个插入对象的镜像轴，其中的 X、Y、Z 轴是指相对当前文件构图面原点的 X、Y、Z 轴。

● Undo Last（取消上一步骤）：删除上一次的插入操作中创建的插入对象。

● Use Main Color and Level（相同图层和颜色）：设置是否采用当前的颜色和图层设置创建插入对象。选中该复选框在当前图层中按当前的颜色设置创建插入对象；否则按原插入文件中的图层及颜色设置创建插入对象。

指定了插入文件并设置完插入操作的有关参数后，单击"确定"按钮，系统返回绘图区并提示用户指定插入对象的中心点。指定插入对象的中心点后，系统即可按设置的参数在当前构图面中创建插入对象。

5 曲面造型

5.1 基本概念

前面介绍了基本几何图形绘制,构建的是线框模型,它能正确地描述和表达物体,但不能着色,表达空间曲面时直观性差。为了直观地表达空间曲面需用曲面模型来表达,曲面是用数学方程式以网状表层的方式,可以形象地表达任何物体的外形。一个物体的表面可由多个曲面组成,而一个曲面里可包含许多断面(section)或缀面(patchs),这些缀面熔接在一起形成一个曲面,由这些曲面可以组成复杂的外形。由于计算机性能的提高和曲面模化技术的不断发展,曲面构建功能越来越强大。Mastercam 中的曲面模组能完整、准确地绘制一个很复杂工件的外形。

曲面造型就是以许多断面或曲面片熔接在一起描述物体的轮廓和表面,从曲面造型方法上 Mastarcam 中所能构建的曲面可以分为几何图形曲面、自由形状曲面、编辑过的曲面三类。

(1)几何图形曲面:具有固定的几何形状,有直线、圆弧、平滑曲线等图素所生成,如球面、圆锥面、圆柱面、牵引曲面和旋转曲面等。

(2)自由型曲面:它不是特定的几何图形,它根据直线和曲线来决定其形状,这些曲面需要复杂而难度高的曲面构建技术,如昆式曲面、直纹曲面、举升曲面和扫描曲面等。

(3)编辑过的曲面:通过编辑已有的曲面生成,如补正曲面、修整延伸曲面、曲面倒角和曲面熔接等。

从曲面基本构建的数学表达上,有参数式曲面(Parametric)、NURBS 曲面和曲线生成曲面(Cure - generated)三种类型的曲面。

(1)参数式曲面:参数式曲面是先由一组位于相对于基点曲面上的陈列点,沿着along方向(切削方向)和 across 方向(横截面方向),产生 spline 曲线构成的。接着系统再利用这些spline 曲线系数来计算所需要构建的参数曲面。

优点:可用 IGES 和 VDA 的格式转换,自我包容性好,使用于其他应用功能稳定性好,但存储容量大。

(2)NURBS 曲面:NURBS 曲面是先由一组位于曲面的阵列点,沿着 along(切削方向)和 across 方向(横截面方向)产生 NURBS 曲线,接着系统再利用产生的这些 NURBS 曲线来计算出所要构建的 NURBS 曲面。

优点:需要的存储容量比参数式少,可用 IGES 格式转换包容性好,但通常不能用 VDA 格式转换。

(3)曲线生成曲面:当系统存储一个曲面作为一个生成曲面,可使用定义曲面顺接方式来构建曲面。

优点:相对前两种曲面,所需存储容量最小,这是一个真实的曲面(不是近似的曲面),但不能用 IGES 及 VDA 的转换格式,无自我包容性(需使用同一图素组)。

（4）曲面公差：实际生成的曲面与形成理论曲面的样条曲线之间的最大误差。公差小，实际曲面与理论面之间的逼近程度就高。但公差太小，生成的曲面需要的内存容量就大，计算的时间就长。

在主菜单中选择绘图（Create）菜单中的曲面（Surface）命令，或单击工具栏中的 ⬨ 按钮，即可调用 Mastercam 的曲面造型命令，如图 5.1(a)所示。

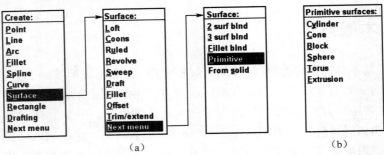

（a）   （b）

图 5.1　曲面菜单

以下分别详细介绍各种曲面模型的构建方法。

5.2　基本曲面

Mastercam 提供了圆柱面、圆锥面、端面、球面和圆环面五种基本三维曲面。依次选择主菜单中的 Create→Surface→Next menu→Primitive（绘图→曲面→下一个菜单→基本曲面）命令，主菜单区将会显示 Primitive Surface（基本曲面）菜单，如图 5.1(b)所示。选择 Primitive Surfaces 菜单中的命令，并设定相应的参数便可方便地构建出所需的基本曲面。

（1）圆柱面

选择 Primitive Surface 菜单中的"Cylinder"（圆柱面）命令，主菜单栏显示如图 5.2(a)所示的 Cylinder 菜单，并在绘图区显示一个按默认参数构建的圆柱面模型。通过该菜单设定将要构建的圆柱面的各参数后，按＜Esc＞键返回 Primitive Surface 菜单，按已设定的参数构建出所需的圆柱面（包括上下底面和轴切面），如图 5.2(b)所示。

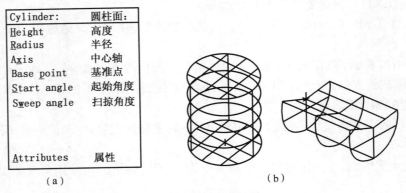

（a）   （b）

图 5.2　圆柱面菜单和构建圆柱面

① Cylinder（圆柱面）菜单中的各命令功能说明如下：

② Height(高度)：用于设定圆柱面的高度。选择该命令后，在系统提示区输入将要绘制的圆柱面的高度值，然后回车。

③ Radius(半径)：用于设定圆柱底面的半径。设定方法同 Height 命令。

④ Axis(中心轴)：用于设定圆柱的中心轴方向。选择该命令后，主菜单区会显示轴选择菜单，从中设定圆柱的中心轴方向。

选择 Axis 菜单中的 X 选项，将以 X 轴作为圆柱的中心轴；选择 Y 选项，将以 Y 轴作为圆柱的中心轴；选择 Z 选项，将以 Z 轴作为圆柱的中心轴；选择 Line 命令，则可在绘图区选取一条已有直线作为圆柱的中心轴，在选定直线后，会弹出一个对话框，提示是否将该直线的长度作为圆柱的高度；选择 2 pt 命令，则可在绘图区选取两点，以该两点连线作为圆柱的中心轴。选定后也会弹出一个提示对话框，确认是否将该两点连线作为圆柱的高度，选择 Flip 命令，则可将圆柱的中心轴方向反向，中心轴方向决定角度的旋转方向。

① Base Point(基准点)：用于设定圆柱底面的圆心位置，可在绘图区选取，也可从键盘输入。

② Start angle(起始角度)：用于设定圆柱面的起始角度，设定方法同 Height 命令。

③ Sweep angle(扫掠角度)：用于设定圆柱面扫掠过的角度，设定方法同 Height 命令。

④ Attributes(属性)：用于设定绘制的曲面的颜色和图层属性。

（2）圆锥面

选择 Primitive Surface 菜单中的"Cone"(圆锥面)命令，主菜单栏显示如图 5.3(a)所示的 Cone 菜单，并在绘图区显示一个按默认参数构建的圆锥面模型。通过该菜单设定将要构建的圆锥面的各参数后，按<Esc>键返回 Primitive Surface 菜单，按已设定的参数构建出所需的圆锥面(包括上下底面和轴切面)，如图 5.3(b)、(c)所示。

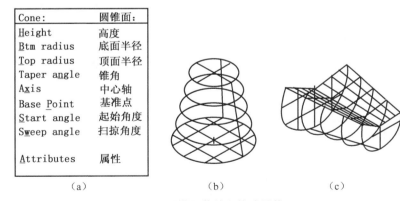

Cone:	圆锥面:
Height	高度
Btm radius	底面半径
Top radius	顶面半径
Taper angle	锥角
Axis	中心轴
Base Point	基准点
Start angle	起始角度
Sweep angle	扫掠角度
Attributes	属性

（a） （b） （c）

图 5.3 圆锥面菜单和构建圆锥面

Cone 菜单中与 Cylinder 菜单相同的选项及参数其功能与设定方法相同。Cone 菜单特有的参数：

Btm radius(底面半径)命令用来设定圆锥(台)的底面半径；Top radius(顶面半径)命令用来设定圆锥(台)的顶面半径；Taper angle(锥角)命令用来设定圆锥(台)的锥角。

图 5.3(c)所示不完整圆锥面设定参数为：Height 为 50、Btm radius 为 30、Top radius 为 15、Axis 为 X 轴、Base point 为原点、Start angle 为 135°、Sweep angle 为 225°。

（3）立方面

选择 Primitive Surface 菜单中的"Block"(立方面)命令,主菜单栏显示如图 5.4(a)所示的 Block 菜单,并在绘图区显示一个按默认参数构建的立方面模型。通过该菜单设定将要构建的立方面的各参数后,按<Esc>键返回 Primitive Surface 菜单,按已设定的参数构建出所需的立方面,如图 5.4(b)、(c)所示。

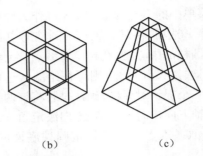

Block:	立方面:
Height	高度
Length	长度
Width	宽度
Corners	对角
Taper angle	锥角
Axis(H)	轴选择 (H)
Rotate	旋转
Axis(L)	轴选择 (L)
Base point	基准点
Attributes	属性

(a)   (b)   (c)

图 5.4   立方面菜单和构建立方面

其中 Height、Length 和 Width 命令用来设定立方体的高度、长度和宽度。

① Corners(对角):设定两个对角点定义立方体下底面矩形的两个对角。

② Taper angle(锥角):用于设定立方面的锥角。

③ Axis(H)(轴选择(H)):用于设定立方体高度方向的轴线。

④ Axis(L)(轴选择(L)):用于设定立方体长度方向的轴线。设定高度轴和长度轴后,宽度轴便可确定。

⑤ Rotate(旋转):用于设定立方体在长度轴和宽度轴平面内绕基点的旋转角度。

⑥ Base point(基准点):用于设定立方体的基点,即立方体下底面的中心点。

(4) 球面

选择 Primitive Surface 菜单中的"Sphere"(球面)命令,主菜单栏显示如图 5.5(a)所示的 Sphere 菜单,并在绘图区显示一个按默认参数构建的球面模型。通过该菜单设定构建球面的各参数后,按<Esc>键返回 Primitive Surface 菜单按已设定的参数构建出所需的球面,如图 5.5(b)、(c)所示。参数项的设定方法同前面介绍的相同选项的设定方法一样。

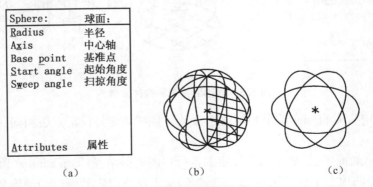

Sphere:	球面:
Radius	半径
Axis	中心轴
Base point	基准点
Start angle	起始角度
Sweep angle	扫掠角度
Attributes	属性

(a)   (b)   (c)

图 5.5   球面菜单和构建球面

(5) 圆环面

选择 Primitive Surface 菜单中的"Torus"(圆环面)命令,主菜单栏显示如图 5.6(a)所示的 Torus 菜单,并在绘图区显示一个按默认参数构建的圆环面模型。通过该菜单设定将要构建的圆环面的各参数后,按<Esc>键返回 Primitive Surface 菜单,按已设定的参数构建出所需的圆环面,如图 5.6(b)所示。

① Maj radius(截面中心半径):用于设定圆环截面中心线的半径。

② Min radius(截面圆半径):用于设定圆环截面圆的半径。

③ Torus(圆环面):菜单中的其余五个命令的功能和设定方法同前面介绍的相同。图 5.6(b)即为将 Maj radius 设定为 20,Min radius 设定为 5,Axis 设定为 Z 轴,Base Point 设定为原点,Start

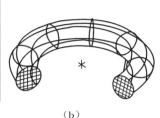

Torus:	圆环面:
Maj radius	截面中心半径
Min radius	截面圆半径
Axis	中心轴
Base point	基准点
Start angle	起始角度
Sweep angle	扫掠角度
Attributes	属性

(a)　　　　　　(b)

图 5.6　圆环面菜单和构建圆环面

angle 设定为 0,Sweep angle 设定为 270,Attributes 设定为黑色时所构建的圆环面。

(6) 挤压面

Primitive Surface 菜单中的"Extrusion"(挤压面)命令用来构建挤压曲面。

操作步骤如下:

① 选择 Primitive Surface 菜单中的 Extrusion 命令。

② 这时主菜单栏显示一个串连选取菜单,提示用户在绘图区选取一个串连。选取的串连可以是封闭的,也可以是开口的。但当串连仅为一条多样曲线时,则必须是封闭串连。

③ 若选取的为封闭串连,可省略此步进入下一步。若选取的串连不是封闭曲线,则会弹出一个提示对话框,提示是否自动串连连接两个端点将其封闭。封闭串连则单击"是"(Y)按钮封闭,单击"否"(N)按钮则退出该步操作。

④ 选定串连后,主菜单栏显示如图 5.7(a)所示的 Extrusion 菜单,并按系统默认设定在绘图区显示出挤压曲面。

Extrusion:	挤压面:
Height	高度
Scale	比例
Rotate	旋转
Offset	偏移
Taper angle	锥角
Axis	中心轴
Base point	基准点
Attributes	属性

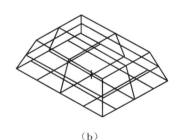

(a)　　　　　　　　　(b)

图 5.7　挤压面菜单和构建挤压面

⑤ 在 Extrusion 菜单设定构建挤压面的各参数后,按<Esc>键返回 Primitive Surface 菜单,按已设定的参数构建出所需的挤压面,如图 5.7(b)所示。

Extrusion(挤压面)菜单中各功能选项的意义如下:

① Height(高度):用于设定挤压曲面的挤压高度。

② Scale(比例):用于设定挤压串连与选取串连的比例,默认设定为 1。

③ Rotate(旋转角度)：用于设定挤压曲面的旋转角度，默认设定为 0。旋转轴为通过基点且平行于挤压方向的直线。

④ Offset(偏移距离)：用于设定挤压串连与选取串连的偏移距离。可以选择向内(Small)或向外(Large)偏移，默认设定为 0。

⑤ Taper angle(锥角)：用于设定挤压曲面的倾角，默认设定为 0。

⑥ Axis(中心轴)：用于设定挤压曲面的挤压轴，默认的挤压轴方向为挤压方向。

⑦ Base point(基准点)：用于设定挤压曲面的基点，默认的基点为串连的中心点。

⑧ Attributes(属性)：用于设定挤压曲面的颜色和图层。

图 5.7(b)所示的挤压曲面的挤压串连为一个 120×90 的矩形，在 Extrusion 子菜单中设定 Height 为 35、Taper angle 为 20，其余全都采用默认设定时构建的挤压曲面。

5.2.1 举升曲面和直纹曲面

举升曲面和直纹曲面(Loft or Ruled)都是用截面轮廓线来定义曲面的，至少要有两条截面轮廓线。举升曲面是用二次曲线(抛物线)平滑地连接各个截面，而直纹曲面各截面轮廓之间是用直线连接的。每条截面轮廓线都可以由多条直线、圆弧或样条曲线组成。构建时截面轮廓线的起点最好在同一面中，以相同的方向构建，否则生成扭曲的曲面见图 5.8 所示。

图 5.8   不同截面轮廓线起点产生的
不同效果的举升曲面

操作步骤如下：

(1) 依次选择主菜单中的 Create→Surface→Loft 命令。

(2) 这时主菜单显示出选择菜单，利用该菜单或直接在绘图区选择两个或两个以上的已存在的串连，确定后选择 Done 命令。

(3) 这时主菜单区会显示 Lofted surface 菜单。其中"Tolerance"命令用来设定构建的举升曲面与选取的截面外形之间的误差，可在系统提示区设定。"Type"命令用来设定的曲面类型，有 N、P 和 C 三种方式。设定为 N 时，则构建的曲面为 NURBS 曲面；设定为 P 时，则构建的曲面为参数式曲面；设定为 C 时，则构建的曲面为曲线定义型曲面。

【例 5.1】   构建举升曲面。

绘图步骤如下：

① File→Get→(用鼠标选取 Loft0.mc9)单击"Open"按钮。如图 5.9 所示。

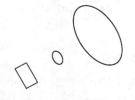

图 5.9   喇叭的线框模型

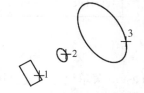

图 5.10   截面轮廓的定义

② Create→Surface→Loft(绘图→曲面→举升曲面)。

③ 主菜单栏显示选择菜单，选"Chain"(串连)，用鼠标选择图 5.10 的 1 处。

④ 选主菜单中的"Mode"(方式)，主菜单显示选择菜单。

⑤ 选"Single"(单体),用鼠标选取图 5.10 中 2、3 所示的
位置。

⑥ 选"Done"(执行),接受截面轮廓的定义。

⑦ 设定 Loft 举升曲面的参数。设定 Type(类型)为 N
(NURBS 曲面),Tolerance(公差)为 0.01。

⑧ 选"Do it"(执行),生成如图 5.11 所示的曲面。

图 5.11　喇叭的举升曲面模型

在上面选择三个截面轮廓外形的时候,截面轮廓的起点,
以及箭头的方向都很重要,即使截面轮廓形状相同,起点或箭头方向不同,将产生扭曲的曲面。

【例 5.2】　构建直纹曲面。

绘图步骤如下:

① File→Get→(用鼠标选取 Ruled0.mc9)→单击"Open"按钮。如图 5.12 所示。

② 选择主菜单 Create→Surface→Ruled(绘图→曲面→直纹曲面)。

③ 主菜单栏显示选择菜单。选"Single"(单体)用鼠标选图 5.13 中 1、2 所在的位置。

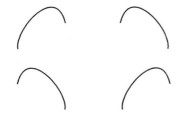
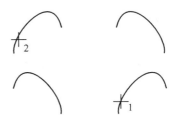

图 5.12　两相交半圆柱面线框模型　　　　图 5.13　定义一个直纹半圆柱面

④ 选"Done"(执行),接受前面的外形定义。

⑤ 设定直纹曲面参数,设定曲面公差(Surface Error Tolerance)为 0.005,设定类型
(Type)为 N(NURBS 曲面)。

⑥ 选"Do it"(执行),生成直纹曲面。如图 5.14 所示。

提示显示 Chaining mode:single,用鼠标选图 5.14 中 3、4 所在的位置。

⑦ 选"Done"(执行)。

⑧ 选"Do it"(执行)。如图 5.15 所示。

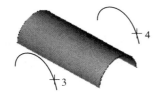
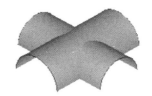

图 5.14　定义另一个直纹半圆柱面　　　　图 5.15　两相交半圆柱面曲面模型

5.2.2　昆式曲面

昆式曲面(Coons)是把一个复杂的曲面划成许多"曲面片"(patch),每个"曲面片"都是有
四条边界曲线拟合成一个光滑的小曲面,这些小曲面之间的梯度和曲率能保持连续变化。简
而言之,就是光滑过渡。每个小曲面可以有两个自由度(u,v)的点(x,y,z)在空间的运动轨迹

来表示,如图 5.16 所示。用参数(u,v)的表达式为:

$$r(u,v)=x(u,v)i+y(u,v)j+z(u,v)k \qquad (0{\leqslant}u,\ v{\leqslant}1)$$

u 向:边界线 1 为走刀方向第一条轮廓的第一行(Along Contour 1—Row 1);

边界线 2 为走刀方向第一条轮廓的第二行(Along Contour 1—Row 2)。

v 向:边界线 1 为进刀方向第一条轮廓的第一列(Across Contour 1—Column 1);

边界线 2 为进刀方向第一条轮廓的第二列(Across Contour 1—Column 2)。

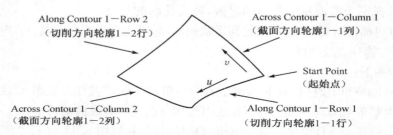

图 5.16　单片昆式曲面的边界组成

曲面拟合时的弯曲方式(Blending method)分为:Linear、Parabolic、Cubic、Cubic、with slope matching。

● Linear:产生的曲面路径是线性逼近的,通常适用于单片,多片时曲面有棱角。

● Parabolic:产生的曲面路径是以二次曲线方式进入定义截面外形的称为抛物线面。

● Cubic:切入截面产生较平坦的曲面,三次曲面方式变化较大。

● Cubic with slope matching:随着曲面曲率的变化的曲面,当切削多重曲面时,此方式产生的曲面是最光滑的。

当从曲面菜单中选择昆式曲面,系统提示选择哪一种曲面串连,如图 5.17 所示。选"Yes",通知系统是使用自动昆式串连;选"No",通知系统是使用手动串连;选"取消",则退出。

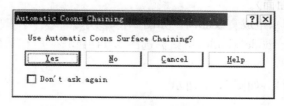

图 5.17　昆式曲面串连方式选择

(1) Automatic Coons Chaining(自动昆式串连):自动昆式串连定义一个曲面,选择三个图素,图形左上角相交处的两个图素,右下角的一个图素。若用自动串连不能产生曲面,请用手动串连。

(2) Manual Chaining(手动串连):Coons 曲面边界的基本框架:Coons 曲面 Patch 的基本框架类似行列式,定义时先定义走刀(Along)方向,然后定义进给方向的曲面片(Patch)数。图 5.18 说明昆式曲面的曲面片(Patch)类似行列式,当从右上角为起点,先选走刀(Along)方向的 Along Contour 1—Row1(切削方向的第一行、第一列),Along Contour 2—Row1(第一行、第二列),Along Contour 3—Row1(第一行、第三列)…再选 Along 的第二行第一列、第二列…Along 方向定义完成后,用同样的方法再定义进给 Across 方向。

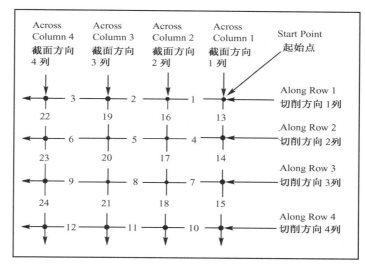

图 5.18 昆式曲面的基本框架

【例 5.3】 构建昆式曲面。

绘图步骤如下：

① 图 5.19 所示的快餐盒侧面的线框模型的绘制参见的 7.6 节的快餐盒模具工作面的绘制。

图 5.19 快餐盒侧面的线框模型

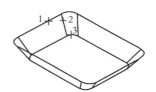

图 5.20 昆式曲面的自动串连定义

② Create→Surface→Coons(绘图→曲面→昆式曲面)。

③ 从 Automatic Coons Chaining(自动昆式串连菜单)中,选"Yes",自动昆式串连。

④ 先选左上角 1、2 位置处,然后选 3 位置处。如图 5.20
所示。

⑤ 设定昆式曲面参数：Tolerance(公差)：0.01，Type(类型)：N,Blending：P。

⑥ 选"Do it"(执行)。生成昆式曲面,见图 5.21 所示。

⑦ 图形保存 File→Save(文件→保存)。

图 5.21 快餐盒侧面的曲面模型

弹出 Specify File Name to Write(定义文件名保存对话
栏),在 File Name 的文本输入框输入"Coons2. mc9",按"Save"(保存)。

【例 5.4】 构建昆式曲面。

绘图步骤如下：

① File→Get→(用鼠标选取 Coons2. mc8)→单击"Open" 按钮。如图 5.22 所示。

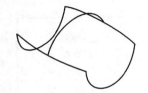

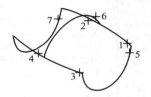

图 5.22　昆式曲面线框模型　　　　　图 5.23　昆式曲面手动定义

② Create→Surface→Coons→(绘图→曲面→昆式曲面)。

③ 自动昆式串连菜单中,选"No",手动串连定义曲面数目。

④ Number of patches in the along direction(2):

    <键入 Along 方向曲面片数>输入 2,回车。

⑤ Number of patches in the across direction(1):

    <键入 Across 方向曲面片数>输入 1,回车。

⑥ 定义 Along 1,选 Single(单体)。

⑦ 用鼠标选图 5.23 中 1、2 位置处。

⑧ 定义 Along 2:用鼠标选图 5.23 中 3、4 位置处。

⑨ 定义 Across 处形:用鼠标选图 5.23 中 5、6、7 位置处。

⑩ 定义完成,选"Done"(接受以上定义)。

⑪ 设定曲面参数,参数设定如下:

Surface Error Tolerance:0.01;

Surface Type:Parametric;

Blending:Cubic(三次式曲线)。

⑫ 选"Do it"(执行),生成曲面。此时曲面被计算且显示于屏幕上。

图 5.24 为曲面拟合时选用不同的弯曲方式所产生的不同效果。

    线性　　　　　　　　　　　抛物线　　　　　　　　　三次曲线

图 5.24　不同曲面拟合方式产生的不同效果

5.2.3　旋转曲面

    旋转曲面(Revolve)就是把一个或多个串连的曲线绕着一根轴线(即旋转轴)旋转形成的曲面,旋转曲面的曲面数目等于串连图素的数目。

    选择轴线时,系统在轴线的端部显示一个临时箭头,指出旋转的方向,表示一条轮廓线绕一条旋转轴线,按设定方向,旋转设定的角度,角度范围 0°～360°。

    操作步骤如下:

① Create→Surface→Revolve(绘图→曲面→旋转曲面)。

② 主菜单栏显示选择菜单,选择一个或多个将要进行旋转的曲线,然后按"Done"(执行)。

③ 提示区提示选择旋转轴线，选择轴线，如图 5.25(b)所示，旋转曲面菜单如图 5.25(a)所示。

Revolved Surface:		旋转曲面:	
Curves		曲线	
Axis		旋转轴	
Start angle		起始角度	
End angle		终止角度	
Type	P	曲面类型	P
Do it		执行	

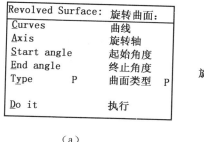

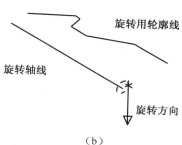

(a)

(b)

图 5.25　旋转曲面菜单、旋转用轮廓线和轴线

④ 设定参数：起始角度(0°)、终止角度(180°)、类型(P)等。

⑤ 选取 Do it(执行)，生成旋转曲面。如图 5.26 所示。

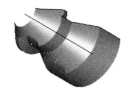

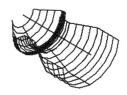

图 5.26　旋转曲面

5.2.4　扫描曲面

扫描曲面(Sweep)是由一个或多个截面(Across)外形沿着一个或两个 Along 方向的导向曲线平移、旋转、放大和缩小或做线性熔接，构建出各种不同的曲面。截面外形和导向曲线可以由多个不同的几何图素所组成，可以是空间三维曲线。Mastercam 中有以下三种组合：

1) 一个截面外形沿一个导向线扫描

扫描曲面菜单见图 5.27(a)，扫描曲面见图 5.27(b)、(c)所示。

操作步骤如下：

(1) 操作路径：Create→Surface→Sweep(绘图→曲面→扫描曲面)。

(2) 主菜单栏显示选择菜单，利用该菜单或直接在绘图区选择截面外形，选择完再单击“Done”(执行)。

(3) 选择导向线，若是多段图素组成的导向线用串连选择。选择完单击“Done”(执行)。

(4) 主菜单栏显示如图 5.27(a)所示的菜单，选项设定，设定完单击“Do it”(执行)。

Swept surface:		扫描曲面:	
Tolerance		公差	
Type	N	类型	N
Trans/Rot	R	平移/旋转	R
Do it		执行	

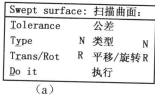

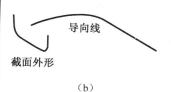

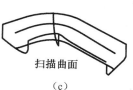

(a)

(b)　(c)

图 5.27　扫描曲面菜单和扫描曲面

扫描菜单选项意义如下：
- Tolerance(公差)：设定所构建扫描曲面的允许误差值。
- Type(类型)：设定曲面类型。
- Trans/Rot(平移/旋转)：平移或旋转扫描选择。
- Trans(平移扫描)：Across 曲面所在面的法向矢量方向始终保持不变。
- Rot(旋转扫描)：Across 曲面所在面的法向矢量与 Along 方向曲线的切向矢量的夹角保持不变。

【例 5.5】　构建一个截面外形沿一条导向曲线扫描曲面。

绘图步骤如下：

① 操作路径：File→Get→(用鼠标选取 Swept1. mc9)→单击"Open"按钮。

② Create→Surface→Sweep(构建→曲面→扫描曲面)。

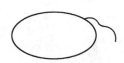

图 5.28　一个截面外形和一条导向曲线

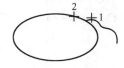

图 5.29　扫描曲面的定义

提示栏提示：Chaining mode：Full(串连方式：全部串连)。

注意：若提示栏提示：Chaining mode：Single，则选"Chain"(串连)。

③ 用鼠标选图 5.29 中 1 位置处。

④ 选"End here"(结束选择)，返回前一菜单。

⑤ 选"Done"(执行)。

⑥ 定义 Along 方向轮廓，用鼠标选图 5.29 中 2 位置处。
(注：圆已在截面外形的端点打断)。

⑦ 选"Done"(执行)。

⑧ 设定参数：
　　Tolerance(公差)：0.01；
　　Type(类型)：P(参数式)；
　　Trans/Rot：R(旋转)。

图 5.30　扫描曲面

⑨ 选"Do it"(执行)，生成的曲面见图 5.30 所示。

2) 一个截面外形和两条导向曲线的扫描曲面

操作步骤如下：

(1) 操作路径：Create→Surface→Sweep(绘图→曲面→扫描曲面)。

(2) 主菜单栏显示选择菜单，选择截面外形。即用单体选择图 5.31(b)中的截面外形，选择完单击"Done"(执行)。

(3) 用串连的方式定义两条导向线，用串连→部分串连选择导向线 1，用串连→部分串连选择导向线 2，选择完单击"Done"(执行)。

(4) 主菜单栏显示如图 5.31(a)所示的菜单，选项设定，设定完单击"Do it"(执行)。生成图 5.31(c)所示的扫描曲面。

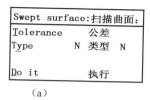

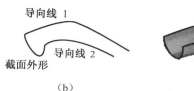

（a）　　　　　　　　　（b）　　　　　　　（c）

图 5.31　扫描曲面菜单和扫描曲面

3）多个截面外形和一条导向曲线的扫描曲面

操作步骤如下：

（1）操作路径：Create→Surface→Sweep（绘图→曲面→扫描曲面）。

（2）依次选择图 5.32（a）中的截面外形 j11、j12、j13、j14、j15，选择完单击"Done"（执行）。

（注：所定义的各截面外形的方向，起点应一致，否则产生扭曲的曲面。）

（3）用串连的方式选择图 5.32（a）中导向线 dl，单击"Done"（执行）。

（4）主菜单栏显示如图 5.31（a）所示的菜单，选项设定，设定完单击"Do it"（执行）。生成图 5.32（b）、（c）所示的扫描曲面。

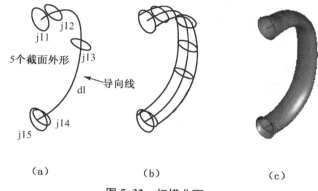

（a）　　　　　　　　　（b）　　　　　　　（c）

图 5.32　扫描曲面

5.2.5　牵引曲面

牵引曲面（Draft）就是一条曲线，沿一个方向，按给定的长度牵引产生的曲面（或斜面）。牵引曲线可有多个图素组成，其曲面的数目等于牵引曲线图素的数目。

操作步骤如下：

（1）首先设定合适的作图面，0°牵引方向垂直作图平面。

（2）操作路径：Create→Surface→Draft（绘图→曲面→牵引曲面）。

（3）主菜单栏显示选择菜单，选取将要进行牵引的曲线。

设定参数：牵引长度、角度、曲面类型。单击"Do it"（执行），生成牵引曲面。

牵引曲面菜单如图 5.33（a）所示。

（a）　　　　　　　　　（b）　　　　　　　（c）

图 5.33　牵引曲面菜单和牵引曲面

- Curves(曲线):重新选择要进行牵引的轮廓图素。
- View(作图视角):牵引曲面牵引长度的方向,即牵引长度垂直于作图平面视角。
- Length(长度):在牵引方向的长度,正值为箭头的方向,负值为箭头的相反方向。
- Angle(角度):实际牵引方向与牵引长度之间的夹角,范围+/-180°(负向外侧正向内侧)。
- Type(类型):曲面类型有 P、N、C 三种可选择。

5.3　曲面倒圆角

曲面倒圆角(Fillet)就是平面与曲面(Plane/surf)、曲线与曲面(Curve/surf)、曲面与曲面(Surf/surf)之间用圆角平滑过渡形成的曲面。倒圆角曲面相切于曲面、平面,其中圆角半径是可变化的,即倒圆角曲面的半径可以一边大,一边小。

在主菜单中依次选择 Create→Surface →Fillet(绘图→曲面→曲面倒圆角)命令,主菜单栏显示如图 5.34 所示的 Fillet Surface(曲面倒圆角)菜单,从中选择一种倒圆角方式。

下面分别介绍三种倒圆角方式。

Fillet surface:	曲面倒圆角:
Plane/surf	平面/曲面
Curve/surf	曲线/曲面
Surf/surf	曲面/曲面

图 5.34　曲面倒圆角菜单

1) 平面/曲面倒圆角

平面/曲面倒圆角(Plane/surf)是在曲面与平面之间构建圆角面,倒圆角面相切于平面和曲面。

操作步骤如下:

(1) 在主菜单栏依次选择 Create→Surface→Fillet→Plane/surf(绘图→曲面→曲面倒圆角→平面/曲面)。

(2) 选择一个或多个要倒圆角的曲面值,单击"Done"(执行)。

(3) 在提示栏从键盘输入倒圆角半径值,回车。

(4) 主菜单栏显示 Define Plane(定义平面)菜单,如图 5.35(a)所示,定义一个平面,然后确认其法向,法向确认菜单如图 5.35(b)所示。

(5) 主菜单栏显示 Plane/Surface fillet surface(平面/曲面倒圆角)菜单,如图 5.35(c)所示,设定完各项参数后,单击"Do it"(执行),生成倒圆角曲面。

Define Plane: 定义平面		Side of plane: 平面的法向		Plane/Surface fillet surface:平面/曲面倒圆角	
Z = const	Z = 常数	OK OK		Surfaces	曲面
Y = const	Y = 常数			Plane	平面
X = const	X = 常数			Radius	半径
Line	直线			Variable	变量
C-plane	作图平面	Flip 反向		Check norms	确认法向
3 points	3 点			Trim N	修剪 N
Entity	图素			Options	选项
Normal	法向				
				Do it	执行
(a)		(b)		(c)	

图 5.35　平面/曲面倒圆角的各菜单

图 5.35 各菜单参数意义如下:

Z=const(Z=常数):定义平行 XOY 平面的面,平面的位置用 Z 值确定。

（Y＝常数；X＝常数：定义平面的方法与 Z＝常数的用法相同。）

Line（直线）：它及其他几项定义平面的方法与作图平面定义面的方法相同。

Side of Plane（平面的法线）：菜单是用来确定平面的法向，其反向（Flip）指令可用于改变平面的法向。

Surfaces（曲面）：选择该命令，将取消原曲面的选取，并返回选取菜单重新选取倒圆角曲面。

Plane（平面）：选择该命令，将取消原平面的选取，并返回定义平面（Define Plane）菜单重新定义平面。

Radius（半径）：定义倒圆角曲面的圆角半径。

Variable（变量）：用来设定可变倒圆角半径。单击"Variable"选项进入可变半径设定菜单，可用中间点、插入点、修改、移去设定可变半径值。

Check norms（确认法向）：用来检查、修改曲面的法向。

图 5.36 为二相交曲面的截面图。圆角面倒在两曲面的法向共同指向的那个角，图 5.36（a）、（b）、（c）的情况能倒出圆角面，图 5.36（d）的情况就倒不出圆角面。

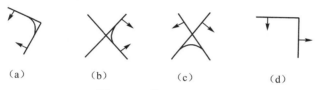

（a）　　　　（b）　　　　（c）　　　　（d）

图 5.36　曲面法向确认

Trim（修剪）：用来设定原曲面是否进行修剪，想要在倒圆角面之后，把多余的面修剪了，在选项设定时，必须把修剪设定为 Y，但还不一定能修剪掉，能否修剪掉主要取决于生成的倒角面能否把原有的两曲面完全切断，若能完全切断，才能修剪掉。设为 N 不修剪。

Optoins（选项）：用来设定倒圆角的有关参数。

【例 5.6】　快餐盒的侧面与底面倒圆角。

操作步骤如下：

① File→Get→（用鼠标选取 Coons. mc9）→单击"Open"按钮，如图 5.37 所示。

图 5.37　快餐盒曲面　　　**图 5.38　侧面与底面倒圆角面**

② Create→Surface→Fillet→Plane/Surf（绘图→曲面→倒圆角面→平面/曲面）。

③ 选取要进行倒圆角的曲面（用鼠标单击快餐盒的侧面）。按"Done"（执行）。

④ 从键盘输入倒圆角半径值，如 5，回车。

⑤ 在主菜单栏的定义平面菜单中选择 Z＝常数，从键盘输入常数，如－20，回车，确认方向，单击"OK"。

⑥ 在主菜单栏的平面/曲面倒圆角菜单中，设定选项。

⑦ 单击"Do it"（执行），生成出倒圆角面。如图 5.38 所示。

2）曲线/曲面倒圆角面

曲线/曲面倒圆角面（Curve/surf）是在曲面和指定的曲线之间构建倒圆角曲面。曲线/曲面之间倒圆角面所设定的圆角半径是指位于指定曲线上正切于曲面角度上的倒圆角面的半径。效果参照图 5.39 所示。

操作步骤如下：

（1）Create→Surface→Fillet→Curvers/Surf（绘图→曲面→倒圆角面→曲线/曲面）。

（2）选取要进行倒圆角的曲面，单击"Done"（执行）。

（3）从键盘输入倒圆角半径值，回车。

（4）在主菜单栏显示串连（Select chine）菜单，选取一条或多条曲线，单击"Done"（执行）。在主菜单栏的曲线侧（Side of Curvers）菜单中，选取 Left 或 Right 设置从曲线的左侧或右侧进行倒圆角面操作，单击"Done"（执行）。

（5）在主菜单栏显示曲线/曲面倒圆角面（Curvers/Surface fillet surface）菜单，设定参数后，单击"Do it"（执行），生成出倒圆角面。如图 5.39 所示。

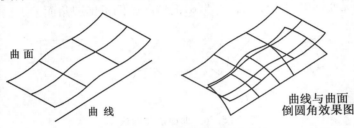

图 5.39　曲线与曲面倒圆角面

3）曲面/曲面倒圆角面

曲面/曲面倒圆角面（Surf/surf）是两组曲面之间构建圆角面，构建的圆角面正切于两组曲面。

操作步骤如下：

（1）Create→Surface→Fillet→Surf/surf（绘图→曲面→倒圆角面→曲面/曲面）。

（2）主菜单栏显示曲面选择菜单，选取第一组要倒圆角的曲面，单击"Done"（执行）。再选取另一组要进行倒圆角的曲面，单击"Done"（执行）。

（3）从键盘输入倒圆角半径值，回车。

（4）在主菜单栏显示曲面/曲面倒圆角面（Surface/Surface fillet surface）菜单，设定参数后，单击"Do it"（执行），生成出倒圆角面。如图 5.40 所示。

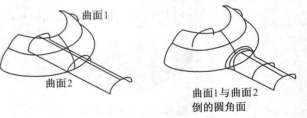

图 5.40　曲面与曲面倒圆角面

5.4　曲面偏移

曲面偏移（Offset）就是将已存在的一个或多个曲面沿曲面的法线方向偏移一个距离。

操作：选择曲面，设定偏移距离和方向、是否保留或隐藏原来的面。当偏移距离为负时，则沿曲面法线的反方向偏移。

操作步骤如下：

（1）在主菜单栏依次选择 Create→Surface →Offset（绘图→曲面→曲面偏移）。

（2）选取图 5.41(b) 所示的曲面，单击"Done"。

（3）在主菜单栏显示图 5.41(a) 所示的菜单。设定偏移距离（Offset dist）、确认偏移法向（Check norms）、设定显示方式（Dispose）即偏移后原曲面是删除还是保留。

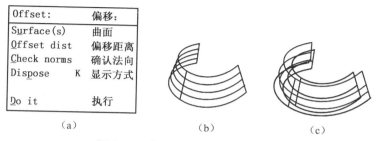

Offset:	偏移
Surface(s)	曲面
Offset dist	偏移距离
Check norms	确认法向
Dispose K	显示方式
Do it	执行

（a）　　　　　　　　（b）　　　　　　　　（c）

图 5.41　曲面偏移菜单和曲面偏移

（4）设定后，单击"Do it"（执行），生成出偏移曲面。见图 5.41(c) 所示。

注意：当一个复杂曲面（包含有多个曲面）整体产生偏移面时，通常会产生撕裂，起皱。

5.5　曲面熔接

曲面熔接（Blend）就是将两个或三个曲面用曲面光滑地连接起来，所生成的过渡光顺曲面与原曲面相切。Mastercam 中有三种曲面熔接方法：二曲面熔接（2 surf blnd）、三曲面熔接（3 surf blnd）和圆角曲面（Fillet blnd）。下面分别介绍。

1）二曲面熔接

二曲面熔接是将两个已存在的曲面，在指定位置（熔接边界）用曲面光滑地熔接起来。熔接位置用光标指定，见图 5.42(b)、(c) 所示，方向用选择曲线方向（Select spline direction）菜单（见图 5.42(a)）中的换向（Flip）指令改变使其满足要求。

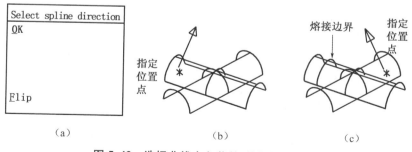

（a）　　　　　　　　（b）　　　　　　　　（c）

图 5.42　选择曲线方向菜单、位置指定示意

操作步骤如下：

（1）在主菜单栏依次选择 Create→Surface →Next menu→2 surf blnd（绘图→曲面→下一个菜单→二曲面熔接）。

（2）在绘图区选取一个曲面，曲面上会显示一个随鼠标移动的箭头指示曲面熔接的方向，

见图 5.42(b)，并在主菜单栏显示如图 5.42(a)所示的
选择曲线方向（Select spline direction）菜单。选择
"Flip"可改变熔接曲线的方向，即改变熔接边界的位
置。选择"OK"确定。

（3）再按照同样的方法定义第二个曲面。

（4）主菜单栏显示如图 5.43 所示的二曲面熔接
（2 Surface Blending）菜单，在绘图区显示熔接曲面的
预览图，如图 5.44(a)所示。设定完菜单中的各选项，
单击 Do it，构建出如图 5.44(b)所示的熔接曲面。图
5.45 为不同熔接位置的熔接示例。

2 Surface Blending:		二曲面熔接：	
Surf 1		曲面1	
Surf 2		曲面2	
Start mag		起点等级	
End mag		终点等级	
End Pts		端点	
Reverse		反向	
Trim surfs	B	修剪曲面	B
Keep crve	N	保持曲线	N
Surf type	N	曲面类型	N
Do it		执行	

图 5.43　二曲面熔接菜单

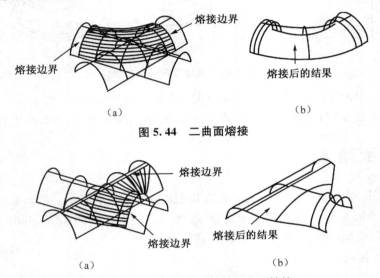

图 5.44　二曲面熔接

图 5.45　不同熔接位置的二曲面熔接

2 Surface Blending 菜单中各选项功能和设定方法如下：

Surf 1（曲面 1）：用于重新选取要熔接的第一个曲面。

Surf 2（曲面 2）：用于重新选取要熔接的第二个曲面。

Start mag（起点等级）：用于设定曲面熔接处曲线起点的熔接等级。范围从 0～4，0 以平面方式熔接曲面，1～4 之间数值越大曲率越大。

End mag（终点等级）：意义与用法和起点等级相同。

End Pts（端点）：用于调整熔接曲面在原曲面上的端点位置。

Reverse（反向）：用于改变曲面的末端与两个曲面的连接顺序。

Trim surfs（修剪曲面）：用于设定曲面熔接后对原曲面的处理方式。可以设定为 N、1、2 和 B。设定为 N 时，则两曲面都不修剪；设定为 1 时，仅修剪第一个曲面；设定为 2 时，仅修剪第二个曲面；设定为 B 时，则两曲面都修剪。

Keep crvs（保持曲线）：用于设定是否保留原曲面与熔接曲面的交线，可设定为 N、1、2 和 B。

Surf type（曲面类型）：用于设定所生成的熔接曲面的类型。

2）三曲面熔接

三曲面熔接是将三个已存在的曲面，在指定位置（熔接边界）用曲面光滑地连接起来。

操作步骤如下：

（1）打开曲面模型（C:/Mcam9.1/ Mill/ Mc9/ Samples/ Design/ 3 Surface blend - mm.Mc9)）。如图 5.46(a)所示。

（2）在主菜单栏依次选择 Create→Surface→Next menu→3 surf blnd（绘图→曲面→下一个菜单→三曲面熔接）。

（3）在绘图区选取一个曲面，曲面上会显示一个随鼠标移动的箭头指示曲面熔接的位置方向，并在主菜单栏显示选择曲线方向（Select spline direction）菜单。选择 Flip 可改变熔接曲线的方向，即改变熔接边界的位置。选择"OK"确定。

（4）再按照同样的方法定义其他两个曲面的熔接边界。

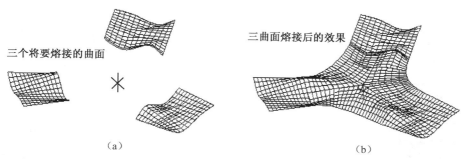

图 5.46　三曲面熔接

（5）主菜单栏显示三曲面熔接（3 Surface Blending)菜单，如图 5.47 所示，在绘图区显示熔接曲面的预览图。设定完菜单中的各选项，单击"Do it"，构建出如图 5.46(b)所示的熔接曲面。

三曲面熔接菜单中各选项意义、用法与二曲面熔接菜单对应相同，其中重新排列（Realign)用于重新排列所生成的熔接曲面。选择该命令后，主菜单栏提示确认重新排列曲面。设定为"N"时，则取消该命令，返回三曲面熔接菜单；设定为"Y"时，则取消临时曲面，提示重新选取熔接曲面的端点。

3 Surface Blending: 3曲面熔接:	
Surf 1	曲面1
Surf 2	曲面2
Surf 3	曲面3
Blend mag	熔接等级
End pts	端点
Realign	重新排列　Y
Trim surfs Y	修剪曲面
Keep crvs Y	保持曲线　Y
Surf type N	曲面类型　N
Do it	执行

图 5.47　三曲面熔接菜单

3）倒圆角曲面熔接

倒圆角曲面熔接是将三个相交的倒圆角曲面用一个或多个曲面光滑地熔接起来，生成的熔接曲面与原曲面相切。

操作步骤如下：

（1）在主菜单栏依次选择 Create→Surface→Next menu→Fillet blend（绘图→曲面→下一个菜单→倒圆角曲面熔接）。在主菜单栏显示如图 5.48(a)所示的菜单。

（2）主菜单栏显示三倒圆角曲面熔接菜单，在绘图区依次选择图 5.48(b)所示的三个倒圆角曲面。

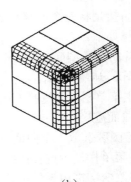

3 Fillet Blend:		3 倒圆角面熔接:	
Select		选择	
Trim	Y	修剪	Y
Dispose	D	显示方式	D
Edge spl	N	边界曲线	N
Sides	6	边数	6
Surf type	N	曲面类型	N
Do it		执行	

（a）　　　　　　　　　　　　　　　　　　（b）

图 5.48　倒圆角面熔接菜单、三个倒圆角面

（3）设定选项，然后单击"Do it"（执行），生成出三倒圆角曲面的熔接曲面。当选项"Side"设定为 6 时，生成的熔接曲面如图 5.49（a）所示，当选项"Sides"设定为 3 时，生成的熔接曲面如图 5.49（b）。

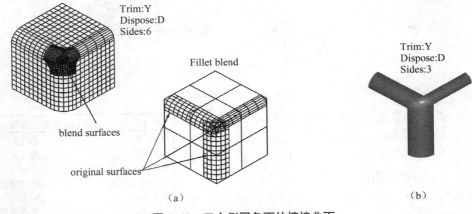

（a）　　　　　　　　　　　　　　　　　　（b）

图 5.49　三个倒圆角面的熔接曲面

倒圆角曲面熔接菜单选项意义如下：

● Select（选择）：用于重新选择倒圆角曲面。

● Trim（修剪）：设定操作是否对原曲面进行修剪。

● Dispose（显示方式）：用于设定对三个原曲面操作的处理方式。

● Edge spl（边界曲线）：用于设定是否生成边界曲线。设定为 Y 时，则生成熔接曲面的边界曲线；设定 N 时，则不生成边界曲线。

● Sides（边数）：用于设定设定将要生成的熔接曲面的边数。可设定为 3 或 6。

5.6　由实体产生曲面

由实体产生曲面（From Solid）是从已有的实体表面中提取曲面信息来产生曲面。

操作步骤如下：

（1）打开实体模型(C:\MCAM9\MC9\SAMPLES\3D MACHINING\SHKNOBDEMO-DONE - M. MC9)。

（2）在主菜单栏依次选择 Create→Surface→Next menu→From solid（绘图→曲面→下一个菜单→由实体产生曲面）。

（3）主菜单栏显示拾取实体(Pick Solid Entity)菜单，从绘图区选取实体的一个或多个表面，然后单击"Done"（执行）即可生成出实体表面形状的曲面。实体特征不发生变化。

图 5.50(a)的图形是实体模型，通过以上的操作转换成图 5.50(b)、(c)所示的曲面模型。

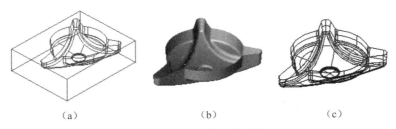

（a）　　　　　　　　　（b）　　　　　　　　　（c）

图 5.50　由实体产生曲面

5.7　修剪/延伸曲面

修剪/延伸曲面(Trim/extend)功能入口 Create→Surface→Trim/extend（绘图→曲面→修剪/延伸曲面）。弹出修剪曲面菜单，进入修剪曲面功能。该功能的详细介绍请参见 6.4 修剪曲面（该功能的另一个入口）。

6 　图形的编辑

前几章我们学习了基本图形的绘制,仅绘制基本图形不一定能满足复杂几何图形的要求,还需要对这些图形进行修整、转换和删除等操作。本章介绍几何图形的编辑。

Mastercam 提供了功能强大的图形编辑功能。主菜单栏中的 Modify 命令用来进行图形的修整;Xform 命令用来对图形进行转换;Delete 命令用来删除图形。以下将分别介绍这些功能。

6.1　修整

主菜单中的修整(Modify)命令选项用于对图形对象进行倒角、修剪、打断和连接等图形编辑操作。

选择主菜单中的 Modify 命令或按下功能键<F7>,主菜单中即可出现 Modify 菜单,如图 6.1 所示。下面将分别介绍各命令的功能。

6.1.1　倒圆角

倒圆角(Fillet)命令在 Modify 和 Create 菜单中都有,两者功能完全一样。

选择 Modify(或 Create)菜单中的 Fillet 命令,或单击工具栏中的 ☒ 按钮,主菜单栏显示 Fillet 菜单,如图 6.2 所示。从中可设置倒圆角时的各参数。

Modify:	修整:
Fillet	倒圆角
Trim	修剪延伸
Break	打断
Join	连接
Normal	改变法向
Cpts NURBS	修整控制点
X to NURBS	转换成 NURBS
Extend	延伸
Drag	拖动
Cnv to arcs	曲线转换成圆弧

图 6.1　Modify 菜单

Fillet:Select Curves or:		倒圆角:选择曲线或:	
Radius		半径	
Angle<180	S	角度<180	S
Trim	Y	修剪	Y
Chain		串连	
CW/CCW	A	顺时针/逆时针:	A

图 6.2　倒圆角菜单

其中各命令功能如下:

(1) Radius(半径):用来设置倒圆角的半径值。选择该命令后,再在系统提示区输入圆角半径值,按<Enter>键后即可进行设定。

(2) Angle<180°(角度<180):用来设置生成的圆弧角度,有 S、L 和 F 三种方式。当设置为 S 时,则生成小于 180°的圆角;设置为 L 时,则生成大于 180°的圆角;设置为 F 时,则生成一

个整圆。其效果参考图 6.3 所示(Trim 选项设定为 Y)。

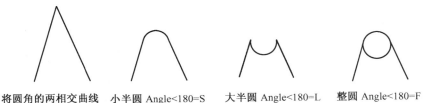

将圆角的两相交曲线　小半圆 Angle<180=S　大半圆 Angle<180=L　整圆 Angle<180=F

图 6.3　倒圆角的不同方式

（3）Trim(修剪)：用于设置在倒圆角时是否修剪图形。当设置为 Y 时，系统将自动修剪倒圆角的端点后延伸至倒圆角的端点；当设置为 N 时，则仅生成倒圆角，而不对倒角图形做任何修剪。其效果可参考图 6.4 所示。

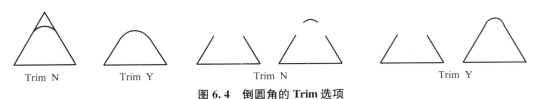

Trim N　　　　Trim Y　　　　　　　Trim N　　　　　　Trim Y

图 6.4　倒圆角的 Trim 选项

（4）Chain(串连)：用于串连选取倒圆角图素，可一次对多组相连的图形串连同时进行倒圆角(所倒圆角半径值都相同)。选择 Chain 命令，再在绘图区选取一个或多个串连后，选择 Done 命令确定，即可完成所选串连的倒圆角。若在选取的串连中已存在圆角，则系统将提示是否改变现有的圆角。

（5）CW/CCW(顺时针/逆时针)：用于设置曲线串连倒圆角的位置，有 A、P 和 N 三种方式。

设置为 A 时，则对所有转角都进行倒圆角；设置为 N 时，则沿串连方向生成顺时针的圆弧，如图 6.5 所示；设置为 P 时，则沿串连方向生成逆时针的圆弧见图 6.5(b)。

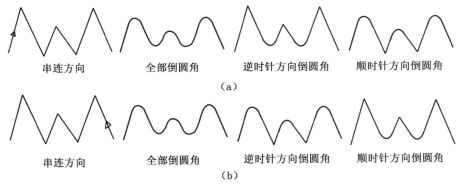

串连方向　　　　全部倒圆角　　　　逆时针方向倒圆角　　　顺时针方向倒圆角

（a）

串连方向　　　　全部倒圆角　　　　逆时针方向倒圆角　　　顺时针方向倒圆角

（b）

图 6.5　CW/CCW 不同选项的倒圆角效果

在 Fillet 子菜单中设定好各参数后，再在绘图区选取要倒圆角的图素，即可完成倒圆角操作。

6.1.2　倒直角

在主菜单栏依次选择 Create→Next menu→Chamfer(绘图→下一个菜单→倒直角)命令，主菜单栏将显示如图 6.6 所示的对话框，利用该对话框可设置倒直角操作的各参数。

各选项功能如下：

(1) Method(方式)：用于选择定义两条倒直角直线的切角距离的方式。可选择 1 Distance(单一距离)、2 Distances(两个距离)和 Dist/Angle(距离/角度)三种方式来定义倒角距离。可参考对话框右边的预览框，如图 6.6 所示。

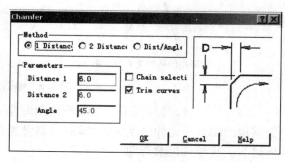

图 6.6　"Chamfer"对话框

(2) Parameters(参数)：根据 Method 选项组选择的切角距离定义方式，设置相应的参数值。

(3) Chain selection(串连选择)：选中该复选框，则可串连选取倒直角对象。

(4) Trim curves(修剪曲线)：选中该复选框，则在倒直角时系统自动以所得倒角线为边界，对选取的倒角对象进行修剪或延伸，否则不修剪。其效果可参考图 6.7 所示。

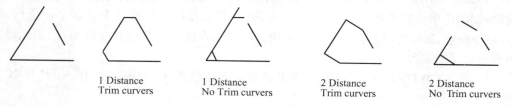

图 6.7　倒直角不同选项效果

在 Chamfer 对话框中设置好各参数后，再在绘图区选取要倒直角对象，即可完成倒直角操作。

6.1.3　修剪/延伸

在主菜单栏修整(Modify)菜单中，选择修剪/延伸(Trim)命令用来修剪或延伸图形至其交点。调用 Trim 命令后，主菜单栏会显示"Trim"菜单，如图 6.8 所示。该菜单提供了多种修剪或延伸图素的方法。其中 Surface 修剪曲面的方法将放在第 6.4 节修剪曲面中介绍。

(1) 1 entity(一个图素)：该方法用于对单个图素进行修剪/延伸。

操作步骤如下：

① 在主菜单栏依次选择 Modify→Trim→1 entity。(修整→修剪/延伸→修剪一个图素)命令，或单击工具栏中的 ▨ 按钮调用该命令。

② 绘图区选取第一个要修剪/延伸的图素。

Trim:	修剪/延伸
1 entity	一个图素
2 entities	二个图素
3 entities	三个图素
To point	至指定点
Many	多个图素
Close are	封闭圆弧
Close arc	封闭圆弧
Divide	分割图素
Surface	曲面

图 6.8　修剪延伸菜单

③ 再选取第二个作为修剪/延伸的边界图素,即可完成修剪/延伸操作。其效果可参考图 6.9 所示。

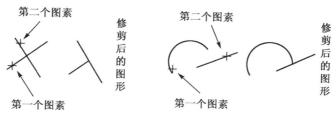

图 6.9　修剪/延伸一个图素

（2）2 entity（两个图素）:该方法用于同时修剪/延伸选取的两个图素。

在主菜单栏依次选择 Modify→Trim→2 entity（修整→修剪/延伸→修剪两个图素）命令,或单击工具栏中的 ⊠ 按钮调用该命令后,再在绘图区选取两个要修剪/延伸的图素,就完成修剪/延伸操作。在修剪/延伸的过程中,被选取的部分是要保留的部分。其效果可参考图 6.10 所示。

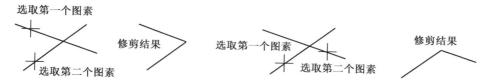

图 6.10　修剪/延伸两个图素

（3）3 entity（三个图素）:在主菜单栏依次选择 Modify→Trim→3 entity（修整→修剪/延伸→修剪三个图素）命令,或单击工具栏中的 ⊠ 按钮调用该命令后,再在绘图区选取三个要修剪/延伸的图素,则系统以第一次、第二次选取的两个图素作为修剪/延伸边界线,第三个图素根据选取的位置进行修剪。在修剪/延伸的过程中,选取第三个作为修剪/延伸的边界。其效果可参考图 6.11 所示。

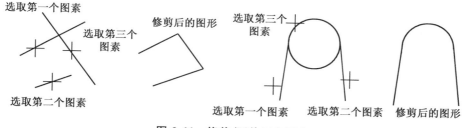

图 6.11　修剪/延伸三个图素

（4）To Point（至指定点）:该方法用于修剪延伸选取的图素至指定点位置。

在主菜单栏依次选择 Modify→Trim→To Point（修整→修剪延伸→修剪/延伸至指定点）命令后,再在绘图区选取需修剪/延伸的图素,再指定一个修剪点,即可完成修剪/延伸到指定点的操作。

（注:应用该方法时,当指定点在所选取图素或其延伸线上时,则修剪/延伸至该指定点,若指定点不在选取对象或其延伸线上时,系统计算出所选图素或其延长线上与该指定点位置最近的点,并修剪/延伸至该点。效果可参考图 6.12 所示。）

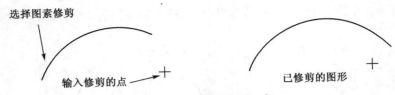

图 6.12　修剪/延伸至一点

（5）Many（多个图素）：该方法用于同时修剪/延伸多个图素至指定边界。

操作步骤如下：

① 菜单区依次选择 Modify→Trim→Many（修整→修剪/延伸→修剪/延伸多个图素）命令。

② 在绘图区选取多个要修剪/延伸的图素，并选择"Done"命令。

③ 再选取一个图素作为修剪边界。

④ 这时系统提示区提示选择要保留的部分，将鼠标移动至修剪对象要保留的一方，即可完成多个选取图素修剪/延伸操作。其效果可参考图 6.13 所示。

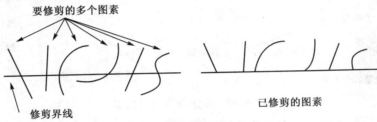

图 6.13　修剪/延伸多个图素

（6）Close arc（封闭圆弧）：该命令用于将任意圆弧封闭成一个整圆。

主菜单栏依次选择 Modify→Trim→Close arc（修整→修剪/延伸→封闭圆弧）命令，再在绘图区选取需封闭的圆弧，即可将选取的圆弧封闭成一个整圆。封闭圆弧图例如图 6.14 所示。

（7）Divide（分割图素）：该命令用于剪切图素落在两条边界中间的部分。

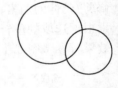

图 6.14　圆弧封闭成圆

在主菜单栏依次选择 Modify→Trim→Divide（修整→修剪/延伸→分割图素）命令，或单击工具栏中的◫按钮调用该命令后，先在绘图区选取需分割的图素，再选取两个图素作为分割边界，即可将分割边界中间的部分剪切了。其效果可参考图 6.15 所示。

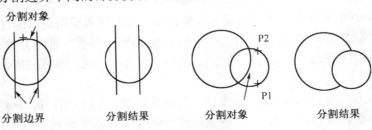

图 6.15　分割图素

注意:选取两条分割边界可以为一个图素的两个部分,可选取小圆的上半部分(在 P1 处选取)和下半部分(在 P2 处选取)作为分割边界,分割结果如图 6.15 所示。

(8) Surface(修剪曲面):修剪曲面操作的入口路径:Modify→Trim→Surface(修整→修剪延伸→曲面)。请参见第 6.4 节修剪曲面,该功能的另一入口。

6.1.4 图形打断

主菜单中 Modify 主功能选项中的图形打断(Break)命令用来将一个图素打断成多段,打断后新生成的图素的类型可与原对象类型相同或相异。

选择 Modify 选项中的"Break"命令,或单击工具栏中的 ▨ 按钮,主菜单栏会显示如图 6.16 所示的 Break 菜单,该菜单提供了多种打断图素的方法,下面将一一进行介绍。

Break:	打断:
2 Pieces	打成两段
At length	依指定长度
Mny pieces	打成多段
At inters	在交点处
Spl to arcs	样条曲线成弧
Draft/line	尺寸标准 / 引线
Hatch/line	剖面 / 线
Cdata/line	数据 / 线
Breakcir*	打断圆

图 6.16 图形打断

(1) 2 pieces(打成两段):该方法用于将一个图素打成两段,所生成的图素类型不变。

在主菜单栏依次选择 Modify→Break→2 pieces 命令后,先在绘图区选取要断开的图素,再指定一分割点,即可将选取的对象打断成两段。效果可参考图 6.17 所示。

注意:应用该方法时,若指定分割点在所选取的断开对象上,则对象在该点位置分割成两段。若指定分割点不在所选取的断开对象上时,则系统将计算出于指定点距离最近的点,在该点位置将所选的断开对象打断成两段。

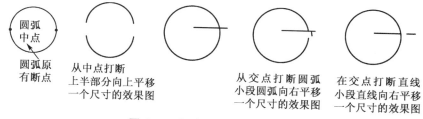

图 6.17 图素打成两段的效果图

(2) At length(依指定长度):该方法用于将一个图素在离其端点为指定距离的位置将该对象打断成两段,所生成的图素类型不变。

在主菜单栏依次选择 Modify→Break→At length 命令后,先在绘图区选取要断开的图素,再在系统提示区输入一长度值(须小于断开对象的长度),按<Enter>键即可将选取的断开对象打断成两段。效果可参考图 6.18 所示。

注:在选取断开对象时,应在靠近输入长度值参考点附近选取需断开对象。

图 6.18 在离开端点指定点打断

（3）Mny pieces（打成多段）：该方法用于将一个图素打断成多段。对圆弧对象可选择打断生成的对象是线段还是弧段。对于多样曲线则生成的对象只能是线段。

若选取的图素是直线，主菜单栏将会显示如图 6.19（a）所示的 Break Many（line）子菜单。选取其中的 Num seg 命令可设置打断后线段的数量，也可选择"Seg length"命令指定分割后线段的最小长度，则系统以所选直线总长除以指定的线段长度，再取整得到打断后线段的数量。设定后，选择"Do it"命令即可完成打断操作。效果可参考图 6.19（b）所示。

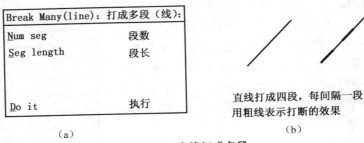

图 6.19　直线打成多段

若选取的图素为圆弧，主菜单栏会显示如图 6.19（a）所示的 Break Many（arc）子菜单。同样选取"Num seg"或"Seg length"命令可设置将被打断后的图素数量。还可选择"Arcs"命令设置打断后生成的对象类型：设置为"Y"时，这生成的对象仍为圆弧；设置为"N"时，则生成的对象为线段。效果可参考图 6.20（b）、（c）所示。

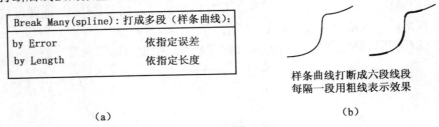

图 6.20　圆弧打成多段

若选取的图素为样条曲线，主菜单将会显示如图 6.21（a）所示的 Break Many（spline）菜单。选择其中的依指定误差（by Error）命令，则系统根据弦高误差值来确定线段的打断。选择依指定长度（by Length 命令），则系统按指定长度打断线段，可选择 Num seg 或 Seg length 选项设置打断后线段的数量。效果可参考图 6.21（b）所示。

Break Many(spline)：打成多段（样条曲线）：	
by Error	依指定误差
by Length	依指定长度

（a）

样条曲线打断成六段线段
每隔一段用粗线表示效果

（b）

图 6.21　样条曲线打成多段

（4）At inters（在交点处）：该方法用于将两个或多个图素在其相交位置打断。

在主菜单栏依次选择 Modify→Break→At inters 命令后，在绘图区选取两个或多个相交的图素,并选择"Done"命令确定,即可在其相交位置将各图素打断,并产生临时标记点(<F3>键可清除)。效果可参考图 6.22 所示。

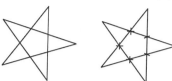

在所有交点打断,并产生临时断点标志
中段用粗线表示已在交点打断的效果

图 6.22 在所有交点打断

(5)样条曲线成弧(Spl to arcs):该方法用于将一条或多条多样曲线打断成线段。

在主菜单栏依次选择 Modify→Break→Spl to Arcs 命令后在绘图区选取一条或多条二维样条曲线,确定后主菜单栏将会显示如图 6.23(a)所示的 Break Spline into Arcs 子菜单,从中可设置打断操作时的相关参数。其中:

① Error(公差):用于设置打断操作时的弦高误差值。选择命令后,可在系统提示区输入一个数值,系统将测定弦高误差并以最接近指定数值的弦高误差来确定打断后对象的数量。

② Dispose(显示方式):用于设置完成打断后对原多样曲线的处理方式。设置为 K 时,将保留原多样曲线;设置为 B 时,将隐藏原多样曲线;设置为 D 时,则将删除原多样曲线。

在 Break Spline into Arcs 子菜单设置好各参数后,选择"Do it"命令即可完成打断,如图 6.23(b)所示。

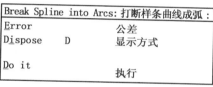

(a)

样条曲线打断成多段圆弧,每隔一段用粗线表示打断效果

(b)

图 6.23 样条曲线打断成多段圆弧

(6)Draft/line(尺寸标注/引线):该命令用于将尺寸标注、注释、标签、尺寸界线和引线等分割为直线、圆弧和多样曲线。效果可参考图 6.24 所示。

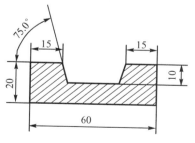

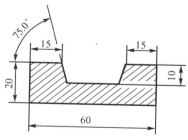

图 6.24 打断引线/剖面线

(7)Hatch/line(剖面/线):该命令用于将剖面线断开为线段,整个剖面线就会变成一条条线段,以便于编辑。未打断时,剖面线是一个整体,要删除则单击剖面线就会全部删除;若打断后,剖面线变成一条一条的线段,删除时可以一条一条的删除。效果可参考图 6.24

所示。

6.1.5　图形连接

主菜单 Modify 主功能选项中的图形连接(Join)命令用来将两个同类型的图素连接成一个图素。选择"Join"命令后,在绘图区选取 2 个要连接的对象,确定后即可将 2 个选取对象连接成一个图素。

(注:在进行连接操作时,所选择的连接对象必须是同类型的图素,并且必须是相容的。即连接直线时,两直线必须共线;连接圆弧时,两圆弧的圆心和半径必须相同;连接样条曲线时,两条样条曲线必须来自同一条母线的样条曲线。在连接两个属性不同的图素时,连接后的图素与第一个选取对象的属性一致。)

6.1.6　延伸图形

主菜单 Modify 主功能选项中的延伸图形(Extend)命令用于将图素在其选定端延伸指定长度。选择 Modify 子菜单中的"Extend"命令或单击工具栏中的 ▨ 按钮,主菜单栏将会显示如图 6.25(a)所示的 Extend菜单。其中"Length"命令用来设置延伸的长度,在系统提示区输入延伸的长度值并回车后即可设定。

"Surface"命令用于沿着曲面的一个边沿,按曲面的原有变化趋势或线性延伸产生一个延伸曲面。可以设定延伸的长度或延伸到指定的面。延伸曲面菜单见图 6.26(a)所示。

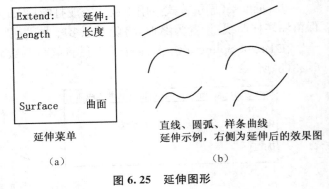

Extend:	延伸:
Length	长度
Surface	曲面

延伸菜单

(a)

直线、圆弧、样条曲线
延伸示例,右侧为延伸后的效果图

(b)

图 6.25　延伸图形

Extend surface:Linear by length:	延伸曲面:	
	指定长度线性延伸:	
Surface	曲面	
Linear　　　Y	线性　　　Y	
To plane　 N	至一平面　 N	
Length	指定长度	
Dispose　 D	处理方式　 D	
Self check Y	自我确认　 Y	
Do it	执行	

(a)

(b)

图 6.26　曲面延伸菜单及原延伸曲面

操作步骤如下:

(1) 入口路径:Modify→Extend→Surface(修整→延伸→修剪曲面)。

(2) 用鼠标选取一个曲面,移动鼠标,让画面上临时的箭头的基部移至要延伸的曲面边,单击左键,见图 6.27(a)所示。

(3) 设定选项,设定后单击"Do it"(执行),完成曲面延伸。如图 6.27(b)、(c)所示。

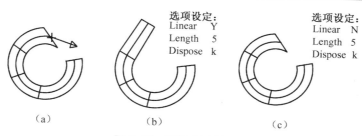

选项设定：
Linear   Y
Length   5
Dispose   k

选项设定：
Linear   N
Length   5
Dispose   k

（a）   （b）   （c）

图 6.27   延伸曲面效果图

注意：在选取延伸对象时，应在靠近延伸长度参考端点附近选取；修剪过的曲面边沿不能产生延伸曲面。

6.1.7   拖动图形

主菜单 Modify 主功能选项中的拖动图形（Drag）命令用于对所选图素进行平移、旋转和拉伸等操作。选择该命令后，再在绘图区选取需拖动的图素，单击"Done"，系统会弹出如图 6.28(a)所示的"Drag"的对话框，从中可设置拖动操作时的各参数。

（1）Operation（操作）：该选项组用于设置拖动方式。选择"Move"单选按钮时，则移动所选图素到指定位置；选择"Copy"单选按钮时，则复制所选对象到指定位置。

（2）Step Parameters（步距）：该选项组用于设置拖动的步距。Angle 文本框用于指定旋转拖动时的旋转角度步距；XY 文本框用于指定平移拖动时 X 和 Y 轴方向和距离步距。

（3）Xform（转换）：选项组用于设置拖动类型。选择"Translate"单选按钮，则采用平移拖动；选择"Rotate"单选按钮，则采用旋转拖动；选择"Stretch"单选按钮，则采用拉伸方式平移和旋转。

（注意：采用窗口选取方式选取拖动对象时，"Strech"单选按钮才可见。）

在 Drag 对话框中设定好各参数后，单击"OK"按钮，接着在已选取的图形上单击一下左键确定平移拖动的起点（或是旋转拖动的中心点），接着移动鼠标平移或旋转拖动图形到所需的新位置见图 6.28(b)，再移动鼠标可以再一次进行拖动操作，按键盘上的<Esc>键退出拖动操作。

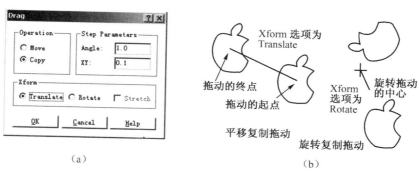

（a）   （b）

图 6.28   图形拖动

6.2   转换

主菜单中的转换（Xform）功能选项用于改变图形对象的位置、方向和大小等，可以在二维空间也可以在三维空间。在主菜单栏中选择 Xform 命令，弹出如图 6.29 所示的菜单。下面将分别介绍其中各命令功能。

6.2.1 镜像

镜像(Mirror)功能将图形对 X 轴、Y 轴或一条直线进行镜像移动或复制。图形镜像操作需首先设定作图平面。

Xform:	
Mirror	镜像
Rotate	旋转
Scale	缩放
Squash	压扁
Translate	平移
Offset	偏置
Ofs ctour	外形偏置
Nesting	填充
Stretch	拉伸
Roll	缠绕

图 6.29 Xform 菜单

Mirror:mirror about	镜像：选择镜像轴
X axis	X 轴
Y axis	Y 轴
Line	一条线
2 Points	2 点

图 6.30 Mirror 菜单

选择"Xform"菜单中的"Mirror"命令，或单击工具栏中的 ▦ 按钮调用该命令后，再在绘图区选取需镜像的一个或多个对象，确定后主菜单栏显示如图 6.30 所示的 Mirror 菜单。

通过 Mirror 菜单可指定镜像轴。选择其中的"X axis"命令，则以 X 轴为镜像轴；选择"Yaxis"命令，则以 Y 轴为镜像轴；选择"Line"命令，则可在绘图区选取一条直线作为镜像轴，此命令为默认设置；选择"2 Points"命令，则可在绘图区指定两点，以该两点连线作为镜像轴。通过 Mirror 菜单设定镜像轴后，将会弹出如图 6.31(a)所示的 Mirror 操作对话框，从中可设置镜像操作时的有关选项。

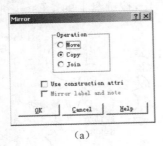

(a)

图形镜像 作图平面为俯视图，对 Y 轴镜像 在视角为等角视图、俯视图中的效果

(b)

图 6.31 镜像

(1) Operation(操作方式)：该选项组用来设置镜像操作的方式。选择"Move"单选按钮，则为移动镜像，只生成镜像对象而删除原选取对象；选择"Copy"单选按钮，则为复制镜像，保留原选取对象；选择"Join"单选按钮，则把原选取对象和生成的镜像对象的端点用直线连接起来。

(2)Use construction attributes(使用对象属性)：该复选框用于设置生成的镜像对象的属性。选中该复选框，则所生成的镜像对象与当前设置的图形属性一致；未选中该复选框，则所生成的镜像对象与原选取对象的属性一致。

（3）Mirrorlabeland notetext（镜像注释和标注）：该复选框只有在镜像对象中包含图形注释和标注时才有效。选中该复选框,对注释文本和导引线都进行镜像;未选中复选框,对注释文本及导引线仅进行平移而不镜像,以避免注释文本的反向。

在镜像对话框中设置完各选项,单击"OK"即可完成镜像操作,图 6.31(b)是在俯视图中对 Y 轴的镜像的示例。继续选取镜像对象可继续镜像操作,或按<Esc>键返回 Xform 菜单。

6.2.2 旋转

旋转（Rotate）功能将图形绕一指定点旋转一定角度进行移动或复制。图形旋转操作前需首先设定作图平面。

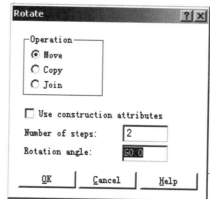

选择 Xform 子菜单中的"Rotate"命令,或单击工具栏中的 按钮调用该命令后,先在绘图区选取要旋转的图形对象,再指定一个旋转点,确定后系统会弹出如图 6.32 所示的"Rotate"对话框,从中可设置旋转操作的有关参数。

图 6.32　旋转对话框

（1）Opertion（操作方式）：该选项组用来设置旋转的方式。选择"Move"单选按钮,则为移动旋转;选择"Copy"单选按钮,则为复制旋转;选择"Join"单选按钮,则把原选取对象和生成的选择对象的端点用以旋转点为圆心的圆弧连接起来。

（2）Use construction attributes（使用对象属性）：该项含义与"Mirror"对话框中的对应项相同。以后不再介绍。

（3）Number of Steps（操作次数）：该文本框用来设置该次旋转操作的旋转次数。

（4）Rotation angle（旋转角度）：该文本框用来设置该次旋转操作的旋转角度。

在 Rotate 对话框中设置完选项和参数后,单击"OK"按钮即可完成旋转操作,可参考图 6.33 所示。继续选取旋转对象可继续旋转操作,或按<Esc>键返回 Xform 菜单。

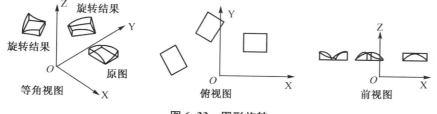

图 6.33　图形旋转

6.2.3 缩放

缩放（Scale）功能可以将选取的图形对象按设置的比例系数缩小或放大。

选择 Xform 菜单中的"Scale"命令,或单击工具栏中的 按钮调用缩放命令后,先在绘图区选取要缩放的图形对象,选择"Done"选项确定后,再指定缩放基点,系统将会弹出如图 6.34(a)所示的"Scale"对话框,从中设置缩放操作选项及相关参数。

（1）Operation（操作）：选项是移动、复制、连接缩放操作的操作选择。

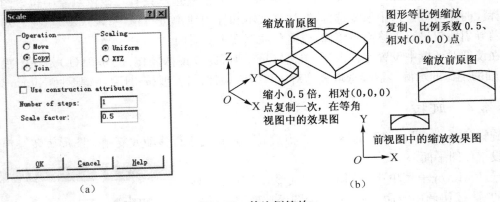

图 6.34　等比例缩放

（2）Scaling（比例）：选项组用来设置缩放比例的类型。选择"Uniform"单选按钮，则进行等比例缩放，可在"Scale factor"文本框输入比例系数；选择"X"、"Y"、"Z"单选按钮，"Scale"对话框将会变成如图 6.35 所示，从而可分别指定 X、Y 和 Z 三个方向的缩放比例系数。

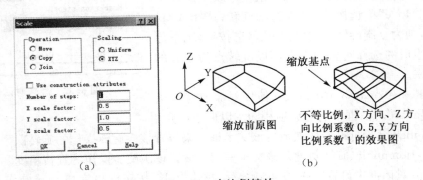

图 6.35　变比例缩放

"Scale"对话框中其他选项意义同"Rotate"对话框中的对应选项。设定好"Scale"对话框中的各参数后，单击"OK"按钮即可完成缩放，其效果可参考图 6.34(b)和图 6.35(b)所示。可继续选取缩放对象进行缩放操作，或按<Esc>键返回 Xform 菜单。

（注：图形的比例缩放与作图平面的设定无关。）

6.2.4　变扁

变扁（Squash）功能可将三维空间中的图形对象沿当前作图面法线方向对作图面投影，并在指定的作图面深度生成一个变扁了的二维图形。

选择 Xform 菜单中的"Squash"命令后，再在绘图区选取三维空间中的任意点、直线、圆弧和样条曲线，并选择 Done 命令确定。这时，系统将会弹出如图 6.36(a)所示的"Squash"对话框，从中可设置变扁操作的有关参数。

"Construction Depth"复选框用于设置投影对象的构图面深度，选中该复选框时，则在当前构图面深度创建变扁后投影对象；若未选中该项，则可在 Depth 文本框中设置投影对象生成投影的所在面的深度。

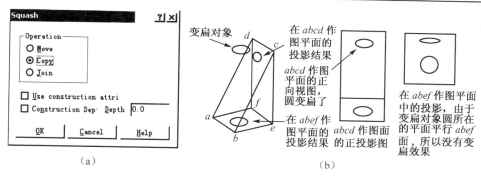

图 6.36 变扁

设定好"Squash"对话框中的各参数后,单击"OK"按钮即可完成变扁操作,效果可参考图 6.36(b)所示。可继续选取变扁转换对象进行变扁操作,或按<Esc>键返回 Xform 菜单。

6.2.5 平移

(Translate)功能用于将选取的图形对象移动或复制到新位置,但不改变其形状、大小和方向。可以在二维空间也可以在三维空间,在操作之前先需设定作图平面。选择 Xform 菜单中的"Translate"命令,或单击工具栏中■按钮调用该命令后,再在绘图区选取需平移的图形对象,确定后,主菜单栏将会显示如图 6.37 所示的"Translate Direction"菜单,从中指定平移方向和距离的方式。

Translate Direction:	平移方向:
Rectang	直角坐标
Polar	极坐标
Between pts	两点之间
Between vws	视角之间

图 6.37 平移菜单

(1) Rectang(直角坐标):选择该命令,通过直角坐标来指定平移向量,在系统提示区输入 X、Y、Z 方向的平移量,中间用","隔开,如(-75,-75,-75)。效果可参考图 6.38(b)所示。

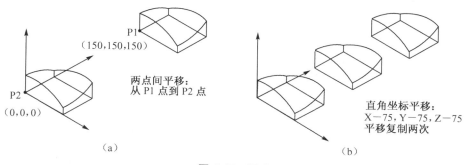

图 6.38 平移

(2) Polar(极坐标):选择该命令,可通过极坐标来指定平移向量,可在系统提示区先输入平移极坐标半径,回车后再输入平移角度。

(3) Between pts(两点之间):选择该命令,通过输入平移的起点和终点来指定平移向量。效果可参考图 6.38(a)所示。

(4) Between vws(视角之间):选择该命令,可以通过指定平移对象的视图面和目标对象的视图面、平移的起点和终点,将选取的对象平移至目标视图面中。选择该命令后,主菜单栏将会显示平面定义菜单,如图 6.39(a)所示。用户应先指定平移对象所在的视图面,再指定所需移至的视图面。平移结果可参考图 6.39(b)所示。

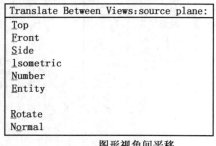

(a) 图形视角间平移
     的平面定义菜单

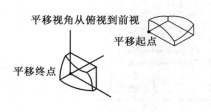

(b) 图形平移从俯视
     到前视的效果

图 6.39　图形视图间平移

设置好平移的起始视图和目标视图,平移起点和终点之后,系统会弹出如图 6.40 所示的"Translate"对话框,其中各选项含义同 Rotate 对话框中的对应选项相似。设定好后单击"OK"按钮即可完成平移操作。用户可继续选取平移对象进行平移或按<Esc>键返回 Xform 子菜单。

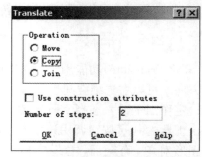

图 6.40　平移对话框

6.2.6　偏移

偏移(Offset)功能对单一图素按指定的距离和方向进行偏移操作。

选择 Xform 菜单中的"Offset"命令,或单击工具栏中的 [⊞] 按钮调用该命令后,系统弹出如图 6.41(a)所示的对话框。

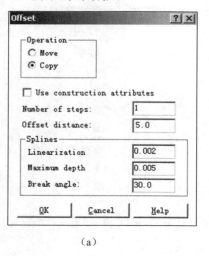

(a)

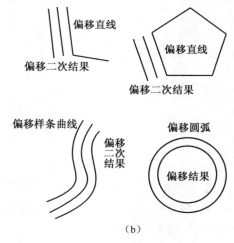

(b)

图 6.41　偏移

(1) Offset distance(偏移量):该文本框用来指定偏移量。

(2) Splines(曲线参数):该选项组用来在偏移样条曲线时设置相应的对应曲线参数。

(3) Linearization(线性误差值):用于指定偏移时的线性误差值。

(4) Maximum depth(最大深度值):用于指定对三维样条曲线进行偏移时的最大深度值。

(5) Break angle(控制角度):用于指定样条曲线偏移时的控制角度。

"Offset"对话框中的其他选项同"Rotate"对话框中的对应选项相似,不再赘述。

在"Offset"对话框中设定好各项后,单击"OK"按钮关闭该对话框,再在绘图区选取偏移对象,然后指定偏移方向即可完成偏移操作,效果可参考图 6.41(b)所示。继续选取偏移对象可进行偏移操作,或按<Esc>键返回 Xform 子菜单。

6.2.7 外形偏移

选择 Xform 菜单中的外形偏移(Ofs ctour)命令后,再在绘图区选取偏移串连,系统会弹出如图 6.42(a)所示的"Offset Contour"对话框。

(1) Corners(转角):该选项组用于设置串连在角点位置的偏移方式。该选项组中有:None、Sharp 和 All 三个选项,效果可参考图 6.42(b)所示。

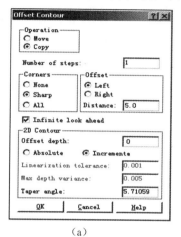
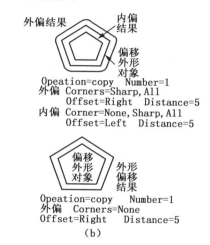

（a） （b）

图 6.42 外形偏移

(2) Offset(偏移):用于设置偏移方向和偏移距离。选择"Left"单选按钮,则为向左偏移,对应封闭串连则为向内偏移;选择"Right"单选按钮,则为向右偏移,对应封闭串连则为向外偏移。

(3) 2D(3D) Contour(2D(3D)轮廓):用于设置二维(三维)串连时在 2D(3D)方向的偏移距离及相应参数。

在"Offset Contour"对话框中设定好各项后,单击"OK"按钮即可完成偏移。用户可继续选取偏移串连进行偏移或按<Esc>键返回 Xform 子菜单。

6.2.8 拉伸

拉伸 Stretch 功能用于将选取的图形对象按指定的距离和方向拉伸或平移生成新的图形对象。

选择 Xform 菜单中的"Stretch"命令后,主菜单栏将会显示如图 6.43(a)所示的 Stretch 菜单,该菜单提供了两种(窗口与多边形)选取拉伸对象的方法。利用 Stretch 菜单选定拉伸对象后,主菜单栏会显示 Translate Direction 菜单以指定拉伸距离和方向。设定后,系统会弹出"Stretch"对话框,从中可设置拉伸方式等参数。单击"OK"按钮确定即可完成拉伸操作,效果可参考图 6.43(b)所示。用户可继续选取拉伸对象进行拉伸或按<Esc>键返回 Xform 子菜单。

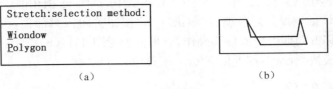

```
Stretch:selection method:

Wiondow
Polygon
```

（a）　　　　　　　　　　（b）

图 6.43　拉伸

6.2.9　缠绕

Xform 菜单中的缠绕(Roll)命令可用于将直线、圆弧或样条曲线绕设定半径的圆筒进行缠绕或展开。例如,可卷起一条直线区构建一条螺旋线,或将螺旋线展开成一条直线。

选择该命令后,再在绘图区选取一个或多个对象,确定后系统会弹出如图 6.44 所示的"Roll"对话框,从中可设置卷起操作的有关参数。

（1）Roll/Unroll 选项组:用来设置是卷起(Roll)还是展开(Unroll)。

（2）Rotation(旋转):该选项组用来设置旋转轴(Rotate about)、旋转方向(Direction)、旋转直径(Rotary diameter)和角度公差(Angle tolerance)。

（3）Type(类型):该选项组用于设置卷起操作后结果对象的类型,可以为点、线、参数型样条曲线和 NURBS 曲线。

（4）Positioning 选项组:用于设置卷起操作时指定结果对象的位置。选择"Angle"单选按钮,则系统在给定角度定位卷起图素的位置;选择"Associate pts"单选按钮,则系统相对所指定两点定位卷起角度。

图 6.44　卷曲对话栏

在 Roll 对话框中设定好各项后,单击"OK"按钮即可完成卷起操作,其效果可参考图 6.45 所示。效果可继续选择卷起对象或按<Esc>键返回 Xform 子菜单。

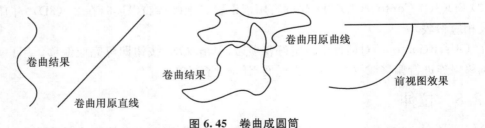

图 6.45　卷曲成圆筒

6.3　删除

主菜单栏中的删除(Delete)功能用于从绘图区和系统资料库中删除用户不需要的和绘制错误的图素。选择主菜单中的"Delete"命令或单击工具栏中的 ▨ 按键,主菜单栏杆显示选择删除的菜单。如图 6.46 所示。

Delete:Select an entity or:	删除：选择一个图素或：
Chain	串连
Window	窗选
Area	区域
Only	仅某图素
All	所有的
Group	组群
Result	结果
Duplicate	重复图素
Undelete	回复删除

图 6.46　删除菜单

All:	所有的：
Points	点
Lines	直线
Arcs	圆弧
Splines	样条曲线
Surfaces	曲面
Solids	实体
Entities	图素
Color	颜色
Level	层
Mask	限定

图 6.47　删除重复图素菜单

6.3.1　重复图素

该命令用于删除在绘图区同一位置出现的重复图素。选择删除菜单中删除重复图素 (Duplicate)的命令，主菜单栏显示如图 6.47 所示的菜单，选择菜单中的任一命令，将会弹出如图 6.48 所示的"Delete Duplicates"对话框，从中可以设置要删除对象的类型和属性。设置好后单击"OK"按钮，即可删除设定好的重复对象，并在系统提示区显示被删除对象的类型和数量。

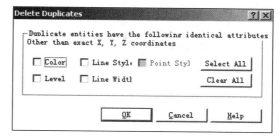

图 6.48　重复删除对话框

6.3.2　回复删除

回复删除(Undelete)命令用于回复被删除的图素。选择图 6.46 的删除菜单中的"Undelete"命令，将会弹出如图 6.49 所示的"Undelete"菜单，其中：

（1）Single(单一图素)：用于恢复最近一次被删除的单个图素。

（2）Number(指定数目)：选择该命令后，再在系统提示区输入要恢复删除对象的删除次数，按<Enter>键后即可恢复对应次序地被删除对象。

Undelete:	回复删除：
Single	单一图素
Number	指定数目
All	所有图素

图 6.49　回复删除菜单

（3）All(所有图素)：用于恢复用在选择删除菜单中用"All"命令删除的图素。

6.4　修剪曲面

用现有的曲面、平面、曲线去修剪/延伸产生一个新曲面。系统需要预先绘制好修剪用的基本曲面、平面或曲线，在修剪至曲面中两个曲面可以相互修剪。

修剪曲面(Surface)操作的入口路径：Modify→Trim→Surface(修整→修剪延伸→曲面)。修剪曲面的菜单如图 6.50 所示。

Trim or Extend surface: 修剪或延伸曲面:	
To curves	修剪至曲线
To plane	修剪至平面
To surfaces	修剪至曲面
Flat bndy	外形平面
Split	分割曲面
Untrim	回复修剪
Remove bndy	删除外形
Extend	曲面延伸

图 6.50　修剪曲面菜单

Trim to Curves in construction view: 修剪至曲线在作图平面中:		
Surface(s)		曲面
Curves		曲线
View/Norm	V	视角/法向 V
Options		选项
Do it		执行

图 6.51　修剪至曲线菜单

1) 修剪至曲线

用一条或多条曲线修剪一个或多个曲面,即在作图平面内,把修剪曲线向曲面投影,把曲面分割成两部分,指出保留的部分,则另一部分被删除。

修剪至曲线(To Corves)菜单见图 6.51 所示。各选项功能和设定方法如下:

(1) Surface(s)(曲面):重新选择要修剪的面,系统取消原来的选择,并返回至选择提示,一旦作了新的选择,系统返回修剪曲线菜单。

(2) Curves(曲线):重新选择用于修剪的曲线,系统取消原有的选择,并返回至串连菜单。一旦作了新的选择,系统返回修剪曲线菜单。

(3) Surface Curves(曲面曲线):选择用于修剪曲面的曲线,仅在切换视角/法向至“N”时,才显示该菜单。

(4) View/Normal(视角/法向):决定系统如何投影曲线至曲面,该选项切换“N”、“V”,选“V”,投影曲线至曲面的投影光线垂直于现在的作图平面;选“N”,沿曲面的法线投影曲线至曲面(投影线垂直于曲面)。

(5) Options(选项):若需要,设定步进方法和修剪选项,然后选“Done”(执行)。

(6) Maximum Distance(最大距离):防止系统返回不需要的结果,通知系统仅返回从被选曲线在给定距离内的结果,该菜单只显示在 View/Norm 选“N”时才弹出显示。

(7) 选“Do it”(执行修剪):产生一个修剪曲面。

【例 6.1】　用曲线修剪曲面。

① 绘制一个曲面,在曲面的上方(离开曲面)画一条贯穿曲面的曲线。如图 6.52 所示。

图 6.52　用曲线修剪曲面示例图

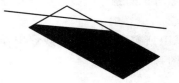

图 6.53　修剪结果

② Modify→Trim→Surface→To Curves(修整→修剪延伸→曲面→修剪至曲线)。

③ 选择要修剪的曲面(变色),然后选“Done”(执行,接受曲面的选择)。

④ 选择线(变色),然后选“Done”(执行,接受线的选择)。

⑤ 选项设定。视角设定为“V”。

⑥ 选“Do it”(执行),要修剪的曲面变色,一个箭头显示在曲面上。

⑦ 移动箭头至曲面修剪后保留的一边单击两次左键,见图 6.53 所示。

　2）修剪至平面

　　定义平面,去修剪一个或多个曲面,平面定义后,系统在图形区域显示一个表示平面的几何图形,让你指出修剪后曲面要保留的那一侧。

　　修剪至平面(To Plane)的菜单如图 6.54 所示。各选项功能和设定方法如下:

　　(1) Surface(s)(曲面):重新选择要修剪的曲面,当选择该项时系统取消原来的选项,并返回至选择提示。一旦作了新的选择,系统返回到修剪至平面菜单。

Trim to Plane: 修剪至平面:	
Surface(s)	曲面
Plane	平面
Options	选项
Do it	执行

图 6.54　修剪至平面菜单

　　(2)Plane(平面):重新定义用于修剪的平面,当选择该项时,系统取消原来选择,并返回至定义平面菜单。一旦作了新的选择,系统返回到修剪至平面菜单。

　　(3) Options(选项):打开一个对话框,给出步进方法和修剪参数,该参数与前面介绍过的曲线选项相同。

　　(4)"Do it"(执行):根据当前的设置,修剪曲面。

【例 6.2】　用平面修剪曲面。

① File→Get→(用鼠标选取 Ruled0.mc9)→单击"Open"按钮。见图 6.55 所示。

② Modify→Trim→Surface→To Plane(修整→修剪→曲面→修剪到平面)。

③ 选择要修剪的两相交曲面,然后选"Done",接受两曲面的定义。显示定义平面菜单。

④ 定义修剪平面,选 X=Const,输入 0,回车(即定义 YOZ 平面为修剪平面)。

⑤ 确认修剪方向,箭头指向侧是保留侧,接受现在修剪方向,选"OK"。

⑥ 选"Do it"(执行)。修剪后的曲面如图 6.56 所示。

图 6.55　两相交曲面

图 6.56　修剪后的结果

　3）修剪至曲面

　　该选项可以相互修剪至曲面(To Surface),系统提示选择要修剪的两组曲面。两组曲面被选定后,显示(Trim To Surface)修剪至曲面菜单,设定选项,然后指定修剪后曲面要保留的部分。菜单及修剪结果见图 6.57 所示(每一组可以有几个曲面)。

Trim to Surfaces: 修剪至曲面:	
Surface(s)	曲面
Options	选项
Do it	执行

图 6.57　曲面修剪菜单及两相交曲面修剪结果

【例 6.3】   正交的两等半径半圆柱面的修剪。

① File→Get→(用鼠标选取 Ruled0. mc9)→单击"Open"按钮。

② Modify → Trim → Surface → To Surfaces(修整→修剪延伸→曲面→修整到曲面)。

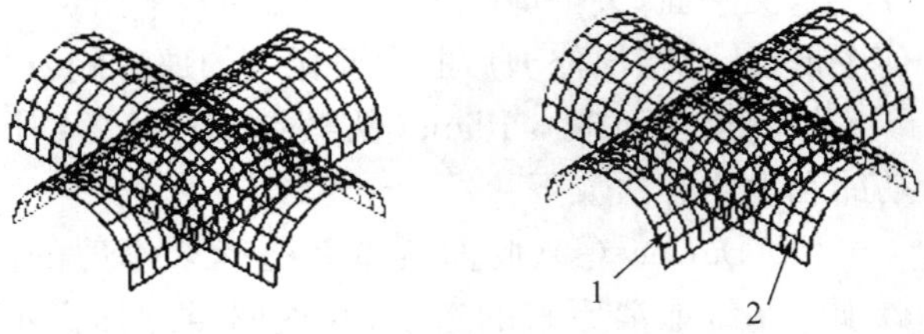

③ 选取第一组曲面,图 6.58 中 1 处,选"Done"(接受曲面的定义)。

④ 选取第二组曲面,图 6.58 中 2 处,选"Done"(接受曲面的定义)。

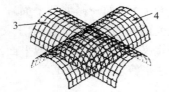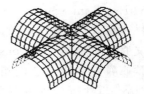

图 6.58   两相交曲面及第一次修剪定义

⑤ 单击"Option"选项,设定:Both(两者),Keep(保留),弦差 0.01 mm。单击"OK"。

⑥ 选"Do it"(执行)。

⑦ 指出第一组曲面修剪后要保留的地方——用鼠标单击图 6.58 中 1 处两次。指出第二组曲面修剪后要保留的地方——用鼠标单击图 6.58 中 2 处两次。

⑧ 选择 Surfaces(曲面)。

⑨ 选择第一组曲面(图 6.59 中 3 处),按"Done"(执行)。选择第二组曲面(图 6.59 中 4 处),按"Done"(执行)。

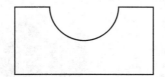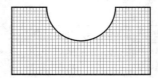

图 6.59   双击曲面要保留的部分   图 6.60   修剪后的结果

⑩ 设定选项,设定:Both(两者),Detch(删除),弦差 0.01mm。单击"OK"。

⑪ 选"Do it"(执行),进行修剪。

⑫ 指出第一组曲面修剪后要保留的地方——用鼠标单击图 6.59 中 3 处两次。

⑬ 指出第二组曲面修剪后要保留的地方——用鼠标单击图 6.59 中 4 处两次。修剪后的曲面见图 6.60 所示。

4) 外形平面(平面修整)

外形平面(Flat boundary)是指由一套或多套封闭的曲线,构建一个平面外形修剪的平面。与修剪/延伸中其他项目不同,它不选择曲面去修剪,根据被选的曲线,系统构建一个边界包围的平面,并构建一个隐藏的基本曲面,如图 6.61 所示,它生成了一个由边界外形围成的平面。

图 6.61   平面边界修剪成的平面

【例 6.4】   构建一个平面外形修剪的面。

① 绘制如图 6.62 所示的图形。

② Modify→Trim→Surface→Flat bndy(修整→修剪→曲面→外形平面)。

③ 选取最外部封闭边界。

④ 选取最内部封闭轮廓,可以有多个。

⑤ 按"Done"(执行)。

⑥ 按"Do it"(执行),产生修剪平面,见图 6.63 所示。

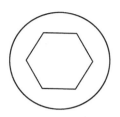

图 6.62　两个封闭边界线

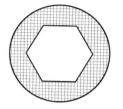

图 6.63　修剪后的结果

5) 分割曲面

分割曲面(Split)是用鼠标操作的办法,用箭头指定一个分割线方向分割一个曲面。

6) 回复修剪

回复修剪(Untrim)是把屏幕上已修剪曲面重新恢复至原隐藏的基本曲面。

7) 取消外形限制

取消外形限制(Remove boundary)是指对于一个由边界曲线修剪的曲面,用鼠标操作,移动箭头指定去除边界的限制,恢复原曲面。

8) 延伸曲面

延伸曲面(Extend)是指入口路径:Modify→Trim→Surface→Extend(修整→修剪延伸→修剪曲面→延伸曲面)。其功能及操作方法请参见第 6.1.6 节延伸图形(Extend)的介绍。

7 线框与曲面造型操作实例

7.1 喇叭本体截面轮廓

在作图平面——前视图的三个不同工作深度中,分别画出一个四边形、一个小圆、一个大圆。

(1) 画四边形。

① 基本设定操作选 Cplane→Front(作图平面→前视图),选 Gview→Front(图形视角→前视图);设定工作深度:选 Z,输入 80,回车。

② 用鼠标选 Creat→Line→Multi(绘图→直线→连续线)。

③ 用键盘连续输入以下 5 点:(30,0),回车;(0,30),回车;(−30,0),回车;(0,−30),回车;(30,0),回车,如图 7.1 所示。单击"MAIN MENU"回主功能表。

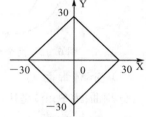

图 7.1　画四边形

(2) 画一个 ϕ30 的圆。

① 改设工作深度选 Z,输入 0,回车。

② 用鼠标选 Creat→Arc→Cir ptc+dia(绘图→圆弧→圆心点+直径)。

③ 用键盘输入直径值 30,回车。

④ 用鼠标单击主菜单栏的"Origin"(原点),如图 7.2 所示。单击"MAIN MANU"回主功能表。

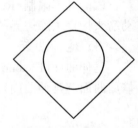

图 7.2　画 ϕ30 的圆

(3) 画一个 ϕ120 的圆。

① 改设工作深度选 Z,输入−100,回车。

② 用鼠标选 Creat→Arc→Cir ptc+dia (绘图→圆弧→圆心点+直径)。

③ 用键盘输入直径值 120,回车。

④ 用鼠标单击主菜单栏的"Origin"(原点),单击等角视图,如图 7.3 所示。再单击"MAIN MANU"回主功能表。

⑤ 图形保存用鼠标单击 File→Save(文件→保存)。

弹出 Specify File Name to write(定义文件名保存对话栏),在 File Name 的文本输入框中输入"Loft0.mc9",按"Save"(保存)。

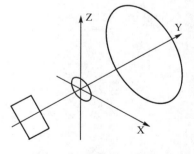

图 7.3　喇叭本体截面轮廓

7.2 两相交半圆柱面线框模型

(1) 在前视图中画两个半圆。

① 基本设定操作 选 Cplane→Front(作图平面→前视图),选 Gview→Front(图形视角→前视图),选 Z,输入 50,回车。

② 鼠标选 Create→Arc→Polar→Center pt→Origin(绘图→圆弧→极坐标→中心点→原点)。

③ 输入半径值 25,回车。

④ 输入起始角度 0°,回车。

⑤ 输入终止角度 180°,回车。

⑥ 改设工作深度 选 Z,输入-50,回车。

⑦ 选主菜单的"Origin"(原点)。

⑧ 从键盘输入半径值 25,回车。

⑨ 输入起始角度 0°,回车。

⑩ 输入起始角度 180°,回车。

(2) 在右视图中画另外两个半圆。

① 基本设定 选 Create→Side (作图平面→侧视图),选 Gview→Side(作图视角→侧视图)。(工作深度不改)

② 操作步骤与上述(1)相同。如图 7.4 所示。

图 7.4 两相交半圆柱面线框模型

③ 图形保存 File→Save(文件→保存)弹出 Specify File Name to write(定义文件名保存对话栏),在 File Name 的文本输入框中输入"Ruled0.mc9",按"Save"(保存)。

7.3 昆式曲面线框模型

昆式曲面线框模型如图 7.5 所示。

(1) 在俯视图中画二段圆弧。

① 基本设定操作 选 Cplane→Top(作图平面→俯视图),选 Gview→Top(图形视角→俯视图),选 Z,输入 0,回车。

② 鼠标选 Create→Arc→Endpoints(绘图→圆弧→两点式)。

③ 键盘输入一个端点(50,35),回车。

④ 输入另一个端点(-50,35),回车。

⑤ 输入圆弧半径值 200,回车。产生通过刚输入两点的四段圆弧。

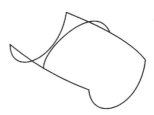

图 7.5 昆式曲面线框模型

⑥ 选取要保留的那段圆弧,见图 7.6(a),其余的被删除,结果见图 7.6(b)。

(a) 局部图形　　　　　(b) 所要保留的那段圆弧

图 7.6 画上半圆弧

⑦ 输入第一个端点(50,-35),回车。

⑧ 输入另一个端点(-50,-35),回车。

⑨ 输入圆弧半径值 200,回车。产生四段圆弧,见图 7.7(a)。

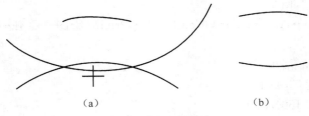

(a)   (b)

图 7.7 画下半圆弧

⑩ 选取要保留的那段圆弧,其余被删除,见图 7.7(b)。单击"MAIN MANU"回主功能表。

⑪ 用鼠标选取 Modify→Break→2 Pieces(修整→打断→两段)。

⑫ 用鼠标选取将要打断的图素,如图 7.8(a)所示的 1 处。

⑬ 用鼠标选取"Midpoint"(中点)(图素将在中点处打断),再次选取刚才选取过的图素。

⑭ 重复⑫和⑬的方法选取图 7.8(a)所示的 2 处,在中点打断另一条圆弧。单击"MAIN MANU"回主功能表。

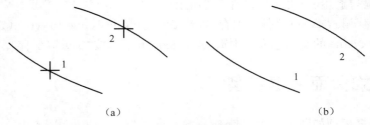

(a)   (b)

图 7.8 中点打断选择和两点画弧端点选择

(2) 在侧视图中三个不同的深度画三段圆弧。

① 设定操作:选 Create→Side(作图平面→侧视图),选 Gview→Isometric(图形视角→等角视图),选 Z,输入 50,回车。

② 鼠标选取 Create→Arc→Endpoints(绘图→圆弧→两点式画弧)。

③ 鼠标捕捉图 7.8(b)中的端点 1、端点 2。

④ 输入圆弧半径值 35,回车(生成通过两点的两段圆弧,两点间的距离等于直径)。

⑤ 取一段要保留的,见图 7.9(a)。则另一段自动被删除,见图 7.9(b)。

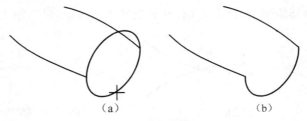

(a)   (b)

图 7.9 选取下半圆弧及生成的半圆

⑥ 改设工作深度,选 Z,输入 0,回车。

⑦ 用鼠标捕捉图 7.10(a)所示的两段圆弧的中点。

⑧ 输入圆弧半径值 45,回车(生成通过两点的四段圆弧)。

⑨ 选取一段要保留的,见图 7.10(b)。其他的自动被删除,见图 7.10(c)。

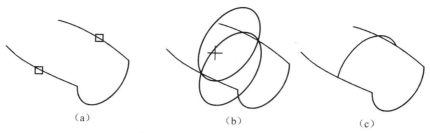

图 7.10　中部上半圆弧绘制

⑩ 改设工作深度,选 Z,输入－50,回车。

⑪ 鼠标捕捉图 7.11(a)所示的两段圆弧的端点。

⑫ 输入圆弧半径 35,回车(生成通过两点的两段圆弧)。

⑬ 选取一段要保留的,见图 7.11(b)。另一段自动被删除,见图 7.11(c)。

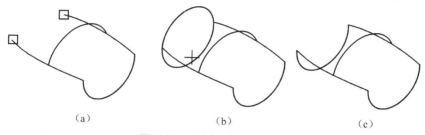

图 7.11　左侧下半圆弧绘制

⑭ 图形保存 File→Save(文件→保存)弹出 Specify File Name to Write(定义文件名保存对话栏),在 File Name 的文本输入框中输入"Coons0.mc9",按"Save"(保存)。

7.4　电吹风本体线框模型

(1) 画 ϕ50 的圆。

① 基本设定,选 Cplane→Top(作图平面→俯视图),选 Gview→Top(图形视角→俯视图),选 Z,输入 25,回车。

② Create→Arc→Cir ptc＋dia(绘图→圆弧→圆心点＋直径)。

③ 从键盘输入直径值 50,回车。

④ 用鼠标单击主菜单栏的"Origin"(原点)。单击"MIAN MAUN"回主功能表。

(2) 画截面轮廓。

① 选 Cplane→Side(作图平面→侧视图),选 Gview→Side(图形视角→侧视图),选 Z,输入 0,回车。

② Create→Arc→Endpoints(绘图→圆弧→两点画弧)。

③ 用鼠标捕捉图 7.12 中的 1 处(出现小方框),回车。

④ 从键盘输入点(38,16),回车。

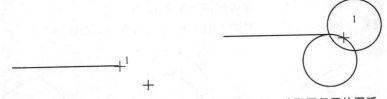

图 7.12　输入圆弧的两点　　　　图 7.13　选取要保留的圆弧

⑤ 输入圆弧半径值 13，回车。通过圆弧产生四段圆弧。

⑥ 选取一段要保留的——单击图 7.13 中的 1 处。

⑦ 用鼠标捕捉图 7.14 中的 1 处（出现小方框），回车。

⑧ 从键盘输入点（48,0），回车。

⑨ 输入圆弧半径值 16，回车。通过两点产生四段圆弧。

图 7.14　输入两点画圆弧　　　　图 7.15　选取要保留的圆弧

⑩ 选取一段要保留的——单击图 7.15 中的 2 处。BACKUP→BACKUP（回上一步→回上一步）。

⑪ 选"Fillet"（倒圆角），单击"Radius"（半径），输入 6，回车。选项设定：Angle<180：S；Trim：Y。

图 7.16　选取要倒圆弧的两圆弧　　　　图 7.17　倒圆角结果

⑫ 单击图 7.16 中的 1 处、2 处，倒圆角结果如图 7.16 所示。

⑬ 图形保存：File→Save（文件→保存）弹出"Specify File Name to Write"（定义文件名保存对话栏），在 File Name 的文本输入框中输入"Swept1.mc9"，按"Save"（保存）。

7.5　屏蔽罩腔体图形的绘制

电路板屏蔽用罩壳简图。如图 7.18 所示。

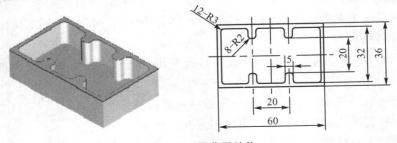

图 7.18　屏蔽罩腔体

本例绘制图 7.18 中二维型腔图形。

操作步骤如下：

（1）绘制矩形：基本设定操作：选 Cplane→Top(作图平面→俯视图)，选 Gview→Top(图形视角→俯视图)，选 Z 输入 0，回车。

① 用鼠标选 Create→Rectangle→2 points(绘图→矩形→2点式)。

② 输入左下角坐标(−30，−18)，回车。输入右上角坐标(30，18)，回车。按"MAIN MENU"(回主功能菜单)。如图 7.19 所示。

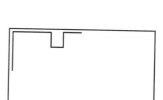
图 7.19　绘制矩形

（2）绘制 1/4 型腔轮廓

① 用鼠标选 Create→Line→Multi(绘图→直线→连续线)。

② 输入第一个点(−28，0)，回车。

③ 接着顺序输入以下各点：(−28，16)，回车；(−12.5，16)，回车；(−12.5，10)，回车；(−7.5，10)，回车；(−7.5，16)，回车；(0，16)，回车。按<Esc>键，结束连续线的绘制。按"MAIN MENU"(回主功能菜单)。如图 7.20 所示。

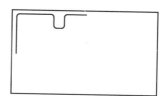
图 7.20　绘制 1/4 型腔轮廓

（3）倒圆角。

① 用鼠标选 Create→Fillet(绘图→倒圆角)。

② 选"Radius"(圆角半径)，输入半径值 3，回车。

　设定：Angle<180(圆角角度)：S，Trim(修剪)：Y。

④ 选两两倒圆角图素，图 7.21 中 1~6 处。

⑤ 选"Radius"(圆角半径)，输入半径值 1，回车。

⑥ 选两两倒圆角图素，图 7.21 中 7~10 处。按 MAIN MENU(回主功能菜单)。

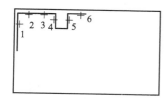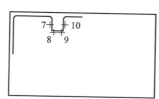
图 7.21　倒圆角

（4）镜像。

① 用鼠标选取 Xform→Mirror(转换→镜像)。

② 选"Chain"(串连)，选取图 7.22 中 1 处，按"Done"(执行)，按"Done"(执行)。

③ 设定镜像轴：选"X"轴。

④ 弹出镜像对话栏，选"Copy"(复制)，单击"OK"，生成镜像图形，如图 7.22 所示。

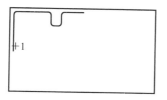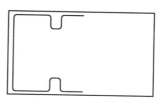
图 7.22　X 轴镜像

⑤ 选"Chain"(串连),选取下图 7.23 中 1 处,按"Done"(执行),按"Done"(执行)。

⑥ 设定镜像轴:选"Y"轴。

⑦ 选"Copy"(复制),单击"OK",完成全部图形。按"MAIN MENU"(回主功能菜单)。如图 7.23 所示。

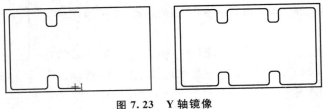

图 7.23　Y 轴镜像

(5) 图形保存:File→Save(文件→保存)。

弹出 Specify File Name to Write(定义文件名保存对话栏),在 File Name 的文本输入框输入"二维型腔",按"Save"(保存)。

7.6　快餐盒模具工作面的绘制

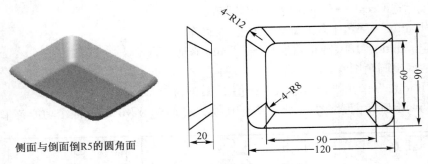

侧面与倒面倒R5的圆角面

图 7.24　快餐盒模具工作面图形

绘图步骤如下(见图 7.24):

(1) 俯视图中绘制两个矩形:基本设定操作:选 Cplane→Top(作图平面→俯视图),选 Gview→Top(图形视角→俯视图),选 Z 输入 0,回车。以后简写为:作图平面 T,图形视角 T,工作深度 Z0。

工作层设定:单击 Level(图层),在 Number 的文本输入框输入 1,回车,单击En选全拼,在 Name 的文本输入框输入汉字"线框模型",单击全拼把输入法改为英语,按"OK"

① 绘制矩形,用鼠标选 Create→Rectangle→2 points(绘图→矩形→二点式)。

② 输入左下角坐标(-60,-45),回车。

③ 输入右上角坐标(60,45),回车。生成矩形。

④ 选 Z 输入-20,回车(即工作深度改成 Z-20)。

⑤ 绘制矩形,输入左下角坐标(-45,-30),回车。

⑥ 输入右上角坐标(45,30),回车。生成矩形。(见图 7.25)。

(2) 矩形倒圆角

① 用鼠标选 Modify→Fillet(修整→倒圆角)。

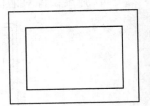

图 7.25　绘制矩形

② 选项设定：选 Radius(半径)，输入半径值 8，回车；Angle<180：S；Trim：Y。

③ 选"Chain"(串连)，用鼠标捕获矩形(单击图 7.26 中 1 处)。

④ 选"Done"(执行)，矩形的四个直角倒成圆角。

⑤ 改设工作深度：选 Z 输入 0，回车(以后改写为：设定工作深度 Z0)。

⑥ 选"Radius"(半径)，输入半径值 12，回车。

⑦ 选"Chain"(串连)，用鼠标捕获矩形(单击图 7.26 中 2 处)。

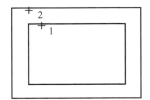 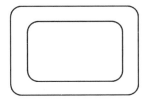

图 7.26　矩形倒圆角

⑧ 选"Done"(执行)，矩形的四个直角倒出圆角。按"MAIN MENU"(回主功能菜单)。

(3) 在 3D 空间绘制八条斜线：设定：作图平面 3D，图形视角 T。

① 用鼠标选 Create→Line→Endpoints→Endpoint(绘图→直线→端点式→端点)。

② 用鼠标分别捕获图素的对应端点(捕获到端点，在线的端点上出现小方框)1、2；3、4；5、6；7、8；9、10；11、12；13、14；15、16，相继产生八条直线。见图 7.27。

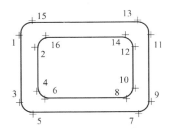 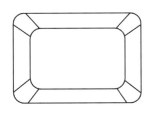

图 7.27　绘制八条斜线

(4) 绘制侧面曲面(用昆式曲面)：设定：作图平面 3D，图形视角 T。工作层设定：单击 Level，在 Number 的文本输入框输入 2，回车，单击 En 选 全拼 ，在 Name 的文本输入框输入汉字"曲面模型"，单击 全拼 把输入法改为英语，按"OK"。

① 用鼠标选 Create→Surface→Coons(绘图→曲面→昆式曲面)。

② 对话栏提示：Use Automatic Coons Surface Chaining(昆式曲面自动串连)？选"NO"。

③ 提示栏提示：Number of patches in the along direction(输入 Along 方向的曲面数)。输入 8，回车。

④ 提示栏提示：Number of patches in the across direction(输入 Across 方向的曲面数)。输入 1，回车。

⑤ 定义 Along 方向的外形 1：选"Single"。

⑥ 用鼠标选图 7.28 中 1 处。

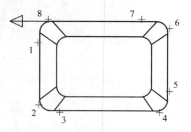

图 7.28　定义走刀方向外形一

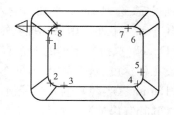

图 7.29　定义走刀方向外形二

⑦ 用鼠标选图 7.28 中 2～8 处。

(注:图素串连的箭头方向要一致,如某一段箭头方向相反,选"Reverse"(换向))

⑧ 定义 Along 方向的外形 2:用鼠标选图 7.29 中 1 处。

⑨ 用鼠标选图 7.29 中 2～8 处。

⑩ 定义 Across 外形 1:用鼠标选图 7.30(a)中 1 处。

⑪ 用鼠标选图 7.30(a)中 2～8 处,在 1 处再选一次。

⑫ 定义完成,选"Done"(接受图形的定义)。

⑬ 弹出昆式曲面参数菜单:

设定:误差值:0.01;曲面型式:N;熔接方式:P。

按"Do it"(执行),生成曲面。如图 7.30(b)所示。按"MAIN MENU"(回主功能菜单)。

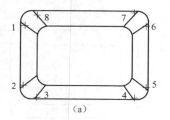
(a)

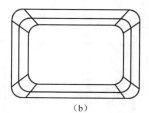
(b)

图 7.30　定义进刀方向外形及生成的曲面

(5) 绘制底面(用直纹曲面)。

① 用鼠标选 Create→Surface→Ruled(绘图→曲面→直纹曲面)。

② 定义截面轮廓外形 1:选 Chain→Partial(串连→部分)。

③ 用鼠标选取图 7.31(a)中 1,将"Wait"(继续)设定为是,接着选取 2、3 处。

④ 选"End here"(结束选择)。

⑤ 定义截面轮廓外形 2:选"Partial"(部分)。

⑥ 用鼠标选取图上 4～6 处。

⑦ 选"End here"(结束选择)。

⑧ 选"Done"(接受图形的定义)。

⑨ 弹出直纹曲面参数设定菜单:设定:公差:0.01;曲面型式:N;选"Do it"(执行),生成曲面,见图 7.31(b)所示。

(6) 底面与侧面倒 R5 圆角面:设定:作图平面 3D,图形视角 I。

① 用鼠标选 Create→Surface→Fillet→Surf/surf(绘图→曲面→倒圆角面→曲面/曲面)。

② 用鼠标选取第一组曲面,见图 7.32(a)中 1 处(变色),按"Done"(执行)。

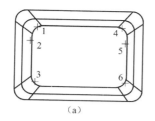　　　　　　　　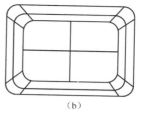

（a）　　　　　　　　　　　　　　　　　（b）

图 7.31　直纹曲面的定义及生成的直纹底面

③ 用鼠标选取第二组曲面,见图 7.32(a)中 2 处(变色),按"Done"(执行)。

④ 输入曲面倒圆角半径值 5,回车。弹出曲面对曲面倒圆角参数设定菜单。

设定：Trim(修剪曲面)：Y(是)；核实曲面法线方向：正确的法线方向应该侧面朝里,底面朝上。如果曲面法线方向不正确,可单击"Flip"(切换方向),改变曲面的方向；如果曲面法线方向正确,直接单击"OK"。

⑤ 选取"Do it"(执行),生成出倒圆角曲面,按"MAIN MENU"(回主功能菜单)。见图 7.32(b)所示。

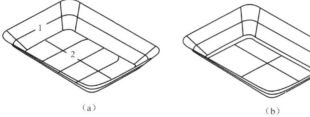

（a）　　　　　　　　　　　　　　　（b）

图 7.32　倒圆角面的定义及生成的圆角面

（7）着色显示：单击 ⬤ (曲面着色处理)→选取 Shading acti(着色处理有效),选取 All 1 materi(全部为一种材料),按 ▣ 按钮从中选取一种材料"Gold"(黄金),单击"OK"。显示着色处理的快餐盒,见图 7.33 所示。

（8）图形保存：File→Save（文件→保存）。

弹出 Specify File Name to Write(定义文件名保存对话栏),在 File Name 的文本输入框输入"快餐盒模具",按"Save"(保存)。

图 7.33　着色处理的快餐盒模具工作面

7.7　鼠标曲面的绘制

图形数据如表 7.1 所示。

表 7.1　俯视图中外形作图尺寸

圆弧名称	圆心坐标(mm)	角度范围
R135	80, 0	135°～225°
上 R210	−15, −182	45°～135°
下 R210	−15, 182	225°～315°

注：R21.7 是两个 R210 圆弧的倒圆角弧,两个 R4 是 R135 圆弧和 R210 圆弧的倒圆角弧。顶面与侧面倒圆角面,半径 R2。

在侧视图中,顶面剖面轮廓都是圆弧,绘制顶部曲面数据如表 7.2 所示:

表 7.2　侧视图中截面轮廓数据

深度 Z(mm)	圆弧圆心(mm)	圆弧半径(mm)	角度范围
−56	0, −184	200	70°~110°
−30	0, −51	80	50°~130°
−12	0, −48	80	50°~130°
0	0, −43	76	50°~130°
18	0, −15	48	35°~145°
36	0, −5	33	30°~150°
56	0, −15	33	60°~120°

(1) 在俯视中画外形轮廓:设定:作图平面 T,图形视角 T,工作深度 Z0,以后简写为:T,T,Z0。

工作层设定:单击"Level",在 Number 的文本输入框输入 1,回车,单击 En 选 全拼 ,在 Name 的文本输入框输入汉字"线框模型",单击 全拼 把输入法改为英语,按"OK"。

① 画 R135 的圆弧:Create→Arc→Polar→Center pt (绘图→圆弧→极坐标→圆心点)。

输入圆心坐标(80, 0),回车;输入半径值 135,回车。

输入起始角度值 135,回车;输入终止角度值 225,回车。

用同样的方法画出上 R210 和下 R210 的圆弧(见图 7.34(a))。

② 修剪三个相交圆弧:Modify→Trim→2 entities (修整→修剪→两个图素)。

顺序地选取图 7.34(a)中 1~6 处。

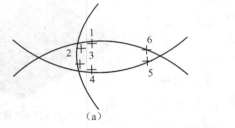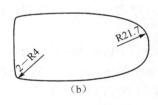

图 7.34　侧面截面轮廓图形

③ 分别倒 R21.7 和 2 个 R4 的圆角:Create→Fillet(绘图→倒圆角)。

选项设定:Radius(半径):21.7;Angle<180(角度):S;Trim(修剪),Y。

在靠近要倒圆角的两条圆弧的相交处,分别选取两条圆弧,倒出 R21.7 的圆角。

倒两个 R4 圆角的方法与倒 R21.7 圆弧相同。如图 7.34(b)所示。

(2) 图形 Z 向平移复制 3D, I:Xform→Translate (转换→平移)。

选"Chain"(串连),用鼠标选取要平移的图素,按"Done"(执行)。

选"Rectang",设定平移量(0, 0, 35),弹出平移选择菜单。

选"Copy"(复制),平移次数为 1,单击"OK",显示平移后的图形,如图 7.35 所示。

(3) 画顶面截面轮廓:S,I,从左向右分别画出 7 个圆弧。

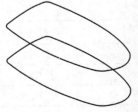

图 7.35　平移后的图形

画第一个圆弧,Z—56。

Create→Arc→Polar→Center pt(绘图→圆弧→极坐标→圆心点)。

输入圆心坐标(0,—184),回车;输入半径值200,回车。

输入起始角度值70,回车;输入终止角度值110,回车。

用同样的方法根据前面表中数据画出其余6个圆弧(见图7.36)。

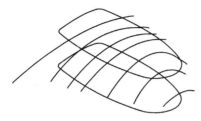 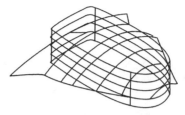

图7.36　7个截面轮廓　　　　　　图7.37　侧面和顶面曲面

（4）画侧面曲面 3D,I:工作层设定:单击 Level(图层),在 Number 的文本输入框输入 2,回车,单击 En 选 全拼,在 Name 的文本输入框输入汉字"曲面模型",单击 全拼 把输入法改为英语,按"OK"。

Create→Surface→Ruled(绘图→曲面→直纹曲面)。

选"Chain"(串连),选取第一条相连的曲线,选取第二条相连的曲线,按"Done"(执行),接受曲线定义。选项设定:Tolerance(公差):0.01, Type(曲面类型):P。按"Done"(执行),生成直纹曲面(见图7.37)。

（5）画顶面曲面:按"BACKUP"退回绘制曲面菜单,选"Loft"(举升曲面)。

一个一个地顺序地选取7个圆弧,接着按"Done"(执行)。

设定:Tolerance(公差):0.01, Type(曲面类型):P,按"Do it"(执行),生成举升曲面。

（6）顶面与侧面倒圆角面:按"BACKUP",退到绘制曲面菜单。选"Fillet"(倒圆角面)。

选 Surf/surf(曲面/曲面),选取图上第一组曲面,按 Done(执行),选取图上第二组曲面,按 Done(执行),输入倒圆角半径值2,回车。

设定:Trim(修剪):Y;确认曲面法向:侧面朝里,顶面朝下;Options(选项设定):Chord height(弦高误差):001; Fillet type(倒圆角类型):P(参数式); Trim Surface(修剪曲面):Y; Delete(删除),Both(两者)。

选"Do it"(执行),产生倒圆角曲面,且删除多余曲面(见图7.38)。按"MAIN MENU"回主菜单。

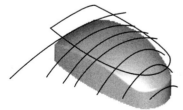  

图7.38　倒圆角后的鼠标模型　　　　　图7.39　隐藏线框模型后的曲面模型

（7）隐藏线框模型:单击"Level"(图层),选"All off"(全关),再选取"OK",单击 🔍 键刷新画面,最终曲面模型见图7.39。

（8）图形保存：File→Save（文件→保存）。

弹出 Specify File Name to Write（定义文件名保存对话栏），在 File Name 的文本输入框输入"鼠标"，按"Save"（保存）。

7.8 洗衣机波轮曲面绘制

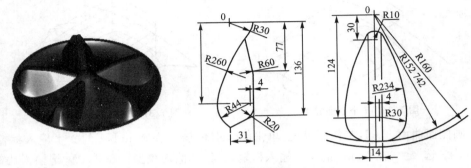

图 7.40 洗衣机波轮的曲面模型及其数据

（1）画底面的截面轮廓线（见图 7.40）：F，F，Z0；工作层设定：单击 Level（图层），在 Number 的文本输入框输入 1，回车，将输入法改为中文，在 Name 的文本输入框输入汉字"线框模型"，把输入法改为英语，按"OK"。

① 画线：Create→Line→Endpoints（绘图→直线→端点式）。

输入端点（160，−31），回车，输入端点（145，−31），回车，按"MAIN MENU"回主菜单。

如画面上看不到画出的线，单击快捷按钮，⊕键，单击 5 次键盘上的＜F2＞键。

② 画弧：Create→Arc→Polar→Center pt（绘图→圆弧→极坐标→圆心点）。

在提示栏输入圆心坐标（118，−4），回车（产生圆心点）。

提示栏显示：Enter the radius（输入半径），输

图 7.41 底面截面轮廓的一条线段和两个圆弧

入半径值 44，回车。

Enter the initial angle（输入起始角度），输入起始角度值 180，回车。

Enter the finial angle（输入终止角度），输入终止角度值 360，回车（见图 7.41）。

③ 在提示栏提示：Arc，Polar：Enter the center point（圆弧，极坐标：输入圆心坐标）。输入圆心坐标（0，−30），回车（产生圆心点）。

提示栏显示：Enter the radius（输入半径），输入半径值 30，回车。

Enter the initial angle（输入起始角度），输入起始角度值 0，回车。

Enter the finial angle（输入终止角度），输入终止角度值 90，回车。按"MAIN MENU"回主菜单。

④ 画切弧：Creat→Arc→Tangent（绘图→圆弧→切弧）

从主菜单栏选择 2 entities（切于两图素），提示栏提示：

Create arc，tangent to 2 entities：Enter Radius（生成圆弧，切于两个图素：输入半径）。输入 260，回车，选择一个图素（图 7.42 中 1 处），选择另一个图素（图 7.42 中 2 处），产生 8 个

可能相切的圆弧,选取一个需要的,如图 7.42(a)所示选择图中 3 处。按"MAIN MENU"。

⑤ 修剪,入口路径:Modify→Trim→2 entities(修整→修剪延伸→两个图素)

用鼠标选取图 7.42(b)中 1、2 处;选取 3、4 处;选取 5、6 处。结果如图 7.42(c)所示。

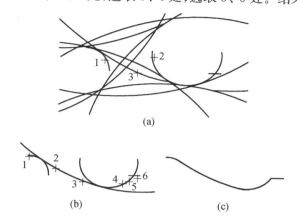

(a)

(b)   (c)

图 7.42 底面截面轮廓的绘制

(2) 画底面:T, I, Z—31。

① 画圆,已知:圆心(0,0),R152.742,0~360。

Create→Arc→Polar→Center pt(绘图→圆弧→极坐标方式→圆心点)。

提示栏显示:Arc, polar:Enter the center point(圆弧,极坐标:输入圆心点),输入圆心坐标(0,0),回车。Enter the radius(输入半径)输入 152.742,回车。

Enter the initial angle(输入起始角度)输入角度 0,回车。

Enter the final angle(输入终止角度)输入角度 360,回车。

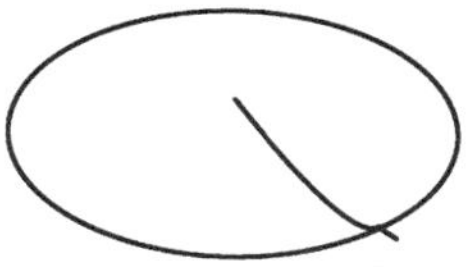

② 画底面(扫描曲面):设定图层改为 2:单击 Level,在 Number 文本输入框输入 2,回车,单击 `En` 把输入法改为 `全拼`,在 Name 文本输入框输入"曲面模型 1",再把输入法改为英语,单击"OK"。

图 7.43 R152.742 圆

Create→Surface→Sweep(绘图→曲面→扫描曲面)。

在主菜单栏提示:

Swept surface:define the across contour(扫描曲面:定义截面轮廓)。

选取 Chain(串连)单击图 7.44 中 1 处,按"End here"(结束选择),仅有一个截面轮廓,按"Done"(执行),接受轮廓定义。在主菜单栏提示。

Swept surface:define the along contour(定义扫描导向曲线),选"Single"(单体),单击图 7.44 中 2 处,导向曲线定义结束,按 Done(执行),接受轮廓定义。主菜单显示扫描曲面菜单。

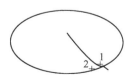

Swept surface:		扫描曲面:	
Tolerance		公差	
Type	N	类型	N
Trans/Rot	R	平移/旋转	R
Do it		执行	

图 7.44 扫描曲面菜单及其操作定义

选项设定:Tolerance(公差):0.005,Type(类型):N,平移/旋转:旋转。

选取"Do it"(执行),生成扫描曲面。

③(选择 Single 单体)局部放大见图 7.45,选取图 7.45 中 1 处,按"Done"(执行),选取图 7.45 中 2 处,按"Done"(执行)。选项不改变。选取"Do it"(执行),生成扫描环状画面。如图 7.46 所示。按"MAIN MENU"回主菜单。

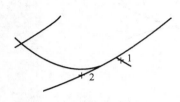
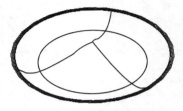

图 7.45　边沿曲面的定义　　　　　图 7.46　底面曲面

(3) 画叶轮轮廓(线框模型):单击 Level,图层改为 1,回车,选取 All off(全关),单击"OK",返回绘图界面,单击 🔲 键(画面上曲面已看不见)。

T,I,Z10,画 R10、R30 圆弧,切于前两圆弧的 R234 圆弧,修剪。

① 画 R10 圆弧:Create→Arc→Polar→Center pt(绘图→圆弧→极坐标→圆心点)。

输入圆心坐标(30,0),回车;输入半径值 10,回车;输入起始角度值 0,回车;输入终止角度值 180,回车(生成半圆)。

② 画 R30 圆弧:输入圆心坐标(124,4),回车;输入半径值 30,回车;输入起始角度值 0,回车,输入终止角度值 180,回车(生成半圆)。如图 7.47 所示。

③ 画 R10 和 R30 圆弧的切弧:Backup→Backup→Tangent→2 entities(回上一步→回上一步→切弧→切于两个图素)。

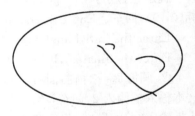

图 7.47　R10,R30 圆弧

提示栏提示 Create arc, tangent to 2 entities:Enter Radius(生成圆弧,切于两个图素:输入半径)。

输入半径值 234,回车。提示栏提示:Select Entities(选择图素)。

选择图 7.48 中的 1、2 处,产生 8 个相切圆,选取一个需要的(点击 3 处),单击"MAIN MENU"(回主菜单)。

④ 修剪 Modify→Trim→2 entities(修整→修剪→两个图素)。

选取图 7.49 中 1、2 处,3、4 处。单击"MAIN MEUN"(回主菜单)。

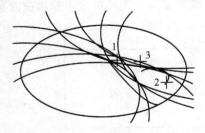
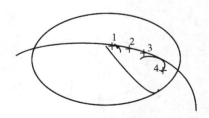

图 7.48　切于两圆的八个切圆　　　　图 7.49　修剪操作

⑤ T，I，Z10，单击 Level(图层)，选取 All on(全开)，单击"OK"，层 1 不变。

Create→Curve→Project(绘图→曲面曲线→投影线)。

选取底面(单击图 7.50 中 1 处)，按"Done"(执行)。选择曲线：选择"Chain"(串连)，选取图中 2 处，按"Done"(执行)。主菜单栏，显示投影曲线菜单，如图 7.50(a)所示。

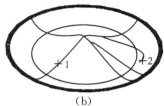

Projection curve:in construction view 投影线：在作图平面视角中		
Surfaces	曲面	
Curves	曲线	
Offset	偏置	
View/norm	V	视角投影/正交投影 V
Trim	N	修剪 N
Options		选项
Do it		执行

(a)　　　　　　　　　　　　　　　　(b)

图 7.50　投影线菜单及操作投影

选项设定：View/norm：V，Trim：N，选取"Do it"(执行)，如图 7.50(b)所示，按"MAIN MENU"。

⑥ 工作深度改为 Z20，T，I，图层 1，画一条辅助用线。

Create→Line→Endpoints(绘图→直线→端点式)。

输入(170，7)，回车，输入(5，7)，回车，生成如图 7.51 所示的直线，按"MAIN MENU"。

图 7.51　画直线及隐藏曲面后

⑦ 单击"Level"(图层)，按"All off"(全关)，单击"OK"，单击刷新键，刷新画面。

隐藏用于投影的辅助线。单击 Screen→Blank(屏幕→隐藏)。选取要隐藏的辅助线，按"MAIN MENU"。

⑧ T，T，打断图素：Modify→Break→2 pieces(修整→打断→2 段)把图形局部放大，如图 7.52 所示。

选取要打断的图素(图中 1 处)，选择"Intersec"(交点)，选取图中 2 处，再选取图中 1 处。选取图中 4 处，把光标移到投影圆弧的端点，当端点出现方框时，按下鼠标左键(即定义端点)，把圆弧在线端点打断。选取图中 5 处，把光标移到图 7.52 所示的直线与 R152.742 圆弧的交点处，当出现方框时，按下鼠标左键，把圆弧在该交点处打断。按"MAIN MENU"。

图 7.52　打断图素操作

图 7.53　画叶轮顶部轮廓线

隐藏用于打断的辅助线。单击 Screen→Blank(屏幕→隐藏)。选取要隐藏的辅助线。按"MAIN MENU"。

⑨ F,T,Z—7,画叶轮顶部轮廓线。

Create→Line→Multi→Endpoint(绘图→直线→连续线→端点)。

选取图 7.53 中 1 处(上步打断的点),输入(77,0),输入(136,0),选取图 7.53 中 2 处(上步打断的点),按<Esc>键。按"MAIN MENU"。

3D,I,Create→Fillet(绘图→倒圆角)。

主菜单栏显示倒圆角菜单,如图 7.54 所示。

Fillet:Select Curves or:		倒圆角:选择曲线或	
Radius		半径	
Angle<180	S	角度小于 180 度	S
Trim	Y	修剪	Y
Chain		串连	

图 7.54　倒圆角菜单

选项设定:Angle<180:S, Trim:Y。

单击"Radius"输入 60,回车,选取图上 1、2 处。

单击"Radius"输入 20,回车,选取图上 3、4 处。

按"MIAN MENU",叶轮顶部轮廓倒圆角后见图 7.55。

⑩ 镜像叶轮线框模型的另一半:隐藏 R152.742 的圆和底面的截面轮廓线。

Screen→Blank(屏幕→隐藏),选取 R152.742 的圆,选取一小段直线、单击"Chain"(串连),选取图 7.55 中 5、6 处,按 End here(结束选择),按"Done"(执行)。按"MIAN MENU"。

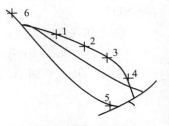

图 7.55　倒圆角操作

T,I。

Xform→Mirror→Window(转换→镜像→窗口选取)。

用窗口选取全部图形,按"Done"(执行)。在主菜单栏选取 X 轴,弹出镜像选择菜单。

选取"Copy"(复制),然后单击"OK",镜像后的图形见图 7.56,按"MAIN MENU"。

(4) 生成叶轮曲面:3D,I,单击 Level(图层),在 Number 文本输入框输入 3,回车,在 Name 文本输入框输入"曲面模型 2",选取"All on",单击层 2 的 Visible(可见层,即关闭 2 层),单击"OK"。

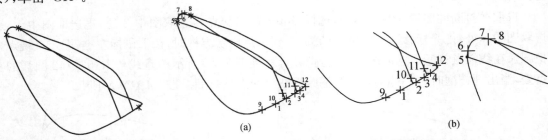

(a)　　　　　　　　　　　　　　　　(b)

图 7.56　镜像后的叶轮线框模型　　　　图 7.57　叶轮昆式曲面定义

① 生成昆式曲面:Create→Surface→Coons(绘图→曲面→昆式曲面)。

弹出昆式曲面自动串连对话栏,选择"No"。

Number of patches in the along direction。输入 Along 方向的 Patches 数:输入 3,回车。

Number of patches in the across direction。输入 Across 方向的 Patches 数:输入 1,回车。

a. 定义 Along 方向的 Patches 数(见图 7.57)。

按"Single"(单体),选取图中 1 处;按 Mode→Chain→Partial(方式→串连→部分),选取图中 2 处,把"Wait"(继续)设定为"Y"(是),选取图中 3 处;按 End here→Mode→Single(结束→方式→单体),选取图中 4 处。

Mode→Point (方式→点),选取图中 5 处(交点处,当出现小方框时);Chian→Partial(串连→部分),选取图中 6、7 处;End here→Mode→Point(结束选择→方式→点),选取图中 8 处(交点,出现小方框)。

b. 定义 Across 方向的 Patches 数。单击"Chain"(串连)选取图中 9 处,单击"End here"(结束选择);选取图中 10 处,单击"End here"(结束选择)。选取图中 11 处,单击"End here"(结束选择),选取图中 12 处,单击"End here"(结束选择)。

主菜单显示 Chaining complete(串连结束)。按"Done"(执行)。

主菜单栏显示生成昆式曲面菜单。

选项设定:Tolerance(公差):0.005,Type(类型):P,Blending(弯曲方式):P。

选取"Do it"(执行),生成出昆式曲面。按"MIAN MENU"(见图 7.58)。

Coons surface:		昆式曲面:	
Tolerance		公差	
Type	N	类型	N
Blending	P	弯曲方式	P
Do it		执行	

图 7.58　昆式曲面菜单和叶轮昆式曲面

② 旋转复制其余 4 片叶轮 T,I。Xform→Rotate→All→Surfaces→Done(转换→旋转→所有的→曲面→执行)。

输入旋转原点(0,0),回车。弹出旋转对话栏。选项设定:"Copy"(复制);Number of steps(步数):4;Rotation angle(旋转角度):72。选取"OK"。旋转复制出其余 4 片叶轮(见图 7.59(a))。

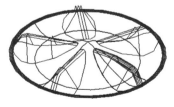

(a)　　　　　　　　　　　　　　　　(b)

图 7.59　洗衣机波轮曲面图

单击"Level"(图层),选取"All on"(全开),单击"OK"。单击 ⬚ 键,图形最大化显示。

(5) 保存图形 Fill→Save(文件→保存)。

在 File name(文件名)的文本输入框输入"波轮"。单击"Save"按钮。

(6) 着色显示。

单击 ⬤ →选取"Shading acti"(着色处理),选取"All 1 materi"(全部一种材料)。

按 ▣ 按钮从中选取一种材料"White plastic"(白色塑料),单击"OK"。

显示着色处理的波轮(见图 7.59(b))。

7.9 显示器罩壳曲面绘制

(1) 画侧面轮廓线(见图 7.60)。

① T,T,Z0,图层:1,层名:"线框模型"。

Create→Line→Multi(绘图→直线→连续线)。

输入点(175,−200),(175,−120),(140,−20),(130,200),按<ESC>键结束连续线的绘制。

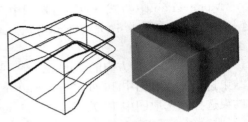

图 7.60 显示器罩壳曲面

选"Multi"(连续线),输入点(−175,−200),(−175,−120),(−140,−20),(−130,200),按<ESC>键两次。

接着画 R850,R1 600 的圆弧:

Arc→Polar→Center pt(圆弧→极坐标→圆心点)。

输入圆心坐标(0,−650),回车。输入半径值 850,回车。输入起始角度 50,回车。输入终止角度 130,回车。输入圆心坐标(0,1 400),回车。输入半径值 1 600,回车。输入起始角度 250,回车。输入终止角度 290,回车。按"MAIN MENU",回主菜单(见图 7.61)。

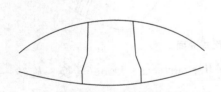

图 7.61 侧面轮廓线绘制草图

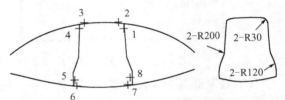

图 7.62 草图修剪和最终侧面轮廓线

② 修剪,倒圆角。

Modify→Trim→2 entities(修整→修剪→2 个图素)。

连续选取图中 1~8 处。按"MAIN MENU"。

Create→Fillet(绘图→倒圆角)。

倒两个 R30,两个 R200,两个 R120 圆角。按 MAIN MENU。见图 7.62。

③ Z 向平移复制,3D,I。

Xform→Translate(转换→平移)。

选"Chain"(串连),选取图上 1 处,按两次"Done",选"Rectang"(直角坐标),输入平移量(0,0,160),回车,弹出平移选择对话栏:选择"Copy"(复制),步数 1,按"OK"。

按"MAIN MENU"退回主菜单。按 Screen(屏幕)→Clr colors(取消图形转换的颜色标志)(见图 7.63)。

(2) 画顶面线框模型(见图 7.64)。

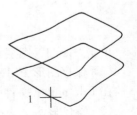

图 7.63 侧面的二轮廓线

① 画一个圆弧和一条直线,生成一个相交点(辅助点)。

F,I,Z-200,(图层:1,层名:"线框模型")。

Create→Arc→Polar→Center pt(绘图→圆弧→极坐标→圆心点)。

输入圆心坐标(0,-760),回车,

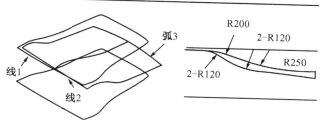

图 7.64　侧面及顶面线框模型

输入半径值850,回车,输入起始角度70,回车,输入终止角度90,回车。

Create→Line→Endpoints(绘图→直线→端点式)。

输入端点坐标(180,0),回车,输入端点坐标(180,200),回车。按"MAIN MENU"。

Create→Point→Position→Intersec(绘图→点→位置点→交点)。

分别选取将要产生交点的直线和圆弧,生成交点。按"MAIN MENU"。删除两辅助线。

② S,I,Z180。

Create→Line→Multi(绘图→线→连续线)。

输入点(-200,150),(-120,150),(-20,93),用鼠标选取上步画出的辅助点。按"NAIN MENU"。接着倒两个R120圆角。

把工作深度改为Z-180。

选"Multi"(连续线),画一条与上面数据相同的折线。接着倒两个R120圆角。

把工作深度改为Z0。

选"Multi"(连续线),输入点(-200,150),(-100,150),(50,100),(200,90)按"NAIN NENU"。接着倒R200,R250的圆角。见图7.64。

③ 3D,I。

Create→Line→Endpoints→Endpoint(绘图→线→端点式→端点)。

用鼠标选三条折线的端点,画直线(线1,线2)。

Create→Arc→3 points,(绘图→圆弧→三点式画弧),顺序选取三条折线的另三个端点,画出一圆弧(弧3),再把圆弧从中点打断。

(3) 画侧面、顶面的曲面模型。

① 3D,I,图层:2,层名:曲面模型。

Create→Surface→Coons(绘图→曲面→昆式曲面)。

弹出自动昆式串连选择对话栏,选"YES"。

选取图上1~3处(见图7.65)。

选项设定:Tolerance(公差):0.01;Type(类型):P;Blending(弯曲方式):P。

单击"Do it"(执行),生成昆式曲面的顶面。按"BACKUP"。返回生成曲面菜单。

Ruled→Chain→Partial(直纹→曲面→串连部分)。

选取图上4处,把"Wait"(继续)设定为是,接着选取5处,选取"End here"(结束选择),按"Done"(执行),选"Partial"(部分),选取图上6、7处,选取"End here"(结束选择),按"Done"(执行)。

选项设定:Tolerance(公差):0.01;Type(类型):P;选取"Do it"(执行),生成直纹曲面的侧面。按"MAIN MENU"(见图7.65)。

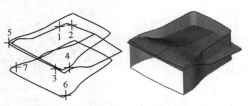

图 7.65　侧面及顶面的原始曲面

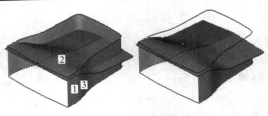

图 7.66　侧面的修剪

② 侧面和顶面的修剪（见图 7.66）。

Modify→Trim→Surface→To surface（修整→修剪→曲面→修剪到曲面）。

选取第一个曲面（图中 1 处），按 Done（执行），选取第二个曲面图中 2 处，按"Done"（执行）。选项设置：Chard height（弦差）：0.01；Trim surface（修剪曲面）：1；Delete（删除）。单击 Do it（执行）。指出曲面要保留的地方，在图中 3 处单击两次（见图 7.67）。

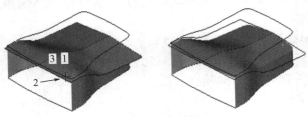

图 7.67　顶面的修剪

③ 按"BACKUP"（回上一步），选"To curves"（修剪到曲线），选取要修剪的曲面（顶面），图中 1 处，按 Done（执行），选取修剪的曲线图中 2 处，按 Done（执行），选项设定：Chard height（弦差）：0.01；Trim surface（修剪到曲面）：Delete（删除）；作图平面改为 T；Veiw/Norm：V。单击"Do it"（执行）。选取修剪后要保留的部分在图中 3 处单击两下。

④ 倒圆角面，3D，I（图层：2，选"All off"（全关），选"OK"，隐藏线框模型）。

Create→Surface→Fillet→Surf/surf（绘图→曲面→倒圆角面→曲面/曲面）。

选取第一组曲面，按"Done"（执行），选取第二组曲面，按"Done"（执行）。

输入倒圆角半径值 1，回车。

选项设定：Check norms（法向确认）：Cycle（循环）确认外侧面法向应向里，顶面法向应朝下；Trim（修剪）：Y。单击"Do it"（执行），生成倒圆角面（见图 7.68）。

⑤ F，I（镜像显示器后罩的下半部分）Xform→Mirror→All→Surface（转换→镜像→所有的→曲面）。

按"Done"（执行），接受曲面定义，在镜像菜单选择镜像轴"X axis"（X 轴），弹出镜像选择栏，选"Copy"（复制），按"OK"。镜像产生下半部。

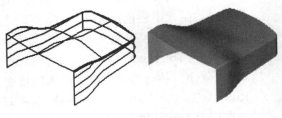

图 7.68　侧面与顶面的倒圆角面

⑥ 保存图形 Fill→Save（文件→保存）：在 File name（文件名）的文本输入框输入"显示器罩壳"。单击"Save"按钮。

8 实体建模

8.1 概述

实体是一个封闭的实心物体,可以很方便地实现线架加曲面某些难以实现的功能,如布尔加减、倒圆角等。Mastercam 提供了强大的实体造型功能,不仅可方便地创建圆柱体、圆锥体、立方体、圆环体和球体等,还提供了挤压、旋转、举升、倒角、薄壁、牵引、剪切和运算等创建实体模型的方法。但实体造型也有它难以解决的问题,就是构建雕塑性的复杂表面,如人体面部等。这就有赖于结合实体和曲面的造型特点,灵活地将其优点结合起来,如利用曲面去切割实体以得到需要的表面。

选择主菜单中的 Solid 命令,或单击工具栏中的固定按钮,主菜单区将会显示 Solids 子菜单,如图 8.1 所示。Mastercam 所有创建和编辑实体的命令都包含在 Solids 子菜单中。

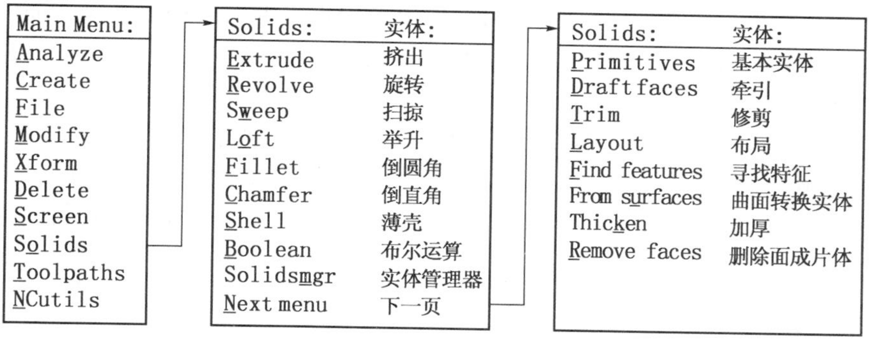

Main Menu:	Solids:	实体:	Solids:	实体:
Analyze	Extrude	挤出	Primitives	基本实体
Create	Revolve	旋转	Draft faces	牵引
File	Sweep	扫掠	Trim	修剪
Modify	Loft	举升	Layout	布局
Xform	Fillet	倒圆角	Find features	寻找特征
Delete	Chamfer	倒直角	From surfaces	曲面转换实体
Screen	Shell	薄壳	Thicken	加厚
Solids	Boolean	布尔运算	Remove faces	删除面成片体
Toolpaths	Solidsmgr	实体管理器		
NCutils	Next menu	下一页		

图 8.1 Solids 子菜单

8.1.1 创建实体的基本方法

可以使用如下的基本步骤创建需要的实体三维模型。

(1)创建基本实体:可以按照毛坯的尺寸构建出一个基本实体,该实体可以定义一个较大的尺寸。

一个基本操作常常是在实体管理器的管理下作出,并且可以使用实体管理器对其参数做修改。

使用 Primitives 子菜单中的命令创建圆柱体、圆锥体、立方体、圆环体和球体等基本实体。

使用 Extrude、Revolve、Sweep 或 Loft 等基本的曲面造型方法构建基本实体。

使用 From surfaces 命令创建曲面生成实体。

使用 Converters 命令导入其他类型的图形实体文件。

(2)对基本实体进行修改:可以运用布尔加减、曲面/曲线分割实体、基本的编辑和修改功能对基本实体作变形处理以得到符合图样要求的零件。

编辑实体有以下几种方法：

① 在一个基本实体上进行倒圆角等光顺处理。

② 在一个基本实体上作剪切或拉伸操作。

③ 对实体进行取壳、挖孔操作。

④ 对实体进行布尔运算。

⑤ 对实体切割去除一些材料或浮雕添加一些材料。

（3）实体管理：实体管理器中列出了当前文件中创建的实体的所有操作，用户可以观察三维实体的创建记录，也可以通过它编辑实体特征的次序，修改实体特征的参数和图形。

实体造型的过程不是一个固定不变的流程，在实际的创建过程中有时会被打乱，如创建好实体某一特征后，需要先使用实体管理器进行一些修改，再进行其他实体特征的创建。

8.2　挤出实体

挤出实体（Extrude）的创建同挤出曲面的创建相似。创建挤出实体是将一个或多个曲线串连按指定的方向和距离进行挤出以生成实体，还可以将生成的实体作为工具实体与选取的其他目标实体进行布尔求和或布尔求差运算。

在一次挤压操作中可选取多个曲线串连，但每个串连中的图素都必须是共面的。当选取的串连为封闭串连时，创建的实体可以为实心实体或壳体；当选取的串连中有开放串连时，则只能生成壳体。

在主菜单区依次选择 Solids→Extrude 命令后，再在绘图区选取一个或多个挤压串连，选择"Done"命令确定后，绘图区中的各选取串连上会显示一些箭头指示挤压方向，并在主菜单区显示如图 8.2 所示的 Extrusion Direction 子菜单，利用该子菜单可以设置创建挤压实体时的挤压方向。效果可参考图 8.3 所示。

Extrusion Direction:	挤出方向:
Normal	右手定则
Normal One	默认方向
ConstZ	构图面 Z 轴
Line	任意线
Two Points	任意两点
Reverse It	反向
Reverse One	单个反向
Done	执行

图 8.2　Extrusion Direction 子菜单

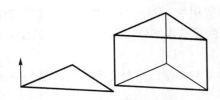

图 8.3　创建挤压实体

Extrusion Direction 子菜单中各命令功能和设置方法如下：

（1）Normal（右手定则）：按串连外形的方向使用右手（螺旋）定则确定挤出方向。

（2）Normal One（默认方向）：选择该命令，则以选取的某一曲线串连的默认挤压方向为所有的曲线串连的挤压方向。

（3）Const Z（构图面 Z 轴）：按照当前构图平面的深度 Z 轴的正方向作为挤出方向。

（4）Line(任意线)：在绘图区选取一条直线，以选取直线的矢量方向作为挤压方向。

（5）Two Points(任意两点)：在绘图区选取两点，以该两点连线方向作为挤出方向。

（6）Reverse It(反向)：当前设置的所有曲线串连的方向反向。

（7）Reverse One(单个反向)：在绘图区选取某一曲线串连，将该曲线串连的挤压方向反向。

通过 Extrusion Direction 子菜单设置好挤压方向后，选择 Done 命令确定，系统会弹出如图 8.4 所示的"Extrude Chain"对话框，用于设置创建挤出实体的有关参数。

"Extrude Chain"对话框包括"Extrude"（挤出）和"Thin Wall"（薄壁）两个选项卡，下面将分别进行介绍。

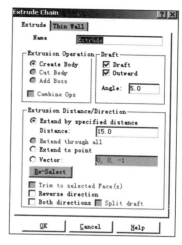

图 8.4　"Extrude Chain"对话框

8.2.1　挤出选项卡

挤出选项卡(Extrude)中各选项含义如下：

（1）Name(实体名)：用于设置创建的挤出实体的名称。

（2）Extrude Operation（挤出操作）：该选项组用于设置挤出操作的模式，有 Create Body、Cut Body 和 Add Boss 三个选项，其中 Cut Body 和 Add Boss 只有在绘图区中还有其他实体时才可见。

① Create Body(产生主体)：选择该单选按钮，则创建一个挤出实体。图 8.5(b)所示为选择该单选按钮后挤压图 8.5(a)中所示正六边形串连创建的挤出实体结果。

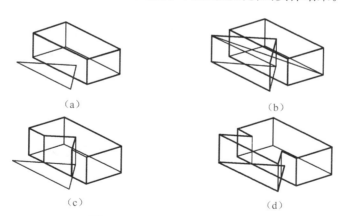

（a）　　　　　　　　　　　　　　（b）

（c）　　　　　　　　　　　　　　（d）

图 8.5　挤出操作的模式示意图

② Cut Body(切除材料)：选择该项，则将创建的挤出实体作为工具实体与选取的其他目标实体进行求差布尔运算。图 8.5(c)所示为选择该单选按钮后挤压图 8.5(a)中所示正六边形串连创建的挤出实体结果。

③ Add Boss(增加材料)：选择该单选按钮，则将创建的挤出实体作为工具实体与选取的其他目标实体进行求和布尔运算。图 8.5(d)所示为选择该单选按钮后挤出图 8.5(a)中所示

正六边形串连创建的挤出实体结果。

（3）Draft（起模角的设定）选项组：用于设置在挤出时是否倾斜指定角度。选中该选项组中的"Draft"复选框，即可进行倾斜挤出，并使用"Outward"复选框设置挤出方向（选中该框则为向外倾斜挤出，否则为向内倾斜挤出），在 Angle 文本框中设置倾斜角度。

图 8.6(b)所示为同时选中"Draft"复选框和"Outward"复选框，并设置 Angle 文本框为20°时的挤出正方形结果。图 8.6(c)所示为只选中"Draft"复选框，设置 Angle 文本框为 20°时向内挤压出正方形的结果。

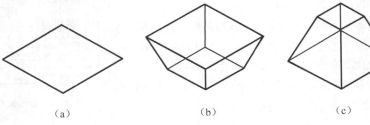

（a）　　　　　　　（b）　　　　　　　（c）

图 8.6　挤出角度示意图

（4）Extrusion Distance/Direction（挤出的距离/方向）选项组：用于设置挤压距离和方向。

① Extend by specified distance（依指定的距离延伸）：选择该单选按钮，则可在Distance文本框中输入挤出距离进行固定距离挤出。

② Extend through all（全部贯穿）：只有选择 Extrusion Operation 选项组中的"Cut Body"单选按钮时才有效。选择该单选按钮，则沿挤出方向穿透选取的被切割实体。

③ Extend to point（延伸至指定点）：选择该单选按钮，则沿挤出方向挤出至选取点。

④ Vector（用矢量的形式定义挤出的方向和距离）。

⑤ Re－Select（重新选取）：重新定义挤出的方向。

⑥ Trim to selected Face(s)（修整至选取的面）：在一个目标实体上修剪已挤出的实体或者剪切至一个已选的面上。只有选择了 Extrusion Operation 栏中的"Cut Body"和"Add Boss"单选按钮时方有效。选中该复选框，则挤出至选取的其他实体的一个指定面。

⑦ Reverse direction（更改方向）：挤出方向与已设置的挤出方向相反。

⑧ Both directions（两边同时延伸）。

⑨ Split draft（对称起模角）复选框：在设置挤出方向的正反两个方向都进行挤出时，若选中"Split draft"复选框，则正反两个方向的挤出倾斜角度方向相同，如图8.7(a)所示。反之则方向相反，如图 8.7(b)所示。

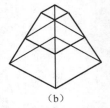

（a）　　　　　（b）

图 8.7　挤出方向示意图

8.2.2　薄壁选项卡

单击"Extrude Chain"对话框中的薄壁选项卡（Thin Wall）标签，将会打开如图 8.8 所示的"Thin Wall"选项卡，用于设置生成壳体的有关参数。

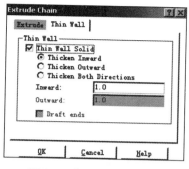

图 8.8 "Thin Wall"选项

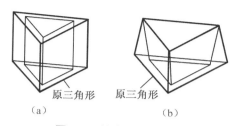

图 8.9 挤出壳体示意图

选择"Thin Wall Solid"复选框,则表示创建的挤出实体为壳体,并可在下面的选项中设置壳体的参数:

① Thicken Inward(厚度向内):实体壁向内加厚。

② Thicken Outward(厚度朝外):实体壁向外加厚。

③ Thicken Both Directions(内外同时产生薄壁):内外两个方向加厚。

④ Draft ends(开放轮廓两端同时产生起模角):可以对内壁使用起模角。选中该复选框,则串连端点连线挤出生成的面按设置的参数倾斜,否则串连端点连线挤出生成的曲面不会倾斜。

图 8.9(a)所示为选择"Thicken Inward"单选按钮,将 Inward 值设置为 2 时创建的挤压实体结果。

图 8.9(b)所示为选中选择"Extrude"选项卡中"Draft"复选框并将角度设置为 6,"Thicken Inward"选项卡中 Inward 值设置也为 6,选中"Draft ends"复选框时创建的挤出实体结果。

图 8.10 所示开放轮廓两端不产生起模角和同时产生起模角的示意图。

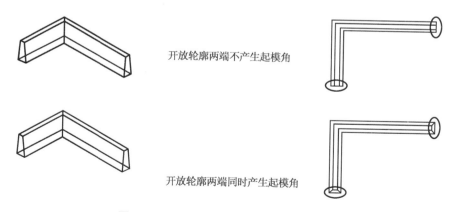

开放轮廓两端不产生起模角

开放轮廓两端同时产生起模角

图 8.10 开放轮廓两端之产生起模角情况

【例 8.1】 绘制如图 8.11 所示的挤出实体。

首先以串连方式选择外轮廓曲线,注意此轮廓一定要封闭。

然后再选择中心的圆。

选择"Done"之后,会出现挤出实体的挤出方向,外轮廓与中心圆的挤出方向要一致。挤出实体的挤出方向与截面选择的串联方向有关,逆时针选择串连截面的挤出方向为正方向,顺时针选择串连截面的挤出方向为负方向,可以选择"Reverse It"命令来更改挤出方向。

再选择"Done"之后,系统会弹出"Extrude Chain"对话框,设定挤出距离为20,选择执行。

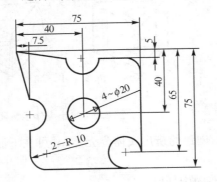

图 8.11　挤出实体示例 1

【例 8.2】　绘制如图 8.12 所示的挤出薄壳实体。

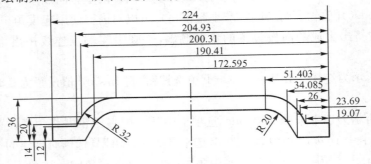

图 8.12　挤出实体示例 2

首先以串连方式选择外轮廓曲线。

选择 Done 之后,系统会弹出"Extrude Chain"对话框,设定挤出距离值为20,正反两方向挤出实体。在此对话框中使用"Thin wall"选项设置挤出薄壳实体厚度值为2。

然后,选择"Done"执行,生成薄壳实体,如图8.13所示。

图 8.13　薄壳实体

8.3　旋转实体

旋转实体(Revolve)是指把二维平面曲线链绕着轴线以指定的角度进行旋转的实体造型。即可通过旋转构建主体,也可产生凸缘或切割实体。当选取的曲线串连为封闭串连时,可以生成实心实体或壳体。所选取的串连中有开放串连时,可生成壳体。

在主菜单中依次选择 Solids→Revolve 命令后,先选取曲线串连,再选择"Done"命令确定。然后选取旋转轴,确定后主菜单区会显示如图 8.14 所示的 Revolve 子菜单,其中"Axis(Line)"

Revolve:	旋转实体:
Axis(line)	选择轴线
Reverse	反向
Done	执行

图 8.14　建立旋转实体

命令用于重新选取旋转轴;"Reverse"命令用于将旋转方向反向。

选择 Revolve 子菜单中的"Done"命令确定旋转轴和旋转方向后,系统会弹出如图 8.15 所示的"Revolve Chain"对话框,该对话框包括"Revolve"和"Tine Wall"两个选项卡。

"Revolve"选项卡中的大部分选项同前面介绍的"Extrude Chain"对话框中的对应选项相似,主要包括 Start angle(旋转实体的起始角)、End angle(旋转实体的终止角)、Re-Select(重新指定旋转轴及旋转方向)和 Reverse(旋转方向相反)。

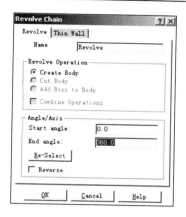

图 8.15 "Revolve Chain"对话框

图 8.16(b)所示的旋转实体为选取图 8.16(a)中的曲线 L1 作为旋转串连,选取 A1 作为旋转轴,采用 0°~360°角度设置创建的旋转实体。图 8.16(c)所示的旋转实体起始角与终止角为 0°~300°。

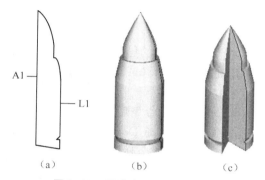

(a)　　　　　　　(b)　　　　　　　(c)

图 8.16 子弹头旋转实体绘制

"Thin Wall"选项卡,其中各选项同前面介绍的"Extrude Chain"对话框"Thin Wall"选项卡的对应选项相似,在此不再重述。

【例 8.3】 绘制如图 8.17 所示的小葫芦旋转实体。

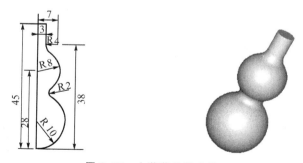

图 8.17 小葫芦旋转实体

在生成旋转实体时,该小葫芦的外轮廓截面要封闭,以高度值为 45 的中心线为旋转轴。

【例 8.4】 绘制如图 8.18 所示的花瓶旋转薄壳实体。

在生成旋转实体时,该花瓶的外轮廓截面不能封闭,且不能选择中心轴线 P1。

首先,选择轮廓截面线(不包括中心轴线 P1),按"Done"执行。

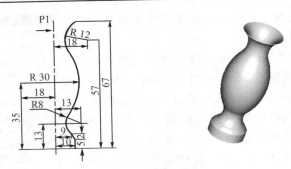

图 8.18　花瓶旋转薄壳实体

然后,选择 P1 为旋转轴,按"Done"执行。

此时,系统会弹出"Revolve Chain"对话框,该对话框包括"Revolve"和"Thin Wall"两个选项卡。在"Thin Wall"选项卡中设置旋转薄壳实体厚度为 0.5,厚度生长方向为向内。

8.4　扫掠实体

扫掠实体(Sweep)是将曲线串连沿选取的导引轨迹平移或旋转而创建的实体。在扫掠操作时,选取的曲线串连沿导引轨迹进行平移或旋转,并保持与导引轨迹的角度不变。

在主菜单中依次选择 Solids→Sweep 命令后,先在绘图区选取一个或多个曲线串连,选择 Done 命令确定。再选取导引轨迹,确定后系统就会弹出如图 8.19 所示的"Sweep Chain"对话框,在"Sweep Operation"选项组中选择扫掠操作的模型后,选择"OK"按钮确定,即可完成扫掠实体的创建。如果选用"Cut Body"和"Add Boss"模式,则还需在绘图区选取其他的实体。

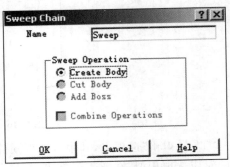

图 8.19　"Sweep Chain"对话框

图 8.20(b)所示扫掠实体为选取图 8.20(a)中所示的 J1 作为扫掠串连,选取 Chain1 作为导引轨迹时设置创建的扫掠实体。

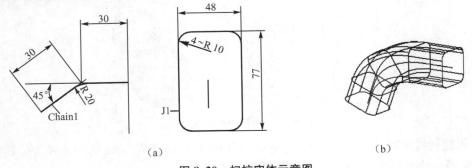

图 8.20　扫掠实体示意图

【例 8.5】　绘制如图 8.21 所示的扫掠实体。

首先选择 J1 作为扫掠串连,选取 Chain1 作为导引轨迹,创建扫掠实体。

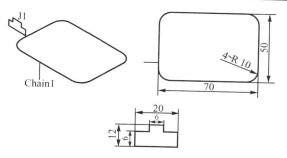

图 8.21 扫掠实体示例

注意:扫掠截面线要在同一个平面上,否则无法生成扫掠实体。

8.5 举升实体

举升实体(Loft)是将两个或多个曲线串连按选取的熔接方式进行熔接创建的实体。在举升操作时,选取的曲线串连必须是封闭且共面的,但各截面间可以不平行。

在主菜单中依次选择 Solids→Loft 命令后,在绘图区选取两个或多个封闭串连,再选择"Done"命令确定,系统会弹出如图 8.22 所示的"Loft Chain"对话框。

"Loft Chain"对话框中"Create as Ruled"复选框可以设置创建举升实体时的熔接方式。选中该复选框,则采用线形熔接方式创建举升实体,效果可参考图 8.23(c)所示;若未选中该复选框,则采用光滑的参数化熔接方式创建举升实体,效果可参考图 8.23(b)所示。

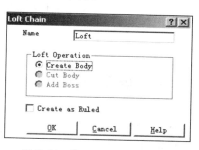

图 8.22 "Loft Chain"对话框

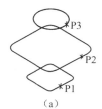
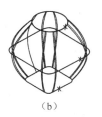

（a） （b） （c）

图 8.23 创建举升实体

"Loft Chain"对话框中的其他选项同前面介绍的相似,选择"OK"按钮确定后即可完成举升实体的创建。

在选取举升串连时应注意同创建举升曲面选取曲线串连时同样的问题。选取的举升串连的各起点要对齐且串连的方向应该一致,否则创建的举升实体将可能被扭曲。图 8.23(a)中 P1、P2、P3 点可通过曲线打断的方式获得。

图 8.23(b)所示为依次在图 8.23(a)中 P1、P2、P3 点处选取 3 个串连并保证串连方向一致,且未选中

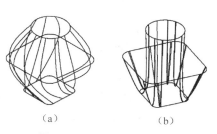

（a） （b）

图 8.24 扭曲的举升实体

"Loft Chain"对话框中"Create as Ruled"复选框时创建的举升实体。

图 8.23(c)所示为选中"Loft Chain"对话框中"Create as Ruled"复选框时创建的举升实体。

注意:①选取的所有串连的起始点都应对齐,否则生成的曲面将为扭曲曲面。效果可参考图 8.24(a)所示。②根据串连的选取次序的不同,所生成的曲面也将不同。效果可参考图 8.24(b)所示。

【例 8.6】 绘制如图 8.25 所示的举升实体。

该举升实体的各轮廓截面线的起点和方向要一致。

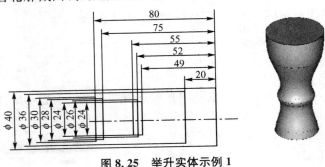

图 8.25　举升实体示例 1

8.6　基本实体

基本实体(Primitives)是系统内部定义好的由参数进行驱动的实体。用户不需定义实体的外形曲线链,只需定义基本实体的参数,就可以确定实体的形状、大小和位置等。依次选择主菜单中的 Solid→Next menu→Primitive 命令,主菜单区将会显示出 Primitive 子菜单。选择 Primitive 子菜单中的命令,并设置相应的参数便可方便地创建出所需的基本实体。

该基本实体的建立类似于曲面造型中的基本曲面的建立,可参阅前面的相应内容。

【例 8.7】 创建如图 8.26 所示的实体。

圆锥体的底部半径值为 20、顶部半径值为 10、球体半径值为 15。使用"Axis"命令控制圆锥体、圆柱体和球体的放置方向,可以选择默认值为 Z 方向。使用"Base point"命令控制实体的放置位置。此位置为圆锥体和圆柱体的底部中心线的放置位置,为球体的球心位置。

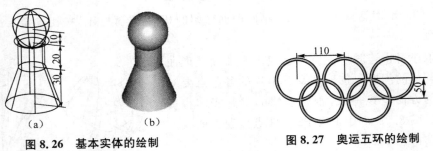

　　　(a)　　　　　　　(b)

图 8.26　基本实体的绘制　　　　　　图 8.27　奥运五环的绘制

【例 8.8】 创建如图 8.27 所示的环形实体。

圆环截面中心线半径值为 50。圆环截面圆半径值为 3。使用"Axis"命令控制环形实体的放置方向。

8.7　实体倒圆角

实体倒圆角（Fillet）是在实体的边缘通过圆弧曲面光滑熔接，是一种边的熔接方式。

选择主菜单区 Solid 子菜单中的"Fillet"命令后，主菜单区会显示如图 8.28 所示的 Pick Solid Entity 子菜单，用于选取需倒圆角的实体边、面或整个实体。

Pick Solid Entity 子菜单中的各命令含义如表 8.1 所示。

Pick Solid Entity:	选实体图素:
From Back　　N	从背面　　否
Edges　　　　Y	边界　　　是
Faces　　　　Y	面　　　　是
Solids　　　 Y	主体　　　是
Verify　　　 N	验证　　　否
Last	选上一次
Done	执行

图 8.28　Pick Solid 子菜单

表 8.1　点取实体图素菜单说明

项　目	说　明
From Back（从背面）	设置为 Y 时，可以选取实体背面；设置为 N 时，则只能选取当前视角可见的实体表面
Edges（边界）	设置为 Y 时，可以选取实体的边界；设置为 N 时，则不能选取实体的边接
Faces（面）	设置为 Y 时，可以选取实体的表面；设置为 N 时，则不能选取实体的表面
Solids（实体）	设置为 Y 时，可以选取整个实体；设置为 N 时，则不能选取整个实体
Verify（验证）	设置为 Y 时，系统将自动检查选取的边或面周围的边和面
Last（选上一次）	选取上一次选取的但未进行倒圆角的边或面

通过 Pick Solid Entity 子菜单选取倒圆角的边后，选择"Done"命令确定，系统会弹出如图 8.29 所示的"Fillet Parameters"对话框。

"Fillet Parameters"对话框中各选项含义如下：

（1）Constant Radius（固定半径）：倒圆角半径固定不变。

（2）Variable Radius（变半径）：倒圆角时采用变化的圆角半径。选择"Linear"单选按钮，圆角半径沿边线线性变化；选择"Smooth"单选按钮，圆角半径沿边线平滑变化。

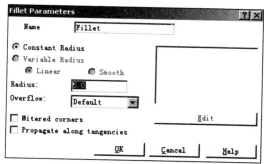

图 8.29　"Fillet Parameters"对话框

（3）Overflow（溢出方式）：决定如何处理当倒圆角半径大到超出原来与边沿相连的两个面进入第三个面（即溢出面）的情形。有 Default（系统默认）、Maintain Edges（维持熔接）和 Maintain Blend（维持边界）三种方式。系统默认是指系统根据情况自动确定，维持熔接是指尽可能在溢出区使倒圆角和溢出面间保持倒圆角面或原来的相切条件，维持边界是指尽可能在溢出区保持面的边沿不变。可在该下拉列表中选择倒圆角面溢出边所在面时的溢出方式。效果可参考图 8.30。

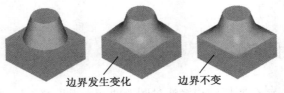

图 8.30　溢出方式示意图

（4）Mitered corners（角落斜接）：此选项仅用于固定半径倒圆角，确定当三个或三个以上的边沿交于一点时，将每个倒圆角曲面延长求交。若未选中该项，则生成一个光滑的圆角面，如图 8.31（a）所示。选中该项，则生成对各边分别倒圆角的结果，效果可参考图 8.31（b）。

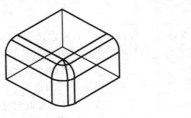
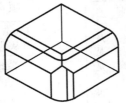

（a）NO Mitered corners　　　　　　　　　（b）Mitered corners

图 8.31　角落斜接示意图

（5）Propagate along tangencies（沿边线边界延伸）：选中该复选框，则系统将自动选取与选取边相切的其他边同时进行倒圆角，否则只对选取边进行倒圆角。如图 8.32 所示为选和不选该复选框时对图中的 L1 进行倒圆角后的不同结果。

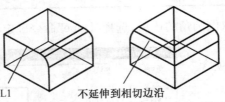

L1　　　　　不延伸到相切边沿　　　　延伸到相切边沿

图 8.32　相切边倒角示意图

（6）Edit（变半径倒圆角编辑）：该按钮用于变半径倒圆角时，编辑圆角半径的变化。单击该按钮后，系统会返回绘图区，并在主菜单区显示 Fillet Edit 子菜单，如图 8.33（a）所示。

Fillet Edit：	编辑实体变化圆角：
Insert dyn	动态插入
Insert mid	两点中间
Modify pos	更改位置
Modify rad	更改半径
Remove	删除
Cycle	循环变更
Done	完成

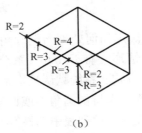
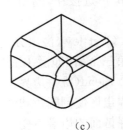

（a）　　　　　　　　　　　（b）　　　　　　　　　　　（c）

图 8.33　变半径倒角

该菜单中的命令的含义与设置方法如下：

Insert dyn：用于插入半径点。选择该命令后，再选取实体边，系统显示出圆角中心曲线，系统将会显示一个箭头表示半径点的插入位置，用户可以移动光标来选取要改变半径的位置，然后单击鼠标左键确定插入位置，再指定该点处的倒圆角半径值即可完成变半径的设置。

Insert mid：在选取变半径点的中间再插入一个变半径点。选择该命令后，再选取两个相邻的变半径点，系统即在该两点的中间位置按指定的半径值再插入一个变半径点。

Modify：该命令用于重新指定变半径点处的半径值。

Remove：该命令用于删除选取的变半径点，但不能删除边的端点。

Cycle：该命令可依次改变高亮显示的各半径点的半径值。

设置好"Fillet Parameters"对话框中的各参数后，单击"OK"按钮即可按设置的参数完成倒圆角操作。如图 8.33(b)所示，设置 5 个半径点和不同的半径值，倒圆角结果如图 8.33(c)所示。

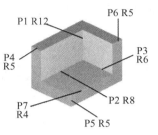

图 8.34　实体倒圆角示例一

【例 8.9】　对如图 8.34 所示的实体进行倒圆角。R 为倒圆角半径。

操作步骤如下：

（1）利用 Solids→Fillet 命令，选择图 8.34 所示实体边 P1 进行倒圆角（倒圆角顺序应从大到小，选择实体边 P1 前，设置 Solids 参数为"N"，Faces 参数为"N"，Edges 参数为"Y"，即只有实体边可以被选上），结果如图 8.35(a)所示。

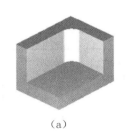 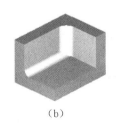

（a）　　　　　（b）

图 8.35　实体倒圆角示例二

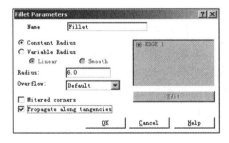

图 8.36　实体倒圆角参数复选框

（2）选择实体边 P2 进行倒圆角，结果如图 8.35(b)所示。

（3）选择实体边 P3 进行倒圆角。倒圆角时选择如图 8.36 所示的圆角设定参数复选框"Propagate along tangencies"，使其与所选边相切的实体边也倒圆角，结果如图 8.37(a)所示。否则，如未选择此复选框，圆角在交接处会产生棱边，如图 8.37(b)所示。

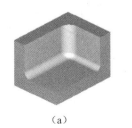  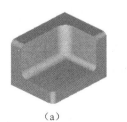 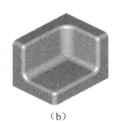

（a）　　　　　（b）　　　　　　　（a）　　　　　（b）

图 8.37　实体倒圆角示例三　　　　图 8.38　实体倒圆角示例四

（4）选择实体边 P4～P6 进行倒圆角，结果如图 8.38(a)所示。

（5）选择实体边 P7 进行倒圆角，结果如图 8.38(b)所示。倒圆角时选择圆角设定参数复选框"Propagate along tangencies"，使其与所选边相切的实体边也倒圆角。

【例 8.10】 对如图 8.39 所示的实体倒圆角。

操作步骤如下：

（1）利用 Solids→Fillet 命令，设置 Solids 参数为"N"，Faces 参数为"Y"，Edges 参数为"N"，即只有实体面可以被选上。

（2）再选择如图 8.39(a)所示的实体面 P1 进行倒圆角。此时，实体面 P1 上的所有边均一次性被倒圆角，省却了逐一选择要倒圆角的各条边。此方法对于一个面上有多条边要倒圆角的情况特别有效（倒圆角半径要一致）。结果如图 8.39(b)所示。

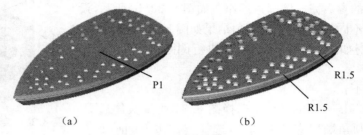

图 8.39 实体倒圆角示例五

8.8 实体倒直角

实体倒直角(Chamfer)是对实体边沿倒棱角。

选择主菜单区 Solid 子菜单中的"Chamfer"命令后，主菜单会显示如图 8.40 所示的 Chamfer 子菜单，该子菜单提供了三种设置倒角距离的方法：1 Distance(单一距离)、2 Distances(不同距离)和 Dist/Ang (距离/角度)。下面将分别进行介绍：

（1）1 Distance(单一距离法)：该方法参数设置如图 8.41 所示。

"Dist ance"文本框：用于指定倒棱角边距选取边的距离。

Chamfer:	实体倒直角:
1 Distance	单一距离
2 Distances	不同距离
Dist/Ang	距离/角度

图 8.40 Chamfer 子菜单

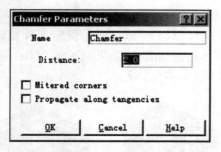

图 8.41 "Chamfer Parameters"对话框

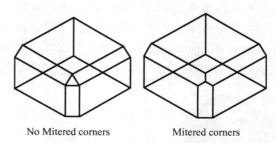

图 8.42 角点倒角示意图

"Mitered corners"复选框：用于设置对交于一个角点的三条或三条以上边进行倒直角时角点处的结果。效果可参考图 8.42 所示。

"Propagate along tangencies"复选框：功能同倒圆角时弹出的"Fillet Parameters"对话框

中的该选项。

（2）2 Distances(不同距离法)：该方法在对边沿倒角时，需选择一个参考面，即与所选边沿相邻的两个面之一。

在选取了实体边后，会显示如图 8.43 所示的 Pick Reference Face 子菜单并高亮显示一个默认参考面，可选择该菜单中的"Other"命令选择其他与选取倒直角边相邻的另一面作为参考面。选择"Done"命令确定后，系统会弹出如图 8.44 所示的"Chamfer Parameters"对话框。

图 8.43　Pick Reference Face 子菜单

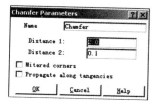

图 8.44　"Chamfer Parameters"对话框

"Chamfer Parameters"对话框中的各选项说明如下：

"Distance 1"文本框：用于指定参考面上的交线距选取边的距离。

"Distance 2"文本框：用于指定另一面上的交线距选取边的距离。

设定好后单击"OK"按钮确定，即可按设置进行倒直角。

图 8.45(a)所示为设置 Distance 1 为 6，Distance 2 为 8 时倒直角的结果；图 8.45(b)所示为设置 Distance 1 为 10，Distance 2 为 5 时倒直角的结果。

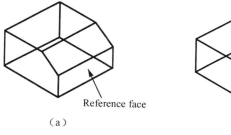

图 8.45　不同距离法倒直角

（3）Dist/Ang(距离/角度法)：该方法设置与不同距离法类同，如图 8.46 所示。

"Distance"文本框：用于指定参考面上的交线距选取边的距离。

"Angle"文本框：用于指定倒直角面与参考面的夹角。

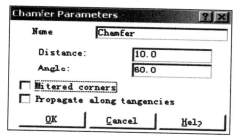

图 8.46　"Chamfer Parameters"对话框

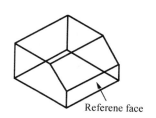

图 8.47　距离/角度法倒直角

如图 8.47 所示为设置 Distance 为 8，Angle 为 45°时倒直角的结果。

8.9　实体布尔运算

布尔(Boolean)运算的作用是将多个实体相加成一个实体或者是从一个实体中减除另一个实体,还可以是两个实体求其交集。

选择主菜单区 Solid 子菜单中的 Boolean 命令后,主菜单区将会显示如图 8.48 所示的 Boolean 子菜单,该子菜单提供了三种布尔运算的方式:Add(求和运算)、Remove(求差运算)和 Common(求交布尔运算)。

下面将通过对图 8.49 所示的两实体进行布尔运算来说明这三种布尔运算的功能与操作方法。

Boolean:	布尔运算:
Add	求和
Remove	求差
Common	求交

图 8.48　Boolean 子菜单

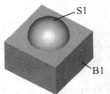

图 8.49　布尔实体运算

1) 实体求和

在进行布尔求和(Add)运算时,首先要选取目标实体,接着选取一个或多个工具实体。实体求和是将工具实体的材料加入到目标实体中,创建一个新实体。创建的新实体属性与目标实体一致。

操作步骤如下:

(1) 在主菜单区依次选择 Solids→Boolean→Add 命令。

(2) 先选取目标实体 B1,再选取工具实体 S1。最后选择 Done 命令确定。如图8.50(a)所示。

(3) 系统自动进行布尔运算,若计算结果为分离的实体,则布尔运算失败。若计算结果为相连的实体,则生成求和后的新实体并删除原来选取的目标实体和工具实体。求和结果如图 8.50(b)所示。

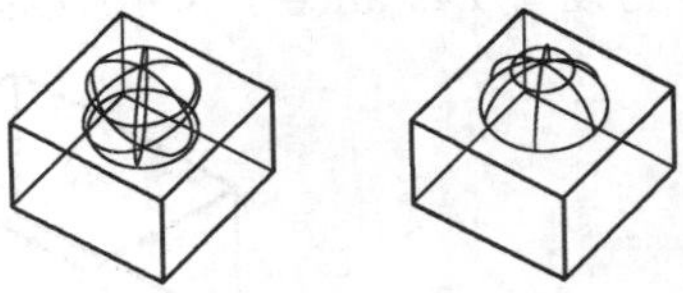

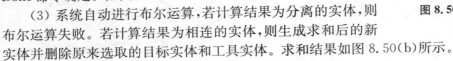

(a)　　　　　　　(b)

图 8.50　实体求和

2) 实体求差

实体求差(Remove)是在目标实体中减去与工具实体公共部分的材料后,创建一个新实体。

先选取目标实体 B1,再选取工具实体 S1。求差结果如图 8.51(a)所示。

注意:如先选取 S1 作为目标实体,再选取 B1 作为工具实体,则求差后的结果如图8.51(b)所示。

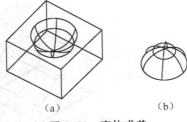

(a)　　　　　　　(b)

图 8.51　实体求差

图 8.52　实体求交

3) 实体求交

实体求交(Common)创建的新实体为目标实体和工具实体的公共部分材料的和,其属性与目标实体一致。

先选取目标实体 B1,再选取工具实体 S1,求交结果如图 8.52 所示。

8.10 实体薄壳

实体薄壳(Shell)功能可以挖除选取实体内部的部分材料,按设定的壁厚和方向创建一个壳体。

选择主菜单中 Solids 子菜单中的"Shell"命令后,主菜单区会显示 Pick Solid Entity 子菜单,利用该子菜单选取实体的一个面(壳体的开口面)或整个实体后,系统会弹出如图 8.53 所示的"Shell Solid"对话框。

图 8.53 "Shell Solid"对话框

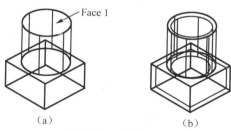

图 8.54 实体取壳

"Shell Solid"对话框中的各选项说明如下:

Shell Direction(薄壳方向):用于设置取壳方向。选择"Inward"单选按钮,则为向内取壳;选择"Outward"单选按钮,则为向外取壳;选择"Both"单选按钮,则向内外两个方向同时取壳。

Shell Thickness(薄壳厚度):用于设置壳体厚度。

设置好各参数后,单击"OK"按钮即可按设定的参数完成实体取壳。

如图 8.54(b)所示为对图 8.54(a)中所示实体进行取壳后(选取实体的上表面 Face1 作为材料的出口面)创建的壳体。

8.11 牵引实体面

牵引实体面(Draft faces)是指对实体表面进行拔模,多用于模具模型的创建中。它将实体的一个或多个面牵引至新位置而生成新的实体。牵引实体面时,将选取的实体面绕某旋转轴按设定的方向和角度进行旋转来生成一个新的面,并以该面修剪或延伸其他实体面而创建一个新的实体。

选择主菜单中 Solids 子菜单中的"Draft faces"命令后,主菜单区会显示 Pick Solid Entity 子菜单,利用该子菜单选取一个实体面,选择"Done"命令确定,系统会弹出如图 8.55 所示的"Draft Face Parameters"对话框。

"Draft Face Parameters"对话框中的 Draft Angle 文本框用于设置牵引角度,"Propagate along tangencies"复选框功能同前面介绍的一样,不再赘述。下面介绍该对

图 8.55 "Draft Face Parameters"对话框

话框中四种定义牵引面的方法。

（1）Draft to Face（牵引至实体面）：通过实体面来定义牵引的变形，与参考面相交处的几何尺寸保持不变。

如图 8.56 所示，四个侧面为所需牵引的面，选取顶面为牵引到的实体表面，则实体牵引后（牵引角度为 5°），实体上表面（参考面）的几何尺寸没有变化。

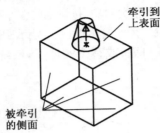

图 8.56　牵引实体

（2）Draft to Plane（牵引至指定的平面）：选择该方法，主菜单区会显示 Define Plane 子菜单，利用该子菜单定义一个面作为参考面，牵引面的旋转轴为参考面与牵引面的交线（或延伸交线），旋转方向为沿参考面法线方向偏移指定角度方向，与参考面相交处的几何尺寸保持不变。

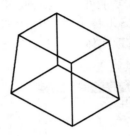

图 8.57　牵引实体面

如图 8.57 所示的牵引实体为按图中注释选取牵引面（可同时选取多个牵引面）和定义参考面时创建的新实体（牵引角度为 5°），可看到立方体的上表面的几何尺寸发生了变化，而 Z＝5 平面的几何尺寸没有发生变化。

（3）Draft to Edge（牵引至指定的边界）：选择该方法，则在绘图区先选取牵引面的一条边界作为旋转轴，再选取用于改变相切的平面作为参考面来定义旋转方向，与边界相交处的几何尺寸保持不变。

图 8.58 所示的牵引实体为按图中注释选取牵引面和边界时创建的新实体（牵引角度为 10°），可看到边界处的几何尺寸没有发生变化。

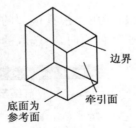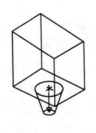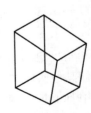

图 8.58　牵引实体边

（4）Draft Extrude（牵引挤出）：该方法只有当在牵引面为挤压实体的侧面时才有效。选择该方法，则旋转轴为挤压生成牵引面的曲线，参考面为原串连面，牵引方向由原来创建挤压实体的方向确定。

图 8.59 所示的牵引实体是选取挤压切割生成的圆柱面作为牵引面，牵引角度设置为±8°

时创建的新实体。因为创建挤压切割圆柱体时候挤压方向向上,所以牵引时系统自动以该挤压方向作为牵引方向。

图 8.59 牵引挤压实体的实体面

8.12 修剪实体

修剪实体(Trim)功能可定义为一个剪切面对选取的一个或多个实体进行修剪而生成的新的实体。剪切面可以为平面、曲面或薄片实体。

在主菜单区依次选取 Solids→Next menu→Trim 命令后,在绘图区选取要进行剪切操作的一个或多个实体,选取"Done"命令确定,主菜单区会显示如图 8.60 所示的 Trim Solids 子菜单。

下面分别介绍 Trim Solids 子菜单中的各个命令。

(1) Plane:选择该项后,可以定义一个平面为剪切面。

例如,选择"Surface"命令后,主菜单区会显示 Define Plane 子菜单,选择其中的"Line"命令,如图 8.61(a)所示。再选取图 8.61(b)中所示的直线 Line 1,实体上会出现一个平面和箭头指示所定义的平面及要保留的实体方向,效果可参考图 8.61(c)所示。选择 Trim Solids 子菜单中的"Done"

Trim Solids:	修剪实体
Plane	平面修剪
Surface	曲面修剪
Sheet	片体修剪
Flip	反向
Keep All N	保留所有的
Name	名称
Done	执行

图 8.60 修剪实体

Define Plane:	定义平面
Z=const	XY 平面
Y=const	ZX 平面
X=const	YZ 平面
Line	直线定面
C-plane	作图平面
3 points	三点定面
Entity	图素定面
Normal	法线面

(a)

Line 1

(b)

(c)

(d)

(e)

(f)

图 8.61 平面修剪实体

命令确定即可创建出如图 8.61(d)所示的实体。

　　如果选择了 Trim Solids 子菜单中的"Flip"命令将箭头方向反向,效果可参考图 8.61(e)所示,创建的实体如图 8.61(f)所示。

　　(2) Surface:选择该命令后,可以选取一个曲面作为剪切面。

　　例如,选择该"Surface"命令后,再选取图 8.62(a)中所示的曲面 Face1,选择 Trim Solids 子菜单中的"Done"命令确定即可创建出如图 8.62(b)所示的实体。

　　如果选择了 Trim Solids 子菜单中的"Flip"命令将箭头方向反向,则创建的实体如图 8.62(c)所示。

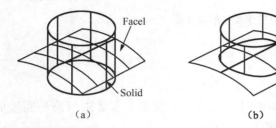

　　　(a)　　　　　　　　　　　(b)　　　　　　　　　　　(c)

图 8.62　曲面修剪实体

　　(3) Sheet:选择该命令后,可以选取一个薄片实体作为剪切面。

　　(4) Flip:当定义剪切面后,剪切面上会出现一个箭头指示实体要保留的部分。选择该命令可改变箭头的方向,选择要保留的部分。

　　(5) Keep All:该项设置为 Y 时,系统将被剪切掉的部分作为一个新的实体保留;设置为 N 时,则删除被剪切掉的部分。上面创建的实体都是将该项设置为 N 时的结果。

　　设置好 Trim Solids 子菜单中的各命令后,选择"Done"命令即可按设置的参数完成实体修剪。

8.13　曲面转换为实体

　　曲面转换为实体(From Surfaces)可将一个或多个曲面转换为实体。

　　在进行曲面转换为实体操作时,如果选取的曲面为封闭曲面,则生成封闭实体;如果选取的曲面为未封闭的曲面,则生成薄片实体。

　　在主菜单区依次选择 Solids→Next menu→From Surfaces 命令后,系统会弹出如图8.63所示的对话框。对话框中各选项含义如下:

图 8.63　曲面转换成实体对话框

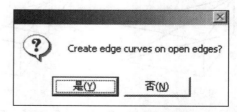

图 8.64　是否要创建边界曲线对话框

（1）Use all visible surfaces（对所有可见曲面有效）：选中该复选框，可将绘图区所有可见的曲面都转换为实体。

（2）Edge tolerance（边界误差）：设置转换操作后生成的实体与原曲面的边界误差。误差值越小，生成的实体外形越接近原曲面。

（3）Original Surface（原曲面的处理方式）：有保留、空白和删除三种处理方式。

（4）Solid level（实体放置的图层）：曲面转换成实体后放置在第几层。

设置好曲面转换成实体对话框中的各选项后，单击"OK"按钮。若选中了"Use all visible surfaces"复选框，则将绘图区所有曲面都转换为实体。若未选中"Use all visible surfaces"复选框，则在绘图区选取需转换为实体的曲面。选取曲面确定后，系统会弹出如图 8.64 所示的提示对话框，提示是否要创建边界曲线。单击"是（Y）"按钮，则在转换为实体的同时生成边界曲线，并会弹出"Color"对话框，可设置生成的边界曲线的颜色；单击"否（N）"按钮，则不生成边界曲线。

如图 8.65（b）所示为选取图 8.65（a）所示的封闭立方体和圆环曲面 T，将圆环曲面转换为实体的结果。将曲面转换为实体后，可对它们进行布尔运算等操作创建某些特殊形状的实体，如将图 8.65（b）中的两实体进行求差布尔运算后的结果如图 8.65（c）所示。

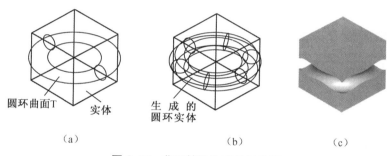

圆环曲面T　实体　　　生成的圆环实体

（a）　　　　　　　　　　（b）　　　　　（c）

图 8.65　曲面转换为实体示意图

8.14　薄片实体加厚

薄片实体加厚（Thicken）功能可将选取的薄片实体按设置的方向增加设定的厚度转换生成封闭实体。

在主菜单区依次选择 Solids→Next menu→Thicken 命令后，在绘图区选取要进行加厚操作的薄片实体，系统会弹出如图 8.66 所示的薄片实体加厚对话框。

薄片实体加厚对话框中的各选项说明如下：

"Thickness"文本框：用于设置加厚后生成的壳体的厚度。

"Direction"选项组：用于设置加厚方向。选择"One side"单选按钮，则沿指定方向加厚；选择"Both sides"单选按钮，则在薄片实体的内外两个方向都加厚。

设置好薄片实体加厚对话框中的各项后，单击"OK"

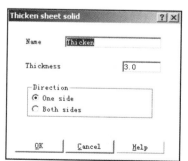

图 8.66　"Thicken sheet solid"对话框

按钮。若选择的"Both sides"单选按钮,则可按设置的参数将薄片实体转换为封闭实体;若选择的是"One sides"单选按钮,薄片实体上会显示一个箭头指示加厚方向,并在主菜单区显示 Sheet thickening direction 子菜单,选择其中的 Flip 命令可将加厚方向反向。选择"OK"命令确定加厚方向后即可将选取的薄片实体转换为封闭实体。

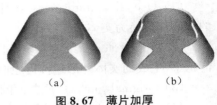

图 8.67　薄片加厚

　　如图 8.67(b)所示的壳体为选取图 8.67(a)中所示的薄片实体在单方向加厚 3 后生成的结果。

8.15　删除面生成薄片实体

　　删除面生成薄片实体(Remove faces)功能可以删除选取实体的一个或多个面而生成一个薄片实体。所选的实体可以为封闭实体,也可以为薄片实体。

　　在主菜单区依次选择 Solids→Next menu→Remove faces 命令后,先选取实体,再选取要删除的实体面,选择"Done"命令确定,系统就会弹出如图 8.68 所示的"Remove faces from a solid"对话框。

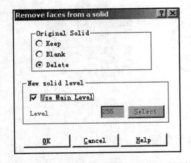

图 8.68　删除面生成薄片实体对话框

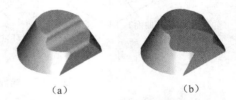

图 8.69　删除面生成薄片实体

　　删除面生成薄片实体对话框"Original Solid"选项组用于设置转换操作后原实体的处理方式;"New solid level"选项组用于设置转换后生成的薄片实体的图层。

　　设定好对话框后,单击"OK"按钮,系统会弹出如图 8.64 所示相同的提示对话框,提示是否创建边界曲线。确定后,系统即可将选取的实体转换为薄片实体。

　　如图 8.69(b)所示为删除图 8.69(a)中所示实体上表面并产生边界曲线所生成的薄片实体。

8.16　实体管理器

　　实体管理员(Solids Manager)用于管理实体。它可以修改实体的参数,使实体的位置和大小按需要改变。还以目录树的形式记录实体装配修改过程,便于用户对下一步骤进行修改。

　　选择主菜单中的 Solids 子菜单中的"Solids Mgr"命令,会弹出如图 8.70 所示的"Solids Manager"对话框即实体管理器(Solids Mgr)。实体管理器的操作列表中列出了当前文件实体造型的每个操作,但从其他文件所导入的实体模型没有操作历史记录。

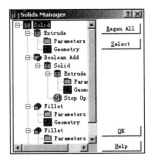

图 8.70　实体管理器

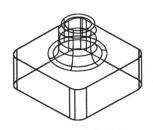

图 8.71　实体模型

图 8.70 所示的对话框为创建图 8.71 所示的实体模型时所生成的实体管理器内容。可以看到,实体管理器以树状结构列出了实体造型时的所有操作。当操作名前有⊞时,可以用鼠标双击该实体或操作名来打开其操作夹。

选择某操作名并单击右键,会弹出右键快捷菜单,如图 8.72 所示。选择不同的操作时,快捷菜单中的内容也不同。其中:

Rename:选择该命令可以对选取的实体或实体操作重新命名。

Duplicate Solid:选择该命令可以对选取的实体进行复制。

Regen Solid:当实体的参数或图形被编辑修改后,实体前的图标将变为 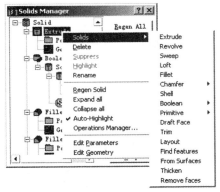 ,选择该命令,系统将按编辑后的参数重生实体。

Auto - Highlight:选择该命令,当在实体管理器中选择某实体或实体操作时,系统将在绘图区自动高亮显示该实体或实体操作。

图 8.72　快捷菜单

下面介绍利用实体管理器和快捷菜单进行实体查看和编辑的一些常用操作。

1) 删除操作

在实体管理器列表中选取某实体或某实体操作后单击右键,在弹出的快捷菜单中选择"Delete"命令,如图 8.73(a)所示。或者单击键盘上的<Delete>键即可删除该实体或实体操

(a)

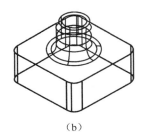

(b)

图 8.73　删除操作

作,但不能删除基础实体和工具实体。

　　在删除某实体操作后,该实体前的图标将显示 ▨ 标志,表示该实体已经进行过编辑,单击实体管理器中的"Regen All"按钮或选择快捷菜单中的"Regen All"命令即可重生该实体。

　　图 8.73(b)所示的实体为删除倒圆角操作后,并重生后的实体结果。

　　2)隐藏操作

　　在实体管理器列表中选取某实体或某实体操作后单击右键,选择弹出的快捷菜单中的"Suppress"命令即可将该实体或实体操作隐藏,如图 8.74(a)所示。再次选取"Suppress"命令可以重新恢复该操作。

　　如果其他的操作与被隐藏的操作有关联的话,系统也会自动将其一起隐藏。但无法隐藏基本操作。当操作被隐藏后,将无法对其参数、图形或用于该操作的运算进行编辑。

　　图 8.74(b)所示的实体为隐藏圆柱面上倒圆角操作后的结果。

　　3)编辑操作参数

　　如果某操作名前有 ▤ 图标,则表示该操作包含可以编辑的参数。双击该图表或选择快捷菜单中的"Edit Parameter"命令,系统会返回

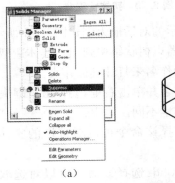
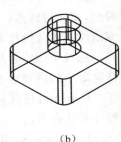

（a）　　　　　　　（b）

图 8.74　隐藏操作

设置该操作参数的对话框或子菜单,如图 8.75(a)所示,从而可以重新设置该操作的有关参数。

　　图 8.75(b)所示的实体即为对圆柱体的高度进行重新设置后,并重生后的结果。

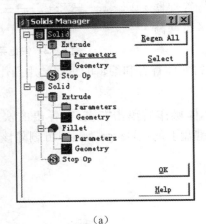
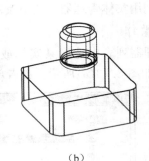

（a）　　　　　　　　　　　（b）

图 8.75　编辑操作参数

　　4)编辑操作图形

　　如果某操作名前有 ▨ 图标,则表示该操作包含可以编辑的图形。双击该图表或选择快捷菜单中的"Edit Geometry"命令,系统会返回编辑图形位置,从而可以重新编辑该图形。

　　对于不同的操作,系统返回的位置不同。对于挤压、旋转、扫掠和举升操作,系统返回到如图 8.76(a)所示的"Solid Chain Manger"对话框,可以通过在该对话框空白处单击鼠标右键弹

出右键菜单来进行添加串连、删除串连、重选串连和重新选取所有串连等操作。

图8.76(b)所示的实体为在正五方体底面添加圆形挤压串连,并重生后的结果。

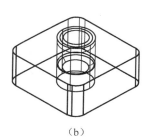

（a）   （b）

图 8.76   编辑操作图形

对于倒圆角、倒直角、取壳、牵引实体面和修剪操作,系统将返回绘图区,并在主菜单区显示 Pick Solid Entity 子菜单,可以选取新的图形对象或取消对已选取对象的选择。

5）改变结束标注的位置

在实体管理器的所有操作列表后,都有一个结束标志 ⑤ 。我们可以将结束标志拖至该实体操作列表中允许的位置来隐藏后面的操作。

如图8.77所示为将圆柱体的结束标志拖至倒圆角操作之前,并重生后的结果。

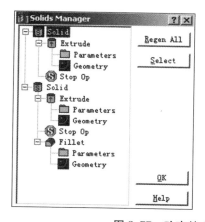

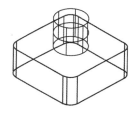

图 8.77   改变结束标注位置

8.17   寻找实体特征

Mastercam 的寻找实体特征(Find features)功能可寻找指定的特征(如倒角、孔洞等),并在实体管理器中添加这部分操作,也可用于删除导入实体中的指定特征。

由于导入操作创建的实体,布尔减、交集运算创建的分离实体及修剪操作中被剪切部分实体等,在实体管理器中没有任何历史记录,我们将这些在实体管理器中没有任何历史记录的实

体称为导入实体。而寻找实体特征功能可找到这些实体并将
其操作添加到实体管理器的历史记录中,以便于查看与修改。

　　在主菜单区依次选择 Solids→Next menu→Find features
命令,再在绘图区选取一个或多个导入实体后,系统会弹出如
图 8.78 所示的"Find Features"对话框,其中各选项功能与设
置方法如下:

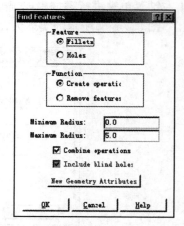

图 8.78　Find Features

　　(1) Feature:用于设置要寻找的实体特征类型。选择
"Fillets"单选按钮,则寻找倒圆角特征;选择"Holes"单选按
钮,则寻找孔特征。

　　(2) Function:用于设置寻找实体特征操作的方式。选择
"Create operation"单选按钮,则创建新的倒圆角操作或孔特
征挤压切割操作;选择"Remove Features"单选按钮,则删除
寻找出的实体特征。

　　(3) Minimum Radius 与 Maximum Radius:这两个文本框用于指定寻找特征的最小半径
和最大半径。

　　(4) Combine operations:选中该复选框,则将寻找到的多个倒圆角操作(或孔特征挤压切
割操作)作为一个倒圆角操作(或挤压操作)。若未选中该项,则将每个寻找到的特征单独创建
一个操作。

　　(5) Include blind holes:用于设置在寻找孔特征时是否包含盲孔。

　　(6) New Geometry Attributes:用于在创建挤压切割操作时,设置新建挤压串连的属性。

9 实体建模操作实例

9.1 万向头

利用挤出实体、旋转实体和实体倒圆角等功能绘制万向头模型,效果可参考图 9.1。

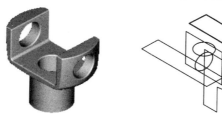

图 9.1　万向头模型效果图与轮廓截面线

1) 通过旋转/挤出实体功能建立基本实体

(1) 根据如图 9.2 所示的万向头轮廓截面线的尺寸画图。画图要选择相应的作图平面和视角,并分别放在 1~5 层,以便于实体的创建。轮廓截面线的具体绘制不再详述。

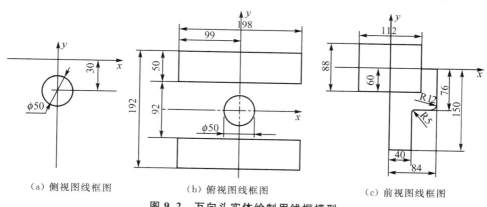

(a) 侧视图线框图　　　　(b) 俯视图线框图　　　　(c) 前视图线框图

图 9.2　万向头实体绘制用线框模型

(2) 选择子菜单中的"Level"命令,系统会弹出图层设定对话框 Number 栏内输入"6",关闭第 2~5 层,单击"OK"按钮。单击顶部工具栏中的屏幕刷新按钮 🔍,刷新视图。选择"MAIN MENU"命令返回主菜单。

(3) 选择"Solids→Revolve"命令,绘制旋转实体。

命令行提示选择旋转截面,选择如图 9.3 所示直线 P1、P2(与其连接的图素会被选上)。选择"Done"命令。命令行提示选择旋转轴,选择如图 9.3 所示直线 P2。

选择"Done"命令。在弹出的旋转实体参数设定对话框中,输入如图9.4所示参数,单击"OK"按钮。

单击顶部工具栏中的实体着色按钮 ⬤,在弹出的实体着色参数设定对话框中,勾选

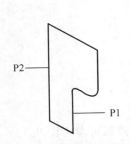

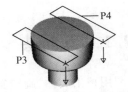

图 9.3　旋转实体截面选择　　　图 9.4　旋转实体参数设定　　　图 9.5　挤出实体截面选择

（4）选择子菜单中的"Level"命令，系统会弹出图层设定对话框，关闭第 1 层，打开第 2 层，单击"OK"按钮。单击顶部工具栏中的屏幕刷新按钮 🔲，刷新视图。

（5）选择"Extrude"命令，绘制挤出实体。

选择如图 9.5 所示圆 P3、P4（与其连接的图素会被选上，选择时使箭头方向为逆时针方向，方向不对时，可以选择"Reverse It"命令来改变方向）。

选择"Done"命令（出现一向下的箭头，表示向下方拉伸实体，方向不对时，选择"Reverse It"命令来改变实体拉伸方）。选择"Done"命令，在弹出的实体拉伸对话框中，输入如图 9.6 所示参数，单击"OK"按钮。结果如图 9.7 所示。

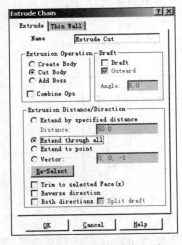

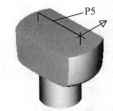

图 9.6　挤出实体参数设定　　　图 9.7　实体挤出切除　　　图 9.8　挤出实体截面选择

（6）选择子菜单中的"Level"命令，系统会弹出图层设定对话框，关闭第 2 层，打开第 3 层，单击"OK"按钮。单击顶部工具栏中的屏幕刷新按钮 🔲，刷新视图。

（7）选择"Extrude"命令，绘制挤出实体。

选择如图 9.8 所示圆 P5（与其连接的图素会被选上，选择时使箭头方向为逆时针方向，方向不对时，可以选择"Reverse It"命令来改变方向）。

选择"Done"命令（出现一向前的箭头，表示向前方拉伸实体，方向不对时，选择"Reverse It"命令来改变实体拉伸方）。

选择"Done"命令,在弹出的实体拉伸对话框中,输入如图 9.9 所示参数,单击"OK"按钮。结果如图 9.10 所示。

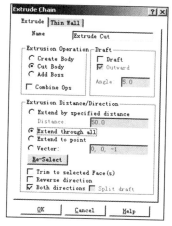
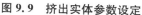

图 9.9　挤出实体参数设定

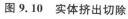

图 9.10　实体挤出切除

图 9.11　挤出实体截面选择

(8) 选择子菜单中的"Level"命令,系统会弹出图层设定对话框,关闭第 3 层,打开第 4 层,单击"OK"按钮。单击顶部工具栏中的屏幕刷新按钮 ,刷新视图。

(9) 选择"Extrude"命令,绘制挤出实体。

选择如图 9.11 所示圆 P6(选择时使箭头方向为顺时针方向)。

选择"Done"命令(出现一向下的箭头,表示向下拉伸实体,方向不对时,选择"Reverse It"命令来改变实体拉伸方向)。

选择"Done"命令,在弹出的实体拉伸对话框中,输入如图 9.12 所示参数,单击"OK"按钮。结果如图 9.13 所示。

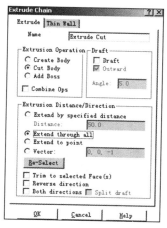

图 9.12　挤出实体参数设定

图 9.13　实体挤出切除

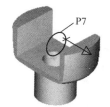

图 9.14　挤出实体截面选择

(10) 选择子菜单中的"Level"命令,系统会弹出图层设定对话框,关闭第 4 层,打开第 5 层,单击"OK"按钮。单击顶部工具栏中的屏幕刷新按钮 ,刷新视图。

(11) 选择"Extrude"命令,绘制挤出实体。

选择如图 9.14 所示圆 P7(选择时使箭头方向为顺时针方向)。

选择"Done"命令(出现一向右的箭头,表示向右拉伸实体,方向不对时,选择"Reverse It"命令来改变实体拉伸方向)。

选择"Done"命令,在弹出的实体拉伸对话框中,输入如图 9.15 所示参数,单击"OK"按钮。结果如图 9.16 所示。

2)实体倒圆角

(1)选择子菜单中的"Level"命令,系统会弹出图层设定对话框,关闭第 5 层,单击"OK"按钮。单击顶部工具栏中的屏幕刷新按钮 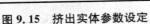,刷新视图。

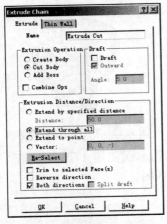

图 9.15　挤出实体参数设定

图 9.16　实体挤出切除

图 9.17　倒圆角实体边选择

(2)选择"Fillet"命令,进行实体倒圆角。

选择"Solids"命令,设置其参数为"N"。选择"Faces"命令,设置其参数为"N"。选择"Edges"命令,设置其参数为"Y"。选择如图 9.17 所示实体边 P8。单击顶部工具栏中的动态旋转视图按钮,旋转图形使其方便选择实体边,选择对称的另一实体边。

选择"Done"命令,在弹出的实体圆角参数设定对话框中,输入如图 9.18 所示参数,单击"OK"按钮。单击顶部工具栏中的等角视图按钮,结果如图 9.19 所示。

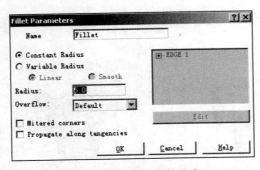

图 9.18　倒圆角参数设定

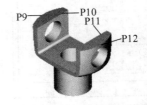

图 9.19　倒圆角实体边选择

(3)选择"Fillet"命令,进行实体倒圆角。

选择如图 9.19 所示实体边 P9~P12。选择"Done"命令,在弹出的实体圆角参数设定对话框中,输入如图 9.20 所示参数,单击"OK"按钮。结果如图 9.21 所示。

(4)选择"Fillet"命令,进行实体倒圆角。

选择如图 9.21 所示实体边 P13～P19。选择 Done 命令,在弹出的实体圆角参数设定对话框中,输入如图 9.20 所示参数,单击"OK"按钮。结果如图 9.1 所示。

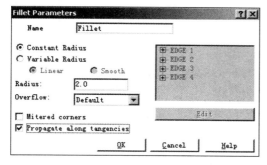

图 9.20　倒圆角参数设定

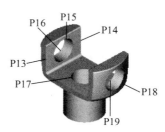

图 9.21　倒圆角实体边选择

9.2　充电器支座

利用挤出实体、旋转实体、实体抽壳和实体倒圆角等功能绘制充电器支座模型,效果可参考图 9.22。

1)通过挤出/旋转实体功能建立基本实体

(1)充电器支座数据如图 9.23(a)、(b)所示。在相应的视图下绘制各曲线,并保存在1～5层。

(2)选择子菜单中的"Level"命令,系统会弹出图层设定对话框,在 Number 栏内输入"6",关闭第 2～5 层,单击"OK"按钮。

图 9.22　充电器支座模型

单击顶部工具栏中的屏幕刷新按钮 ,刷新视图。选择"MAIN MENU"命令返回主菜单。

(3)选择 Solids→Extrude 命令,绘制挤出实体。

选择如图 9.24 所示圆弧 P1(与其连接的图素会被选上,选择时使箭头方向为逆时针方向,方向不对时,可以选择"Reverse"命令来改变方向)。

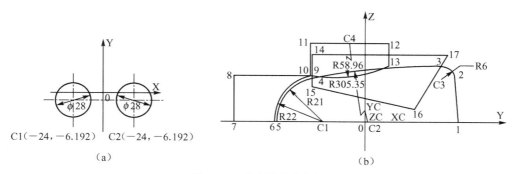

(a)

(b)

图 9.23　充电器支座数据

其中各点尺寸为:1(41.58, 0);2(40, 20.5);3(34, 26);4(−22.96, 20.57);5(−40, 0);6(−41, 0);7(−59.38, 0);8(−59.38, 21.55);9(−23.15, 21.55);10(−24.82, 21.68);11(−24.82, 36.58);12(10.25, 36.58);13(0.25, 25.87);14(−24.2, 31.3);15(−24.2, 16.24);16(22, 6.1);17(36.6, 31.3);C1(−19, 0);C2(34.6, −279.3);C3(34, 20);C4(−13.95, 79.6)

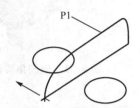

图 9.24　挤出实体截面选择

图 9.25　挤出实体参数设定

选择"Done"命令(出现一向右的箭头,表示往右侧挤出实体,方向不对时,选择"Reverse It"命令来改变实体挤出方向)。选择"Done"命令,在弹出的实体挤出对话框中,输入如图 9.25 所示参数,单击"OK"按钮。结果如图 9.26 所示。

(4) 选择 Extrude 命令,绘制挤出实体。

选择如图 9.26 所示圆 P2、P3(选择时使箭头方向均为逆时针方向)。选择"Done"命令(出现一向上的箭头,表示往上方挤出实体,方向不对时选择"Reverse It"命令来改变实体挤出方向)。

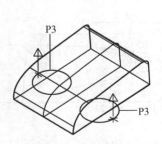

图 9.26　挤出实体截面选择

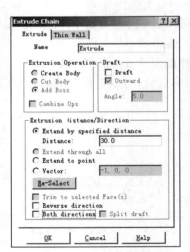

图 9.27　挤出实体参数设定

选择"Done"命令,在弹出的实体挤出对话框中,输入如图 9.27 所示参数,单击"OK"按钮。单击顶部工具栏中的实体着色按钮●,在弹出的实体着色参数设定对话框中,勾选"Shading active"选项,单击"OK"按钮,结果如图 9.28 所示。

图 9.28　挤出实体效果图

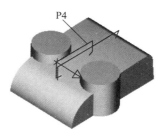

9.29　挤出实体截面选择

（5）选择子菜单中的"Level"命令，系统会弹出图层设定对话框，关闭第 1 层，打开第 2 层，单击"OK"按钮。单击顶部工具栏中的屏幕刷新按钮 🔍，刷新视图。

（6）选择"Extrude"命令，绘制挤出实体。

选择如图 9.29 所示直线 P4（与其连接的图素会被选上，选择时使箭头方向为逆时针方向，方向不对时，可以选择"Reverse It"命令来改变方向）。

选择"Done"命令（出现一向右的箭头，表示往右侧挤出实体，方向不对时，选择"Reverse It"命令来改变实体挤出方向）。

选择"Done"命令，在弹出的实体挤出对话框中，输入如图 9.30 所示参数，单击"OK"按钮。结果如图 9.31 所示。

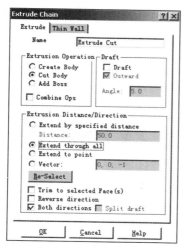

图 9.30　挤出实体参数设定

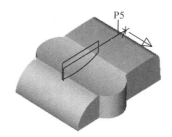

9.31　挤出实体截面选择

（7）选择"Extrude"命令，绘制挤出实体。

选择如图 9.31 所示直线 P5（与其连接的图素会被选上，选择时使箭头方向为逆时针方向，方向不对时，可以选择"Reverse It"命令来改变方向）。选择"Done"命令（出现一向右的箭头，表示往右侧挤出实体，方向不对时，选择"Reverse It"命令来改变实体挤出方向）。

选择"Done"命令，在弹出的实体挤出对话框中，选择 Add Boss，挤出距离为 26，两方向挤出。单击"OK"按钮。结果如图 9.32 所示。

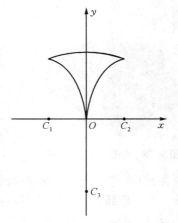

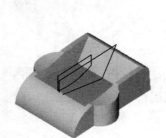

图 9.32　挤出实体截面选择

C1(−24,0)　C2(24,0)　C3(0,−35)
　R24　　　　R24　　　　R50

图 9.33　局部前视图

（8）选择子菜单中的"Level"命令，系统会弹出图层设定对话框，关闭第 2 层，打开第 3 层。在前视图中按以下坐标绘制如图 9.33 所示的曲线。在等角视图中围绕圆 C1 和 C2 的交点逆时针旋转 35°。

（9）选择"Extrude"命令，绘制挤出实体。

选择如图 9.34 所示曲线 P6（与其连接的图素会被选上，选择时使箭头方向为逆时针方向，方向不对时，可以选择"Reverse It"命令来改变方向）。选择"Done"命令（出现一向右的箭头，表示往右侧挤出实体，方向不对时，选择"Reverse It"命令改变实体挤出方向）。

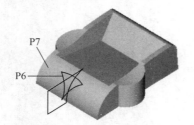

图 9.34　挤出实体截面选择

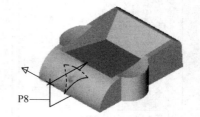

图 9.35　挤出实体截面选择

选择"Done"命令，在弹出的实体挤出对话框中，选择"Add Boss"选项，选择"Trim to selected Face(s)"选项，将要求用户选择一个实体面作为挤出实体的终止面，单击"OK"按钮。

系统提示选择挤出实体的终止面，选择如图 9.34 所示实体面 P7。选择"Done"命令，结果如图 9.35 所示。

（10）选择"Extrude"命令，绘制挤出实体。

选择如图 9.35 所示直线 P8（与其连接的图素会被选上，选择时使箭头方向为逆时针方向，方向不对时，可以选择"Reverse It"命令来改变方向）。

选择"Done"命令（出现一向右的箭头，表示往右侧挤出实体，方向不对时，选择"Reverse It"命令来改变实体挤出方向）。

选择"Done"命令，在弹出的实体挤出对话框中，选择"Cut Body"选项，选择"Extend through all"选项，选择"Both Directions"选项，单击"OK"按钮。结果如图 9.36 所示。

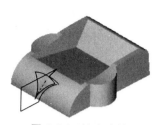

图 9.36 挤出实体

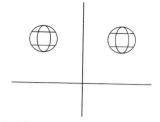

在空间生成两个实体小球:半径 R4;空间的球心坐标为:球心
(-11.18,-38.17,13.34)和球心(11.18,-38.17, 13.34)

图 9.37 局部前视图

(11) 在等角视图中按以下坐标绘制如图 9.37 所示的曲线。

选择子菜单中的"Level"命令,系统会弹出图层设定对话框,关闭第 3 层,打开第 4 层,单击"OK"按钮。单击顶部工具栏中的屏幕刷新按钮 🔍,刷新视图。

(12) 选择"Revolve"命令,绘制旋转实体。

命令行提示选择旋转截面,选择如图 9.38 所示圆弧 P9(与其连接的图素会被选上)。选择"Done"命令。命令行提示选择旋转轴,选择如图 9.38 所示直线 P10。

选择"Done"命令。在弹出的旋转实体参数设定对话框中,选择"Cut Body"选项,单击"OK"按钮。

用同样的方法,选择 P11 绘制另一旋转实体。结果如图 9.39 所示。

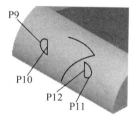

图 9.38 挤出实体截面选择

图 9.39 绘制旋转实体

2）实体倒圆角

(1) 选择子菜单中的"Level"命令,系统会弹出图层设定对话框,关闭第 4 层,单击"OK"按钮。单击顶部工具栏中的屏幕刷新按钮 🔍,刷新视图。

(2) 选择"Fillet"命令,进行实体倒圆角。

选择"Solids"命令,设置其参数为"N"。选择"Faces"命令,设置其参数为"N"。选择"Edges"命令,设置其参数为"Y"。选择如图 9.40(局部放大图)所示实体边 P13～P16。

选择"Done"命令,在弹出的实体圆角参数设定对话框中,输入如图 9.41 所示参数,单击"OK"按钮。结果如图 9.42 所示。

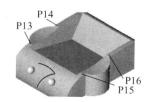

图 9.40 倒圆角实体边选择

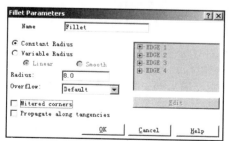

图 9.41 倒圆角参数设定

（3）选择"Fillet"命令，进行实体倒圆角。

选择如图 9.42（局部放大图）所示实体边 P17，单击顶部工具栏中的动态旋转视图按钮 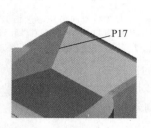，旋转图形使其方便选择实体边，选择另外三条相对的实体边。选择"Done"命令，在弹出的实体圆角参数设定对话框中，输入如图 9.41 所示参数，其中倒圆角半径值为 4。单击"OK"按钮。结果如图 9.43 所示。

图 9.42　倒圆角实体边选择

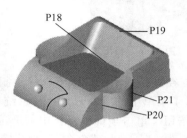

图 9.43　倒圆角实体边选择

（4）选择"Fillet"命令，进行实体倒圆角。

选择如图 9.43 所示实体边 P18、P19，按照图 9.44 的实体圆角参数设定对话框设定参数，单击"OK"按钮。结果如图 9.45 所示。

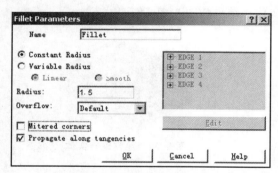

图 9.44　倒圆角参数设定

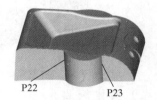

图 9.45　倒圆角实体边选择

（5）选择"Fillet"命令，进行实体倒圆角。

选择如图 9.45 所示实体边 P22～P23，按照图 9.44 的实体倒圆角参数设定对话框设定参数，其中倒圆角半径值为 4。单击"OK"按钮。结果如图 9.46 所示。

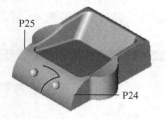

图 9.46　倒圆角实体边选择

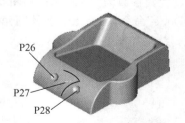

图 9.47　倒圆角实体边选择

（6）选择"Fillet"命令，进行实体倒圆角。

选择如图 9.46 所示实体边 P24、P25，按照图 9.44 的实体倒圆角参数设定对话框设定参数，其中倒圆角半径值为 1。单击"OK"按钮。结果如图 9.47 所示。

（7）选择"Fillet"命令，进行实体倒圆角。

选择 Solids 命令，设置其参数为 N。选择"Faces"命令，设置其参数为 Y。选择"Edges"命令，设置其参数为 N。

选择如图 9.47 所示实体边 P26～P28，按照图 9.44 的实体倒圆角参数设定对话框设定参数，其中倒圆角半径值为 0.5。单击"OK"按钮。结果如图 9.48 所示。

图 9.48 实体倒圆角

3）实体取壳

单击顶部工具栏中的动态旋转视图按钮，旋转图形使其底面朝上，如图 9.49 所示。

选择 Shell 命令。选择"Solids"命令，设置其参数为"N"。选择"Faces"命令，设置其参数为"Y"。选择如图 9.49 所示实体面 P29（用户把光标移到此表面时，会出现一小方框，单击鼠标左键即可）。

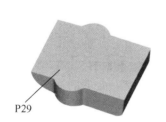

图 9.49 实体取壳选择

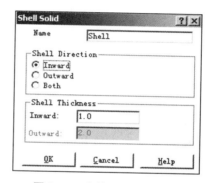

图 9.50 实体取壳参数设定

图 9.51 实体取壳

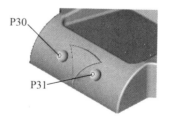

图 9.52 挤出实体截面选择

选择"Done"命令，在弹出的实体取壳参数设定对话框中，输入如图 9.50 所示参数，单击"OK"按钮。结果如图 9.51 所示。

4）通过挤出实体功能切除实体

（1）单击顶部工具栏中的等角视图按钮。单击顶部工具栏中的全视图按钮，回到全视图。选择子菜单中的"Level"命令，系统会弹出图层设定对话框，打开第 5 层，单击"OK"按钮。

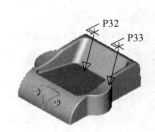

a$(-17,28,39)$；b$(-10,28,39)$；c$(-17,$ $25,41)$；d$(-10,25,41)$；e$(10,28,39)$；f $(17,28,41)$；g$(10,25,41)$；h$(17,25,41)$

图 9.53　挤出实体参数设定　　图 9.54　挤出实体截面选择　　图 9.55　挤出实体参数设定

（2）选择"Extrude"命令，绘制挤出实体。

选择如图 9.52 所示圆 P30、P31。选择"Done"命令（出现一向前的箭头，表示向前方挤出实体，方向不对时，选择"Reverse It"命令来改变实体挤出方向）。

选择"Done"命令，在弹出的实体挤出对话框中，输入如图 9.53 所示参数，单击"OK"按钮。结果如图 9.54 所示。

（3）选择"Extrude"命令，绘制挤出实体。

在作图平面为俯视图，Z40 构图面绘制如图 9.56 所示的两个矩形。

选择如图 9.55 所示矩形 P32、P33。选择"Done"命令（出现一向下的箭头，表示向下方挤出实体，方向不对时，选择 Reverse It 命令来改变实体挤出方向）。

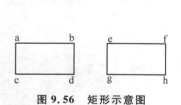

图 9.56　矩形示意图　　　　图 9.57　挤出实体

选择"Done"命令，在弹出的实体挤出对话框中，输入如图 9.53 所示参数，单击"OK"按钮。结果如图 9.56 所示。

（4）选择子菜单中的"Level"命令，系统弹出图层设定对话框，关闭第 5 层，单击"OK"按钮。结果如图 9.22 所示。

9.3　铆头

利用旋转实体、举升实体和实体倒圆角等功能绘制铆头模型，效果可参考图 9.58。

1）铆头头部基本线框模型绘制

选择子菜单中的"Level"命令，系统会弹出图层设定对话框，在 Number 栏内输入"1"，在 Name 文本输入框输入"线框模型"。单击"OK"按钮。作图平面设为俯视图 Top，图形视角也设为俯视图 Top。Z12。

图 9.58　铆头模型

（1）画 φ30 的圆，圆心（0，0）；φ2 的圆，圆心（52.6，0）。

（2）画 R60 和 R40 的切弧。

入口路径：Create→Arc→Tangent→2 entities（绘图→圆弧→切弧→两个图素）。

输入半径，选取一个图素，选取另一个图素。

修剪多余部分，入口路径：Modify→Trim（修整→修剪），修剪后如图 9.60 所示。

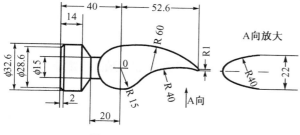

图 9.59　铆头头部数据

图 9.60　头部部分线框模型

（3）Z0，画一个封闭曲线。

Create→Line→Multi（绘图→直线→连续线）。

坐标点：（−10，0），（−40，0），（−40，−14.3），（−38，−16.3），（−26，−16.3），（−20，−7.5），（10，−7.5），（−10，0）。

（4）F，F，Z20，画一个辅助剪切实体的封闭截面轮廓线。

Create→Arc→Endpoints（绘图→圆弧→端点式）。

两点及半径数据如下：（26.6，0），（54，11），R40；（26.6，0），（54，−11），R40，两圆弧相交处倒圆角 R4，连接点（54，11）和点（54，−11）（见图 9.61）。

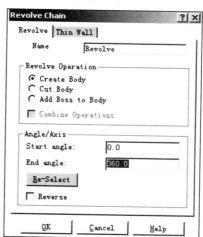

图 9.61　铆头头部线框模型

2）绘制铆头头部实体

（1）选择子菜单中的"Level"命令，系统会弹出图层设定对话框，在"Number"栏内输入"2"，在 Name 文本框中输入"实体模型 1"。

（2）选择 Solids→Revolve 命令，绘制旋转实体。

命令行提示选择旋转截面，选择如图 9.62 所示直线 P1（与其连接的图素会被选上）。选择"Done"命令。命令行提示选择旋转轴，选择如图 9.62 所示直线 P2。

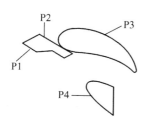

图 9.62　旋转实体截面选择

图 9.63　旋转实体参数设定

　　选择"Done"命令。在弹出的旋转实体参数设定对话框中,输入如图 9.63 所示参数,单击"OK"按钮。

　　(3) 选择"Extrude"命令,绘制挤出实体。

　　选择如图 9.62 所示圆弧 P3(与其连接的图素会被选上,选择时使箭头方向为逆时针方向,方向不对时,可以选择 Reverse It 命令来改变方向)。

　　选择"Done"命令(出现一向下的箭头,表示向下方拉伸实体,方向不对时,选择"Reverse It"命令来改变实体拉伸方向)。选择 Done 命令,在弹出的实体拉伸对话框中,输入如图 9.64 所示参数,单击"OK"按钮。结果如图 9.65 所示。

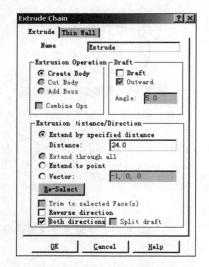

图 9.64　挤出实体参数设定　　　　图 9.65　挤出实体　　　　图 9.66　挤出实体参数设定

　　(4) 选择"Extrude"命令,绘制挤出切除实体。

　　选择如图 9.62 所示圆弧 P4(与其连接的图素会被选上,选择时使箭头方向为逆时针方向,方向不对时,可以选择"Reverse It"命令来改变方向)。

　　选择"Done"命令(出现一向右的箭头,表示向右方拉伸实体,方向不对时,选择"Reverse It"命令来改变实体拉伸方向)。

　　选择"Done"命令,在弹出的实体拉伸对话框中,输入如图 9.66 所示参数,单击"OK"按钮。此时,系统提示选择被切除的实体,选择实体 P5。结果如图 9.67 所示。

　　(5) 锤头头部的布尔运算。

　　选择"Boolean"命令,进行实体布尔运算。选择"Add"命令,进行实体求和。

　　命令行提示选择原物体,选择如图 9.67 所示的 P5(用户把光标移动到此实体时,会出现一小立方框,单击鼠标左键即可)。命令行提示选择要加入的物体,选择如图 9.67 所示的 P6。

　　(6) 绘制锤头头部的手柄孔。

　　F,I,Z0,画 ϕ8 圆,圆心(0,0)。

　　选择"Extrude"命令,绘制挤出切除实体。

　　选择 ϕ8 圆,选择"Done"命令(出现一向右的箭头,表示向右方拉伸实体,方向不对时,选择 Reverse It 命令来改变实体拉伸方向)。

　　选择"Done"命令,在弹出的实体拉伸对话框中,输入如图 9.68 所示参数,单击"OK"按钮。此时,系统提示选择被切除的实体,选择实体 P5。结果如图 9.69 所示。

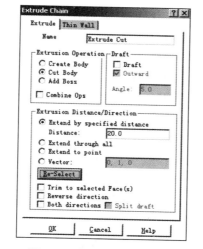

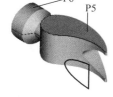

图 9.67 挤出实体

图 9.68 挤出实体参数设定

图 9.69 挤出实体

3) 绘制铆头手柄实体

(1) 选择子菜单中的"Level"命令,系统会弹出图层设定对话框,在"Number"栏内输入"3",关闭1~2层,在 Name 文本框中输入"实体模型2"。

F,I。用以下截面尺寸数据绘制手柄线框模型,作图平面为前视图中的数据。

表 9.1 手柄各截面数据 (mm)

Z	矩形两对角点		倒圆角半径	
	左下角	右上角	X轴正方向	X轴负方向
40	(−8,−4.5)	(8,4.5)	1.7	1.7
50	(−8.4,−4.9)	(8,4.9)	2.5	2
60	(−10.3,−6)	(9.3,6)	4.2	3
75	(−10.3,−6)	(9.3,6)	4	3
90	(−9.3,−6)	(9.3,6)	4	2.5
110	(−9.6,−6)	(9.8,6)	3.5	3
120	(−10.2,−6)	(9.8,6)	3.5	3
128	(−10,−6)	(9.6,6)	4	3.5

注:在 F 作图平面中,Z 向从 0 到 40 的截面为 φ8 的圆。

(2) 选择 Solids→Loft 命令,绘制举升实体。

选"Chain"(串连),一个一个选取图 9.70 所示的截面轮廓,保证起始位置一致(串连选取之前需先把侧面的直线从中点打断),串连方向一致。

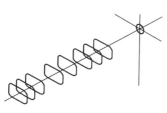

图 9.70 手柄截面轮廓

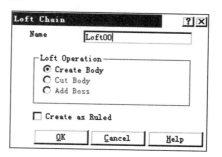

图 9.71 举升实体参数设置

按"Done",弹出 Loft Chain(举升串连)菜单,如图 9.71 所示。单击"OK"执行。

(3) 选择"Extrude"命令,绘制挤出切除实体。

选择 φ8 圆,选择"Done"命令(出现一向左的箭头,表示向左方向拉伸实体,方向不对时,选择"Reverse It"命令来改变实体拉伸方向)。

选择"Done"命令,在弹出的实体拉伸对话框中,选取 Create Body,Distance(产生实体距离)文本框输入 40,其他都不选取,单击"OK"按钮,产生拉伸实体。结果如图 9.72 所示。

(4) 选择"Fillet"命令,进行手柄实体端面倒圆角。

选择"Solids"命令,设置其参数为 N。选择"Faces"命令,设置其参数为 N。选择"Edges"命令,设置其参数为 Y。选择如图 9.72 所示实体边 P7。

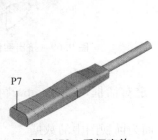

图 9.72　手柄实体

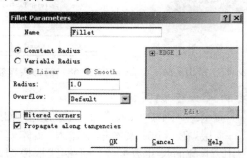

图 9.73　手柄实体倒圆角

选择"Done"命令,在弹出的实体圆角参数设定对话框中,输入如图 9.73 所示参数,单击"OK"按钮。结果如图 9.58 所示。

(5) 选择"Fillet"命令,进行锒头头部实体倒圆角。

选择子菜单中的"Level"命令,系统会弹出图层设定对话框,选取"All on"(全开),单击"OK"。锒头头部上、下面棱边倒圆角 R0.8,方法同手柄端面倒圆角。

手柄与头部合并后的锒头整体见图 9.58。

9.4　插卡机壳体

利用挤出实体、实体取壳和实体倒圆角等功能绘制插卡机壳体,效果可参考图 9.74 所示。

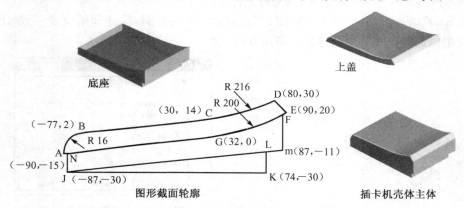

图 9.74　插卡机壳体

1）插卡机壳体基本线框模型绘制

选择子菜单中的"Level"命令，系统会弹出图层设定对话框，在 Number 栏内输入"1"，在 Name 文本输入框输入"线框模型"。单击"OK"按钮。作图平面设为俯视图 Front，图形视角也设为俯视图 Front。Z0。

绘制截面轮廓图形步骤如下：

（1）Create→Line→Endpoints（绘图→直线→端点式）。

绘制下列线段：BC，DE，GA，JM。

（2）Create→Arc→Circ2 pts→Endpoint（绘图→圆弧→两点画弧→端点）。

分别绘制下列圆弧 AB，CD，GE。

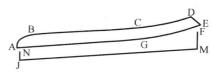

图 9.75 截面外形轮廓线草图

（3）Create→Line→Vertical→Endpoint（绘图→直线→垂直线→端点）。

通过 J，M 点作垂线 JN，MF（见图 9.75）。

（4）Modify→Trim→1 entity（修整→修剪→一个图素）。

把 JN 线段修剪延伸到 AG 为 JN，把 MF 线段修剪延伸至圆弧 GE 为 MF。

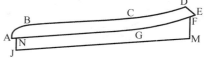

图 9.76 截面外形轮廓线

（5）Modify→Break→2 pieces（修整→打断→2 段）。

把线段 AG 在端点 N 处打断，圆弧 GE 在端点 F 处打断。如图 9.76 所示。

2）绘制插卡机壳体实体

（1）选择子菜单中的"Level"命令，系统会弹出图层设定对话框，在 Number 栏内输入"2"，在 Name 文本框中输入"实体模型 1"。

（2）选择 Solids→Extrude 命令，绘制上盖挤出实体。

→Chain（串连），选取下图 BC 处，FG 处（即封闭轮廓 A→B→C→D→E→F→G→N→A）。

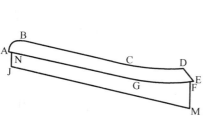

图 9.77 截面串连定义

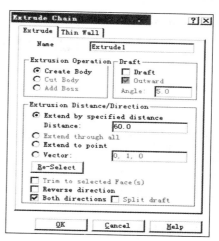

图 9.78 挤出实体参数设定

→End here→Done→Done（结束选择→执行），弹出拉伸串连菜单如图 9.78 所示。

选取"Create Body"（产生实体）。

选取"Extend by Specified Distance"（根据定义的距离拉伸）。

在"Distance"（距离）文本输入框输入 60（双向拉伸的单侧距离）。

选取"Both directions"（双向拉伸）。选取"OK"，生成实体如图 9.79 所示。

（3）选择"Fillet"命令，进行实体倒圆角。

弹出拾取实体图素菜单，把设定选项中 Edge（实体边界）设定为 Y（打开），其余选项都设定为 N（不能选取）。

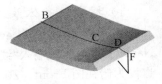

图 9.79　挤出实体

选取要倒圆角面的边（底面四周不倒圆角），选中的边改变颜色，全部选完后按"Done"（执行），如图 9.80 所示。

图 9.80　倒圆角边的选取

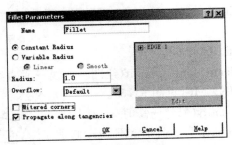

图 9.81　倒圆角参数设置

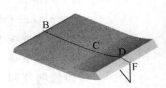

图 9.82　倒圆角结果

弹出倒圆角面参数设定对话框，设置参数，如图 9.81 所示。

单击"OK"按钮。结果如图 9.82 所示。

（4）选择 Solids→Shell 命令，实体抽壳。

单击顶部工具栏中的动态旋转视图按钮 ，旋转图形使其底面朝上，如图 9.83 所示。

选择"Solids"命令，设置其参数为"N"。选择 Faces 命令，设置其参数为"Y"。选择如图 9.83 所示实体面 P1～P4（用户把光标移到此表面时，会出现一小方框，单击鼠标左键即可）。

选择"Done"命令，在弹出的实体抽壳参数设定对话框中，输入如图 9.84 所示参数，单击"OK"按钮。结果如图 9.85 示。

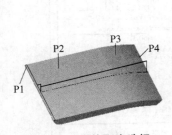

图 9.83　实体取壳选择

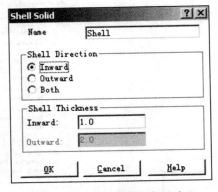

图 9.84　实体取壳参数设定

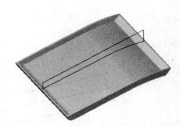

图 9.85　实体取壳

3）绘制底座

（1）选择子菜单中的"Level"命令，系统会弹出图层设定对话框，在 Number 栏内输入"3"，在 Name 文本框中输入"实体模型 2"。单击可见层 2（即关闭 2 层，使之不可见），单击"OK"。3D，I。

（2）选择 Solids→Extrude 命令,绘制底座基本挤出实体。

→Chain(串连),选取图 9.86 上 1、2 处(即封闭轮廓 N→G→F→M→J→N)。

→End here→Done→Done(结束选择→执行→执行),弹出拉伸串连菜单。如图 9.87 所示。

选取"Create Body"(产生实体)。

在"Distance"(距离)文本输入框输入 57(双向拉伸的单侧距离)。

选取"Both directions"(双向拉伸)。选取"OK",生成实体如图 9.88 所示。

图 9.86 挤出实体曲线选择

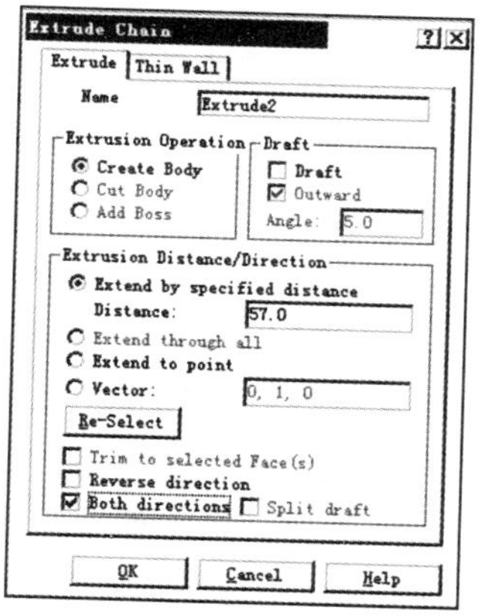

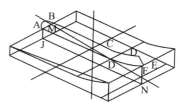

图 9.87 挤出实体参数设定

图 9.88 底座基本实体

按"MAIN MENU"(回主功能菜单)。

（3）绘制底座挤出实体。

① T, T, Z−30。

单击 Level(图层),设定层号 1,回车,选 All off(全关),单击"OK"。

Create→Line→Multi(绘图→直线→连续线)。

从键盘输入点(−87,57),回车;及以下各点(74,50),(74,−50),(−87,−57),(−87,57),如图 9.89 所示。按<Esc>键退出连续线的绘制,按 MAIN MENU(回主功能菜单)。

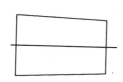

图 9.89 四边形线框

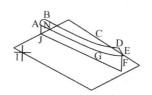

图 9.90 挤出实体曲线选择

② 3D,I。

单击 Level(图层),设定层号:4,回车,层名:实体模型 3,单击"OK"。

Solids→Extrude (实体→拉伸)。

→Chain(串连),选取上步绘制的封闭曲线,如图 9.90 上 1 处。

→Done→Done(执行→执行)弹出拉伸串连菜单。

选项及参数设定:

选"Create Body"(产生实体),选"Extend by specified distance"(根据定义的距离拉伸)在

"Distance"(距离)文本输入框输入 20,取消"Both directions"(即不进行双向拉伸)。单击
"OK",产生实体,如图 9.91 所示。

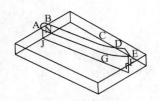

图 9.91　挤出实体

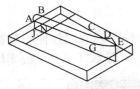

图 9.92　修剪后的实体

Pick Solid Entity: 拾取实体图素:		
FromBack	N	从背面选　N
Solids	Y	实体　Y
Verify	N	检验　Y
Last		上一个
Done		执行

图 9.93　实体合并菜单设置

③ 生成一个修剪用实体。

Extrude(拉伸)→Chain(串连),串连选取以下封闭轮廓 A-B-C-D-E-F-G-N-A。

选项与参数设定与上盖相同(设定实体名为 Extrude 4),但"Create Body"改为"Cut
Body",单击"OK"(确定)。如图 9.92 所示。

单击"Level"(图层),选 All on(全开),单击可见层 1、2(屏蔽 1、2 层,仅 3、4 层可见)。

(4) 选择 Solids→Boolean→Add,进行实体合并。

弹出拾取实体菜单,进行如下所示的选项设定。如图 9.93 所示。

选取刚生成的实体(图 9.94 中 1 处),选取拉伸实体 Extrude 2(图 9.94 中 2 处)。

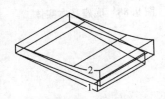

图 9.94　选取实体操作

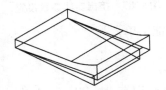

图 9.95　生成的底座基本实体

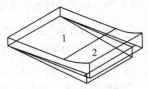

图 9.96　实体抽壳选择

按"Done"(执行),如图 9.95 所示。按"BACK UP"(回上一步)。

(5) 选择 Solids→Shell 命令,实体抽壳。

选择"Faces"命令,设置其参数为"Y"。

选取实体的上表面(两个面),如图 9.96 中 1、2 处,按"Done"(执行)。设置参数如图9.97
所示。

图 9.97　实体抽壳参数设置

图 9.98　底座壳体

图 9.99　插卡机壳体主体

单击"OK",结果如图 9.98 所示。

（6）单击"Level"（图层），选"All on"（全开）。如图 9.99 所示。

9.5 喷水壶

利用实体造型方法,创建喷水壶实体模型。效果可参考图 9.100。

从整体的喷水壶模型图上来看,可以分析得出,喷水壶是由壶身、壶帽、壶嘴、喷嘴和壶柄 5 部分组成的。由这 5 部分的形状分析,壶身、壶嘴和壶柄主要采用挤压实体的方法生成,壶帽和喷嘴采用旋转实体的方法生成。我们采用先创建壶身和壶帽,再创建壶柄的由下到上的方法来制作整个喷水壶,分以下五个步骤来完成。

图 9.100 喷水壶实体模型

1）调用喷水壶的线框模型

打开 Mastercam 后,选择主菜单 File 子菜单中的"Get"命令,在弹出的对话框中,调用 Mastercam 的安装目录下的 Sample→Design 文件夹中的 SPRAYBOTTLE—MM 文件。打开图形,绘图区将显示喷水壶的实体线框图,按下＜Alt＞+＜S＞快捷键进行快速渲染（Shading）后,效果如图 9.100 所示。

将本例所需要的原始线框图调用出来。

首先在辅助菜单区打开图层管理器,这时会弹出如图 9.101 所示的对话框,单击 Used 选择所有使用过的。单击"All on"将所有的层打开,然后单击"OK"按钮确定。将所需要的所有原始线框图调用出来了,这时绘图区显示的线框模型,如图 9.102 所示。

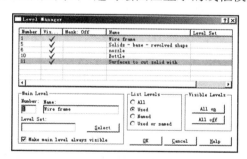

图 9.101 喷水壶图层管理器

图 9.102 喷水壶线框图

2）创建壶身实体

创建壶身的实体模型用挤出的方法。

（1）选择子菜单中的"Level"命令,系统会弹出图层设定对话框,在 Number 栏内输入"2",层的名字为"壶身"。打开第 1 层,关闭其余所有层,单击"OK"按钮。选择 MAIN MENU 命令返回主菜单。隐藏其余所有的线框,只保留壶身线框,如图 9.103 所示。

（2）挤压生成壶身实体:调用实体挤出命令,在主菜单区依次选择"Solids→Extrude"命令。

先在绘图区选取壶身的线框,如图 9.103 所示。选择"Done"命令（出现一向上的箭头,表示往上方拉伸实体）。选择"Reverse It"命令,使箭头朝下。

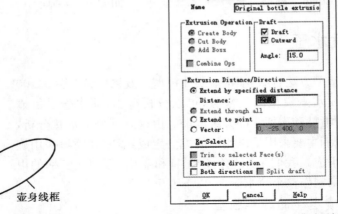

图 9.103　壶身的线框　　　　　图 9.104　"Extrude Chain"对话框

选择"Done"命令,系统将会弹出如图 9.104 所示的"Extrude Chain"对话框。按图 9.104 所示设置好对话框中的各参数后,单击"OK"按钮,这样就生成一个带有拔模斜度的壶身实体,结果如图 9.105 所示。

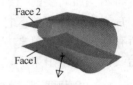

图 9.105　壶身实体效果图　　　图 9.106　修剪曲面显示　　　图 9.107　修剪曲面选择

(3) 对壶身实体进行编辑修剪:选择子菜单中的"Level"命令,系统会弹出图层设定对话框,关闭第 1 层,打开第 11 层(Surfaces to cut solid with),单击"OK"按钮。选择"MAIN MENU"命令返回主菜单。旋转实体至合适的视角,如图 9.106 所示。

选择 Solids→Next menu→Trim→Surface 命令,调用实体修剪命令,利用修剪曲面 Face1 和 Face2 修剪壶身实体。先选择 Face1 作为修剪工具面,出现一向下的箭头,如图 9.107 所示。选择 Flip 使箭头方向向内,保留上面的一部分。确定后选择"Done"命令,即可完成修剪。同理,选择 Face2 修剪上半部分。关闭第 11 层,修剪后的结果如图 9.108 所示。

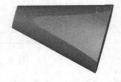

图 9.108　修剪壶身

(注意:以曲面为界,箭头所指的是要保留实体的方向。在本例中,箭头的方向是朝内的。如果方向不对,可以选择 Trim Solids 子菜单中的"Flip"命令,来改变箭头的方向。)

图中的曲面已经隐藏起来了,有时候为了便于观察、常常会把已经编辑好的或不参加操作的线框、面和实体等几何元素隐藏起来,最常用的方法是:按下<Alt>+<F7>快捷键,调用 Blank 命令,然后选择要隐藏的图素。当要显示隐藏的图素的时候,可以再按下<Alt>+<F7>快捷键,后选择"Unblank"命令,然后再选择要显示的图素就可以了。

(4) 壶身实体的倒圆角:在主菜单区依次选择 Solids→Fillet 命令,进行壶身各边的倒圆角。

① 选择"Edges"命令,设置其参数为"Y";选择"Faces"命令,设置其参数为"N";选择"Solids"命令,设置其参数为"N"。

按图 9.109 中所示选择曲线段 Line1。选择"Done"命令确定后,系统会弹出如图 9.110 所示的"Fillet Parameters"对话框。按图中所示设置好对话框中各参数后,单击"OK"按钮即可完成实体边的倒圆角。结果如图 9.111 所示。

图 9.109 壶身倒圆角选择

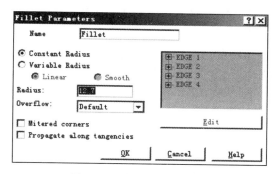

图 9.110 倒圆角参数设置

② 按图 9.111 中所示选择与曲线段 Line1 相对应的另一曲线段 Line2。选择"Done"命令确定后,系统会弹出如图 9.110 所示的"Fillet Parameters"对话框。按图中所示设置好对话框中各参数后,单击"OK"按钮即可完成实体边的倒圆角。结果如图 9.112 所示。

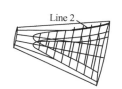

图 9.111 壶身倒圆角选择

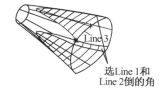

图 9.112 倒圆角参数设置

③ 按图 9.112 中所示选择曲线段 Line3。选择"Done"命令确定后,系统会弹出如图9.113 所示的"Fillet Parameters"对话框。按图中所示设置好对话框中各参数后,单击"OK"按钮即可完成实体边的倒圆角。结果如图 9.114 所示。

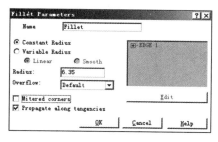

图 9.113 壶身倒圆角参数设置

图 9.114 倒圆角参数设置

④ 按图 9.114 中所示选择曲线段 Line4 和 Line5。选择"Done"命令确定后,系统会弹出如图 9.112 所示的"Fillet Parameters"对话框。按图中所示设置好对话框中各参数后,单击"OK"按钮即可完成实体边的倒圆角。实体着色后,效果图如所示 9.115 所示。

3) 创建壶帽实体

创建壶帽实体模型用旋转的方法。

(1) 选择子菜单中的 Level 命令,系统会弹出图层设定对话框,在 Number 栏内输入"3",层的名字为"壶帽"。打开第 1 层,关闭其余所有层,单击"OK"按钮。选择"MAIN MENU"命令返回主菜单。隐藏其余所有的线框,只保留壶帽线框,如图 9.116 所示。

图 9.115 壶身倒
圆角效果图

(2) 选取旋转串连和旋转轴:调用实体旋转命令,在主菜单区依次选择 Solids→Revolve→Chain 命令。

先在绘图区选取壶帽线框串连线 Line6(与其连接的图素会被选上),如图 9.116 所示。这时屏幕右下角的状态栏显示选取线框的旋转轴,如图 9.116 所示选取旋转轴 Line7。

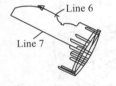

图 9.116 壶帽的线框

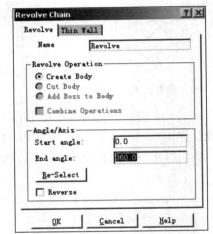

图 9.117 "Revolve Chain"对话框

注意:一定要形成一个封闭的轮廓,否则在确定的时候就会出现错误。

选择 Done 命令取得旋转轴后,系统会弹出如图 9.117 所示的"Revolve Chain"对话框,其中各参数按图 9.117 所示中进行设置。设定后单击"OK"按钮确定,完成壶帽实体的创建。这时按下<Alt>+<S>快捷键得到渲染的实体图,如图 9.118 所示。

图 9.118 壶帽实体效果图

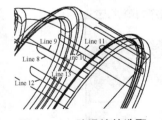

图 9.119 防滑棱的选取

图 9.120 防滑棱的效果图

(3) 创建旋转防滑棱:通过旋转实体功能在壶帽上增加防滑棱。

选取如图 9.119 所示的曲线 Line8,按提示选取 Line9 为旋转轴。选择"Done"命令取得旋转轴后,系统会弹出如图 9.117 所示的"Revolve Chain"对话框,其中选择"Add Boss to Body"(增加实体)选项。设定后单击"OK"按钮,完成一个防滑棱的创建。

同理,分别选取 Line10 和 Line11、Line12 和 Line13 等,生成类似的防滑棱。按下

<Alt>+<S>快捷键得到渲染的实体图,如图 9.120 所示。

(4)防滑棱倒圆角:在主菜单区依次选择 Solids→Fillet 命令,进行防滑棱的倒圆角。

选择 Edges 命令,设置其参数为"N";选择"Faces"命令,设置其参数为"Y";选择"Solids"命令,设置其参数为"N"。

按图 9.121 中所示选择实体面。选择"Done"命令确定后,系统会弹出的"Fillet Parameters"对话框中,设置圆角半径为值 0.5,单击"OK"按钮即可完成实体边的倒圆角。结果如图 9.122 所示(局部图)。通过"Faces"(实体面)命令,可以快速的实现防滑棱倒圆角,而不许要分别选取各个防滑棱的边界线,非常方便。

实体面

图 9.121 防滑棱倒圆角选择

图 9.122 防滑棱倒圆角

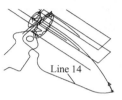

Line 14

图 9.123 壶嘴线框图

4)创建壶嘴实体

创建壶嘴实体模型主要用挤出的方法。

(1)选择子菜单中的"Level"命令,系统会弹出图层设定对话框,在 Number 栏内输入"4",层的名字为"壶嘴"。打开第 1 层,关闭其余所有层,单击"OK"按钮。选择"MAIN MENU"命令返回主菜单。隐藏部分线框,如图 9.123 所示。

(2)生成壶嘴挤出主体:在主菜单区依次选择 Solids→Extrude 命令。

先在绘图区选取壶嘴主体的线框 Line14,如图 9.123 所示。选择"Done"命令(出现一向内的箭头,表示向内侧拉伸实体)。

图 9.124 Extrude Chain 对话框

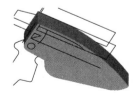

图 9.125 壶嘴主体

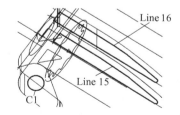

Line 16

Line 15

C1

图 9.126 切割实体的曲线选择

选择"Done"命令,系统将会弹出如图 9.124 所示的"Extrude Chain"对话框。按图 9.124 所示设置好对话框中的各参数后,单击"OK"按钮,结果如图 9.125 所示。

(3)壶嘴主体切割。

① 选择 Solids→Extrude 命令。在绘图区选取线框 Line15 和 Line16,如图 9.126 所示。

选择"Done"命令(出现两向内的箭头,表示向内侧拉伸实体)。

选择"Done"命令,系统将会弹出如图 9.124 所示的"Extrude Chain"对话框。在对话框中,选择"Cut Body"(切割主体),挤出距离值为 6.35。单击"OK"按钮,结果如图 9.127 所示。

② 选择"Extrude"命令。在绘图区选取线框 Line17 和 Line18,如图 9.128 所示。选择"Done"命令(出现两向内的箭头,表示向内侧拉伸实体)。

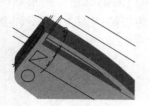
图 9.127　切割壶嘴主体

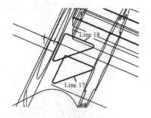
图 9.128　切割实体的曲线选择

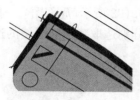
图 9.129　切割壶嘴主体

选择"Done"命令,系统将会弹出如图 9.124 所示的"Extrude Chain"对话框。在对话框中,选择"Cut Body"(切割主体),挤出距离值为 6.35。单击"OK"按钮,结果如图 9.129 所示。

③ 选择 Extrude 命令。在绘图区选取线框 C1,如图 9.126 所示。

选择"Done"命令(出现一向外的箭头,表示向外侧拉伸实体)。选择"Done"命令,系统将会弹出如图 9.124 所示的"Extrude Chain"对话框。在对话框中,选择"Add Boss"(增加实体),挤出距离值为 1.27。单击"OK"按钮,结果如图 9.130 所示。

图 9.130　切割壶嘴主体

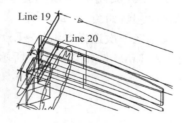
图 9.131　切割实体的曲线选择

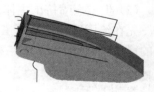
图 9.132　切割壶嘴主体

④ 选择"Extrude"命令。　在绘图区选取线框 Line19 和 Line20,如图 9.131 所示。选择"Done"命令(出现两向右的箭头,表示向右侧拉伸实体)。

选择"Done"命令,系统将会弹出如图 9.124 所示的"Extrude Chain"对话框。在对话框中,选择"Cut Body"(切割主体),挤出距离为 50。单击"OK"按钮,结果如图 9.132 所示。

(4) 壶嘴主体倒圆角。

① 在主菜单区依次选择 Solids→Fillet 命令。选择"Edges"命令,设置其参数为"Y";选择"Faces"命令,设置其参数为"N";选择"Solids"命令,设置其参数为"N"。

按图 9.133 中所示选择实体边 Line21。选择"Done"命令确定后,在系统会弹出的"Fillet Parameters"对话框中,设置圆角半径值为 2.54,单击"OK"按钮即可完成实体边的倒圆角。结果如图 9.134 所示。

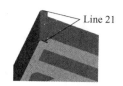

图 9.133 壶嘴主体倒圆角

图 9.134 壶嘴主体倒圆角

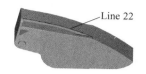

图 9.135 壶嘴主体倒圆角

② 选择"Fillet"命令。选择"Edges"命令,设置其参数为"N";选择"Faces"命令,设置其参数为"Y";选择"Solids"命令,设置其参数为"N"。

按图 9.134 中所示选择实体面 Face3。选择"Done"命令确定后,在系统会弹出的"Fillet Parameters"对话框中,设置圆角半径值为 0.5,选中"Propagate along tangencies"(延伸到其他面)选框,单击"OK"按钮即可完成实体面的倒圆角。结果如图 9.135 所示。

③ 选择"Fillet"命令。选择"Edges"命令,设置其参数为"Y";选择"Faces"命令,设置其参数为"N";选择"Solids"命令,设置其参数为"N"。

按图 9.135 中所示选择实体边 Line22。选择"Done"命令确定后,在系统会弹出的"Fillet Parameters"对话框中,设置圆角半径值为 0.5,选中"Propagate along tangencies(延伸到其他面)"选框,单击"OK"按钮即可完成实体边的倒圆角。

5) 创建喷嘴实体

创建喷嘴主体模型采用旋转的方法。

(1) 创建喷嘴主体:选择子菜单中的 Level 命令,系统会弹出图层设定对话框,在 Number 栏内输入"7",层的名字为"喷嘴"。打开第 1 层,关闭其余所有层,单击"OK"按钮。选择"MAIN MENU"命令返回主菜单。隐藏其余所有的线框,只保留喷嘴线框,如图 9.136 所示。

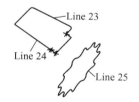

图 9.136 喷嘴的线框

图 9.137 喷嘴主体

图 9.138 喷嘴修剪体的产生

调用实体旋转命令,在主菜单区依次选择 Solids→Revolve→Chain 命令。先在绘图区选取喷嘴线框串连线 Line23(与其连接的图素会被选上),如图 9.136 所示。这时屏幕右下角的状态栏显示选取线框的旋转轴,按图 9.136 所示选取旋转轴 Line24。

选择"Done"命令取得旋转轴后,系统会弹出如前图 9.117 所示的"Revolve Chain"对话框,其中各参数按图 9.117 所示中进行设置。设定后单击"OK"按钮,完成喷嘴实体的创建。这时按下＜Alt＞＋＜S＞快捷键得到渲染的实体图,如图 9.137 所示。

(2) 喷嘴主体的修剪:喷嘴主体主要采用挤出切割实体、布尔求交和抽壳的方法来修剪。

① 挤出切割实体。选择 Solids→Extrude 命令。

在绘图区选取线框 Line25,如图 9.136 所示。选择"Done"命令(出现一向上的箭头,表示向上拉伸实体)。

选择"Done"命令,系统将会弹出如图 9.124 所示的"Extrude Chain"对话框。在对话框中,挤出距离值为 25。单击"OK"按钮,结果如图 9.138 所示。

② 喷嘴主体的布尔求交。选择 Solids→Boolean→Common 命令。

分别选择如图 9.138 所示的 Solid1 和 Solid2，选择时会出现一小方块。按"Done"执行，结果如图 9.139 所示。

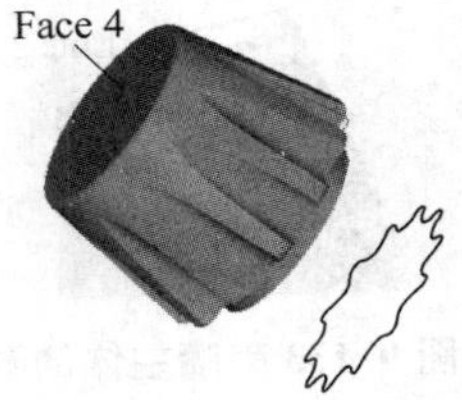

③ 喷嘴抽壳。选择 Solids→Shell 命令。

图 9.139　喷嘴主体的修剪

选择"Faces"命令，设置其参数为"Y"；选择"Solids"命令，设置其参数为"N"。进行曲面抽壳。选择喷嘴的上表面 Face4（用户把光标移到此表面时，会出现一小方框，单击鼠标左键即可），如图 9.139 所示。

选择"Done"命令，系统会弹出如图 9.140 所示的"Shell Solid"对话框。按图 9.140 所示设置好对话框中各参数后，单击"OK"按钮，即可完成取壳操作，结果如图 9.141 所示。

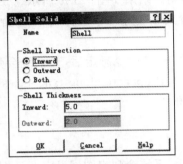

图 9.140　取壳参数设定

图 9.141　取壳操作结果

6）创建壶柄实体

壶柄实体的创建主要采用挤出的方法。

（1）挤压生成壶柄实体：选择子菜单中的"Level"命令，系统会弹出图层设定对话框，在 Number 栏内输入"8"，层的名字为"壶柄"。打开第 1 层，关闭其余所有层，单击"OK"按钮。选择"MAIN MENU"命令返回主菜单。隐藏其余所有的线框，只保留喷嘴线框，如图 9.142 所示。

在主菜单区依次选择 Solids→Extrude 命令。

在绘图区按图 9.142 所示选取挤压串连 Line26（与其连接的图素会被选上），选择"Done"命令（出现一向内的箭头，表示往内侧拉伸实体）。

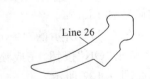

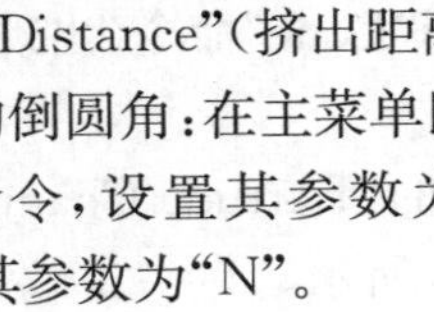

图 9.142　挤压实体截面选择

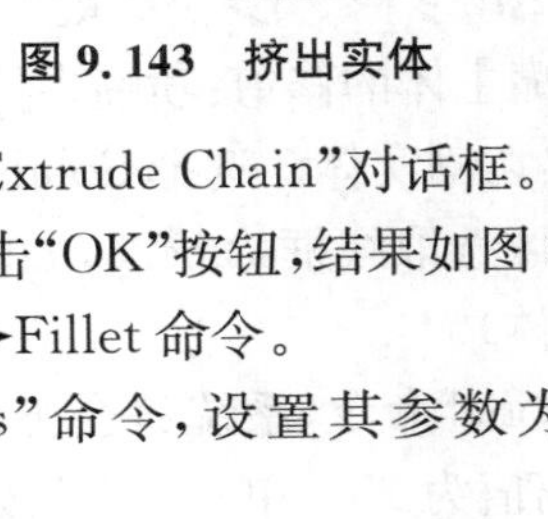

图 9.143　挤出实体

选择"Done"命令，系统将会弹出如图 9.124 所示的"Extrude Chain"对话框。选择"Creat Body"（产生主体），"Distance"（挤出距离）设置值为 10，单击"OK"按钮，结果如图 9.143 所示。

（2）壶柄实体的倒圆角：在主菜单区依次选择 Solids→Fillet 命令。

选择"Edges"命令，设置其参数为"N"；选择"Faces"命令，设置其参数为"Y"；选择"Solids"命令，设置其参数为"N"。

按图 9.143 中所示选择实体面 Face5。选择"Done"命令确定后,系统会弹出如图 9.144 所示的"Fillet Parameters"对话框。按图中所示设置好对话框中各参数后,单击"OK"按钮即可完成实体面的倒圆角。

同理,选择与 Face5 相对应的另一面倒圆角。结果如图 9.145 所示。

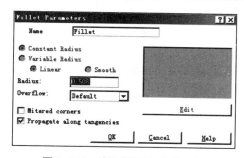

图 9.144 壶柄倒圆角参数设置

图 9.145 壶柄倒圆角

选择子菜单中的"Level"命令,系统会弹出图层设定对话框,在 Number 栏内输入"9",层的名字为"喷水壶"。打开第 2、3、4、7、8 层,关闭其余所有层,单击"OK"按钮。结果如图 9.100 所示。至此,喷水壶各部分都已完成,再对它们进行布尔加操作,使它们构成一个整体。

9.6 旋钮

旋钮模型及其尺寸如图 9.146 所示。

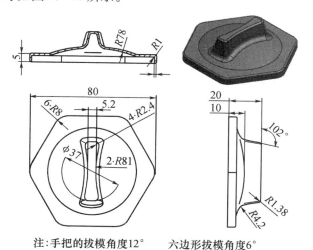

注:手把的拔模角度12° 六边形拔模角度6°

图 9.146 旋钮模型图及其尺寸

1)在俯视图中画外形轮廓

设定:作图平面 T,图形视角 T,工作深度 Z0。

工作层设定:单击"Level",在 Number 的文本框中输入 1,在 Name 的文本输入框输入汉字"俯视图外形线框",单击"OK"。

(1)画六边形:Creat→Next menu→polygon(绘图→下一级菜单→多边形)→出现多边形参数设定对话框,设定参数,如图 9.147 所示 。(边数:6,半径 40,内接于圆:Y)

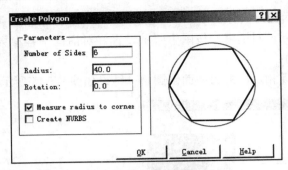

图 9.147　多边形参数设定对话框

单击"OK"→Origin（单击系统原点），单击"MAIN MENU"返回主菜单。多边形如图 9.148 所示。

图 9.148　六边形

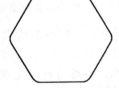

图 9.149　六边形倒 R8 圆角

（2）倒 R8 的六个圆角：Modify→Fillet→Radius（修整→倒圆角→半径），在提示栏显示：Enter the Fillet radius（输入倒圆角半径）。输入半径值 8，选择 Chain（串连）单击图 9.148 所示的六边形，按"Done"（执行），单击"MAIN MENU"返回主菜单。结果如图 9.149 所示。

2）在俯视图中画手把顶面轮廓

设定：T，T，Z20。

工作层设定：单击"Level"，在 Number 的文本框中输入 2，关闭层 1。

在 Name 的文本输入框输入汉字"手把顶面轮廓"，按"OK"。

（1）画 ϕ37 圆，圆心（0，0）

Creat→Arc→Cirptc＋dia（绘图→圆→圆心＋直径）。

在提示栏显示：Enter the dia（输入直径）。输入直径 37，回车→输入圆心坐标（0，0）。按"MAIN MENU"。

（2）画二个 R81 的圆，圆心分别为（−83.6，0），（83.6，0）。

Creat→Arc→Cirptc＋rad（绘图→圆→圆心＋半径）。

在提示栏显示：Enter the radius（输入半径）。输入半径 81，回车→输入圆心坐标（−83.6，0），输入圆心坐标（83.6，0）。按"MAIN MENU"。点击"适度化"，点击"缩小 0.8 倍"。

（3）修剪，删除多余线条。

Modify→Break→At inters（修整→打断→在交点处）

再点击 windows（窗选），用窗选选取所有图形，按"Done"（执行），按"MAIN MENU"。

删除多余线条，倒 R2.4 的圆角结果如图 9.150 所示。按"MAIN MENU"。

图 9.150　手把顶面轮廓

3）绘制旋钮实体模型

（1）挤出旋钮主体部分：工作层设定。单击"Level"，在 Number 的文本框中输入 3，在 Name 的文本输入框输入汉字"挤出实体"，打开所有图层，单击"OK"按钮。

设定：T，I。

Solids→Extrude→Chain（实体→挤出→串连），选取图 9.150 中的六边形→Done（执行）。确认实体挤出方向箭头向上→Done（执行）。在弹出的挤出实体之参数设定对话框中，设置各参数，如图 9.151 所示。单击"OK"按钮。

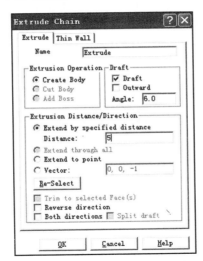

图 9.151　实体之参数设定对话框

Extrude→Chain（挤出→串连），选取图 9.150 中的手把顶面轮廓曲线→Done（执行）。

确认实体挤出方向箭头向下→Done（执行）。在弹出的挤出实体之参数设定对话框中，设置各参数，如图 9.152 所示。单击"OK"按钮。生成的旋钮主体实体如图 9.153 所示。按"MAIN MENU"。

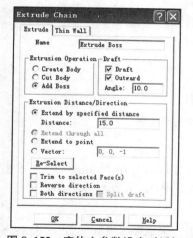

图 9.152 实体之参数设定对话框

图 9.153 旋钮基本实体

（2）设定：作图平面 3D，图形视角 I。

Solids→Next menu→Primitives（实体→下一个菜单→基本实体），

点击 Sphere（圆球），点击 Radius（半径），输入 78，回车，

点击 Base Point（基准点），输入基准点（0，0，—68），回车，按 Done（执行）。生成的球体如图 9.154 所示（球体局部）。按 BACKUP（返回上一步）。

图 9.154 球体（局部显示）

（3）修剪球体多余部分

点击 Trim（修整），用鼠标选取球体，按 Done（执行），点击 Plane（选取平面）→XY Plane（XY 平面）。

提示栏显示：请输入平面之 z 座标，输入 5，回车，确认修剪的箭头方向，应指向保留的部分，按 Done（执行）。修剪后的结果如图 9.155 所示。

按"MAIN MENU"。

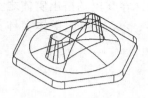 

图 9.155 球体修剪后的结果

（4）合并旋钮主体和修剪后的球体

Solides→Boolean→Add（实体→布尔运算→求和）

在绘图工作区分别选取旋钮主体部分和修剪后的球体，按 Done（执行），按"MAIN MENU"。

（5）旋钮实体倒圆角。工作层设定，单击"level"在 Number 的文本框中输入 7，在 Name 的文本输框中输汉字"实体倒圆角"，打开图层 1、2，单击"OK"按钮。

按"MAIN MENU"。

Solids→Fillet(实体→倒圆角)。在主菜单栏设定选择项：Edges：Y；Face：N；Solids：N。

在提示栏显示：select entities to fillet(选取倒圆角图素)。点取图9.156所示旋钮实体边界1。按 Done(执行)→进入实体倒圆角参数设定对话框，设定倒圆角参数如图9.157所示。

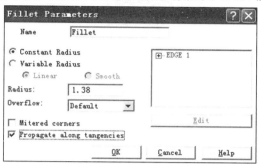

图9.156 点取实体边界　　　　**图9.157 实体倒圆角对话框**

单击"**OK**"，结果如图**9.158**所示。

图9.158 手把上表面倒R1.38圆角

接着倒R4.2和R1两处圆角，方法相同结果见图9.159所示。

图9.159 旋钮实体倒圆角

(6)薄壳

Solids→Shell(实体→薄壳)

在主菜单区显示 Pick Solid Entity 选取实体图素的菜单，如图9.160所示。

图9.160 实体图素菜单

将旋钮实体转一个角度,选取旋钮的底面,如图 9.161(a),按 Done(执行),设定薄壳实体向内 1 mm,按 OK(执行),生成的薄壳体如图 9.161(b)所示。

(a)   (b)

图 9.161　薄壳体图

9.7　手机

手机模型图和尺寸数据,如图 9.162 所示。

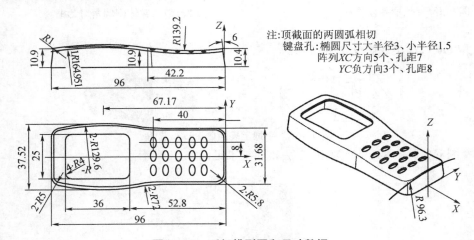

注:顶截面的两圆弧相切
键盘孔:椭圆尺寸大半径3、小半径1.5
阵列XC方向5个、孔距7
YC负方向3个、孔距8

图 9.162　手机模型图和尺寸数据

1)在俯视图中画外形轮廓

设定:T,T,Z0

工作层设定:单击"level",在 Number 的文本框中输入 1,在 Name 的文本框中输入汉字"底面轮廓线框",单击"OK"按钮。

(1)画外形轮廓的一半

画矩形:96×(37.52/2),右下角在零点。

Create→Rectangle→1 point(绘图→矩形→1 点式)

弹出矩形一点式对话框,设定矩形宽 96、高 37.52/2。

右下角定位。按"OK"按钮,点击 Origin(原点)生成如图 9.163 所示的矩形,按"MAIN MENU"。

画水平线 L1:

Create→Line→Horizontal(绘图→直线→水平线)

在绘图区用鼠标点击输入适当的二点,输入 Y 坐标值 31.68/2,回车。如图 9.164 所示。

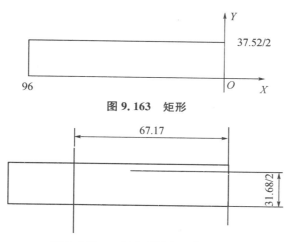

图 9.163 矩形

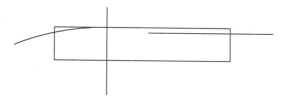

图 9.164 一条水平线和一条垂直线

画垂直线 L2:

Create→Line→Vertical(绘图→直线→垂直线)

在绘图区用鼠标点击输入适当的二点,输入 X 坐标值－67.17,回车。如图 9.165 所示。按"MAIN MENU"。

画半径为 129.6 的切弧

Create→Arc→Tangent→1 entity(绘图→圆弧→切弧→切于 1 物体)

选取相切的物体(矩形 96×18.77 的上面的边),选取切点(矩形上面的边与垂直线的交点),输入半径 129.6,回车,在产生的二个相切圆中选取一段需要的圆弧。如图 9.165 所示。按"MAIN MENU"。

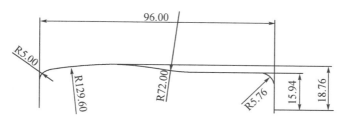

图 9.165 半径为 129.6 圆弧

Create→Fillet(绘图→倒圆角)

倒圆角 R5、R72、R5.76(注意:选择图素的位置要合适),删除辅助用线条,结果如图 9.166 所示。

图 9.166 手机俯视图中外形轮廓的一半图形

（2）镜像外形轮廓的下半部分

Xform→Mirror（转换→镜像）

定义将要镜像曲线：用窗选或串连的方法选取已画好的一半外形轮廓曲线，按 Done（执行），按 Done（执行），点击 x axis（x 轴），弹出镜像对话框，选项设定：Copy（复制），单击"OK"按钮。镜像后的图形如图 9.167 所示。按"MAIN MENU"。

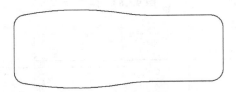

图 9.167　俯视图外形轮廓图形

2）外形轮廓向上挤出产生实体

设定：T、I

工作层设定：单击"Level"在 Number 文本框中输入 2，在 Name 文本框中输入"挤出实体"，点击"OK"按钮。

Solide→Extrude→Chain（实体→挤出→串连）

点击外形轮廓曲线，按 Done（执行）（确认挤出方向：向上），如图 9.168 所示。

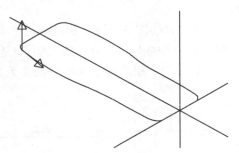

图 9.168　挤出方向显示

按 Done（执行），弹出挤出实体之参数设定对话框，设定参数，如图 9.169 所示。

图 9.169　挤出实体之参数设定对话框

按"确定"，生成如图 9.170 所示的实体。按"MAIN MENU"。

图 9.170　手机本体实体

3) 绘制顶面修剪用曲面线框

(1) 用两点画弧方法画二段相切圆弧

设定:F、F、Z0

工作层设定:单击"Level"在 Number 文本框中输入 3,在 Name 文本框中输入"顶面截面线",关闭层 1、层 2,单击"OK"按钮。

Create→Arc→Endpints(绘图→圆弧→两点画弧)

输入第一点(0,10.4),输入第二点(−42.2,10.93),输入半径 139.2,回车,选取凹的小段圆弧。

输入第一点(用鼠标捕捉已画圆弧的左端点),输入第二点(−96,10.93),输入半径:164.95,回车。选取凸的小段圆弧,如图 9.171 所示。

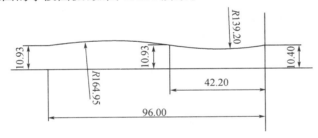

图 9.171　二段相切圆弧

(2) 画一段圆弧(扫描曲面用截面线)

设定:S、I、Z0

Create→Arc→Polar(绘图→圆弧→极坐标)

点击 Center pt(圆心点),输入圆心坐标(0,−85.9)回车,输入半径 96.3,回车,输入起始角度 70°,回车,输入终止角度 110°,回车。如图 9.172 所示。按"MAIN MENU"。

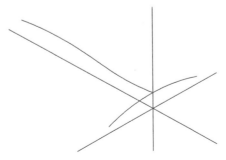

图 9.172　修剪用曲面线框

4) 绘制顶面修剪用曲面

设定：图形视角 I。工作层设定：单击"Level"，在 Number 文本框中输入 4，在 Name 文本框中输入"顶面修剪用曲面"，单击"OK"按钮。

Create→surface→Sweep（绘图→曲面→扫描曲面），单击"single"（单体），用鼠标选取 R96.3 的圆弧，按 Done（执行），单击 Chain（串连），用鼠标选取两相连的引导线圆弧，按 Done（执行），按 Do it（执行）。生成如图 9.173 所示的曲面。按"MAIN MENU"。

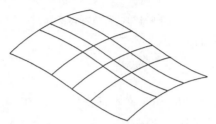

图 9.173　生成的修剪用曲面

5) 用扫描曲面修剪手机本体的上部

工作层设定：打开层 2、层 4，关闭层 1、层 3。

Solids→Next menu→Trim（实体→下一个菜单→修剪）

弹出实体修剪菜单栏，如图 9.174 所示。

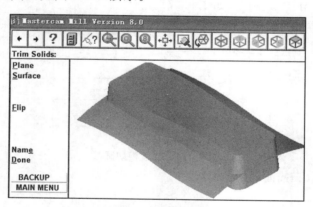

图 9.174　实体修剪菜单

点击 Surface（曲面），选取修剪用曲面（扫描曲面），确认箭头方向，箭头方向指向保留侧。按 Done（执行）。关闭层 4，如图 9.175 所示。按"MAIN MENU"。

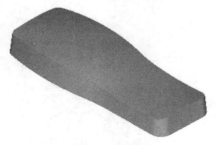

图 9.175　手机本体

6）手机本体生成薄壳体

Solids→Shell（实体→薄壳）

在主菜单弹出 pick solid Entity 选取实体图素的菜单将实体旋转一个角度,选取手机底面,按 Done（执行）,设定薄壳实体向内 1 mm,按 OK（执行）,生成的薄壳体如图 9.176 所示。

图 9.176　手机本体(薄壳)

7）绘制窗口、键盘修剪用线框

设定 T、T、Z30

工作层设定:设定当前工作层为 5,关闭其他所有层。

构建如图 9.177 所示的修剪用线框图形。图形尺寸见图 9.162 所示。

图 9.177　窗口、键盘修剪用线框

8）修剪窗口和键盘孔

工作层设定:打开层 2。

Solids→Extrude（实体→挤出）

选取所有修剪用曲线,按 Done（执行）,确认挤出箭头方向向下,按 Done（执行）,弹出图 9.178 所示的挤出对话框,对话框中设定为:切割,贯穿。

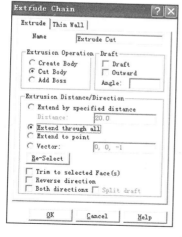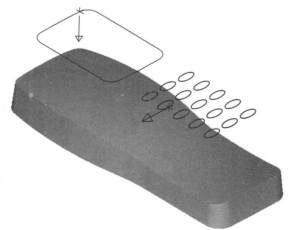

图 9.178　挤出对话框

按 OK(执行)。生成如图 9.179 所示的实体图形。

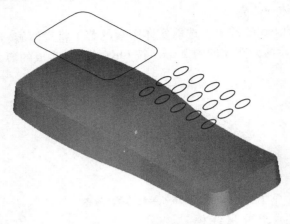

图 9.179　切割修剪后的手机模型

习　题

建模练习图

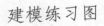

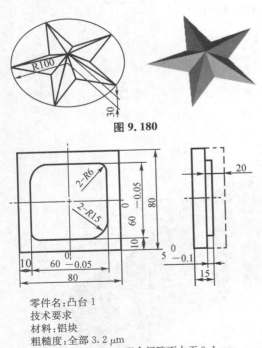

图 9.180

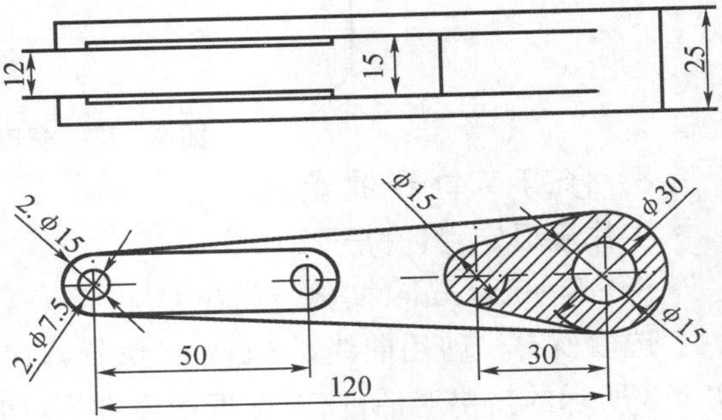

图 9.182

零件名:凸台 1
技术要求
　材料:铝块
　粗糙度:全部 3.2 μm
　本件与凹腔 1 10-2 配合间隙不大于 0.1 mm

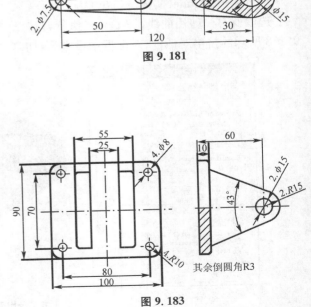

图 9.181

图 9.183

其余倒圆角R3

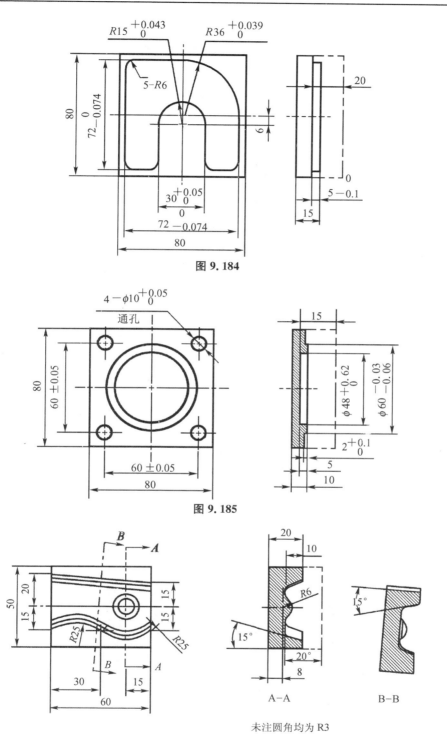

图 9.184

图 9.185

图 9.186

未注圆角均为 R3

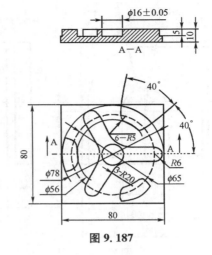

图 9.187

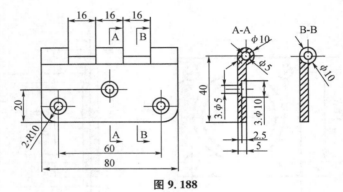

图 9.188

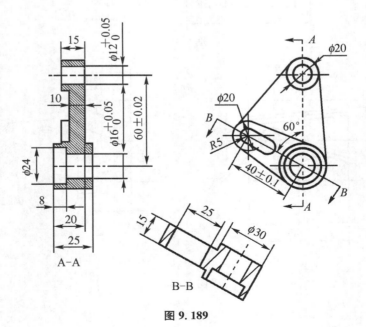

图 9.189

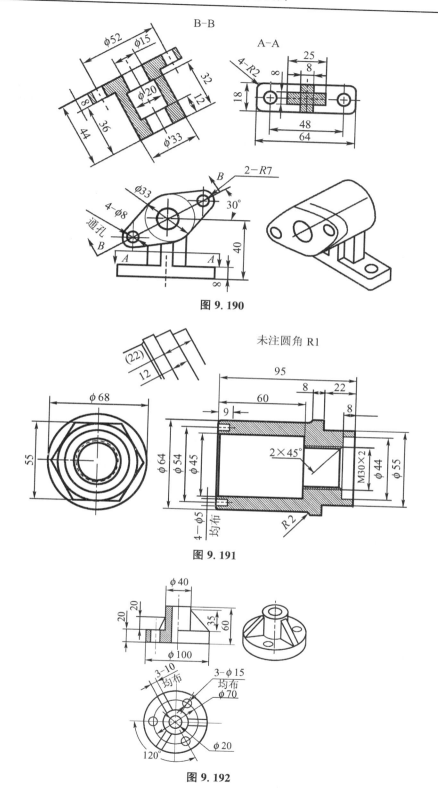

B–B

A–A

图 9.190

未注圆角 R1

图 9.191

图 9.192

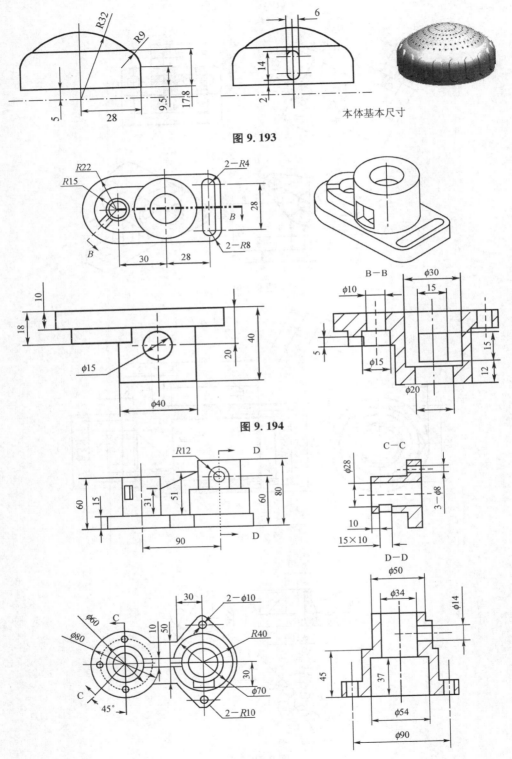

本体基本尺寸

图 9.193

图 9.194

图 9.195

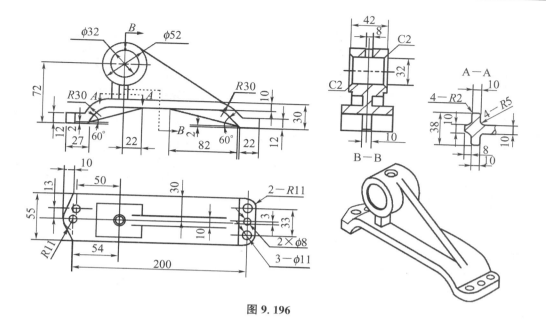

图 9.196

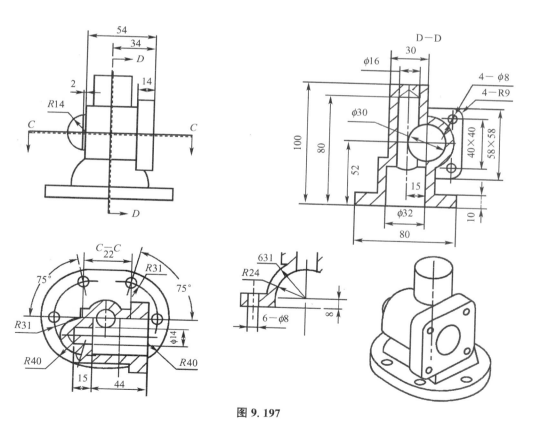

图 9.197

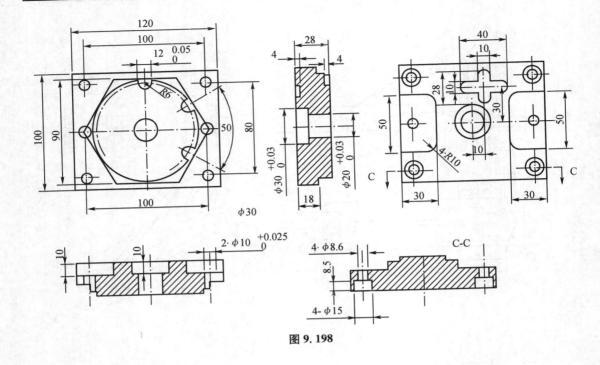

图 9.198

10 CAM 基础及二维加工

10.1 CAM 加工基础

10.1.1 概述

前几章 CAD 部分介绍了利用 Mastercam 进行各种建模的方法。当模型建立以后,最终目的是通过 Mastercam 提供的强大 CAM 功能自动生成数控加工程序,在数控机床上加工出合格的零件。

通常 CAM 部分的操作流程如图 10.1 所示:

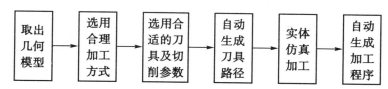

图 10.1 CAM 部分的操作流程

(1) 取出几何模型:从文档中取出通过 CAD 功能绘制出的二维或三维零件的几何造型。其目的是根据该几何图形生成合理的刀具路径。

(2) 选用合理的切削加工方式:根据几何图形、零件加工等要求的不同,选用合理的加工方式。加工方式分为:外形铣削、挖槽(型腔加工)、钻孔加工、曲面加工、毛坯表面切除、五轴加工等。

由于加工方式选择的不同,生成出的程序质量也有很大的差别。加工过程可分为粗加工、精加工。粗加工要求快速地切除零件的大部分余量,留给精加工一个比较均匀的余量,为精加工做好准备。精加工的主要目的是切削加工出符合零件图纸要求或图纸工序要求的轮廓形状、尺寸精度(或留给后道工序一个合理的均匀的余量)。

(3) 选用合适的刀具和合理的切削用量:选择加工方式后,必须选择合适切削刀具和合理切削用量。特别是复杂曲面的加工,方法很多,加工方法和参数是否选择合理,影响到加工时间的长短以及留给后道工序的余量合理性(如有后道抛光工序的情况)。

(4) 自动生成刀具路径:根据所选的切削加工方法和工艺参数,Mastercam 自动生成刀具路径,并用不同颜色的线条显示在零件几何图形上。生成刀具路径的方法有很多种,如何选择直接影响到零件的加工质量。

(5) 实体仿真加工:完成前几个步骤后,根据生成的刀具路径,仿真实际切削加工过程,以检验刀具路径是否合理。例如会不会出现过切、干涉等实际切削中的问题。

(6) 自动生成加工程序:通过仿真模拟加工,确定正确的刀具路径轨迹。选择后置处理功能,自动生成加工程序。该程序通过 Mastercam 软件的通信功能,可直接与数控机床通信加工出合格的零件。

10.1.2 刀具参数设定

刀具在数控加工中是必不可少的加工工具。刀具参数设定是一个通用设定菜单。无论何种切削方式选择的菜单都一样。如图 10.2 所示,分两个区域介绍该菜单。

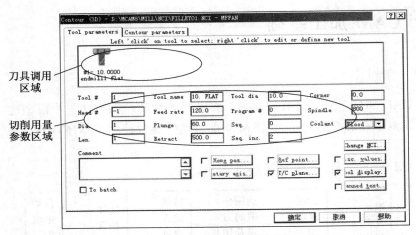

图 10.2 刀具参数设定菜单

1) 刀具调用快捷菜单

进入刀具参数设定菜单,在刀具调用区空白处单击右键,出现刀具调用快捷菜单。如图 10.3 所示。

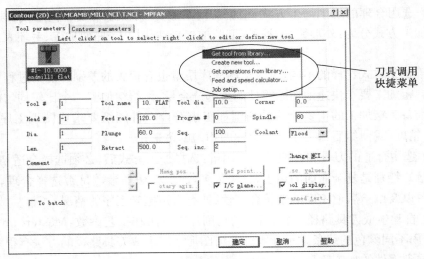

图 10.3 刀具调用快捷菜单

(1) Get tool from library:从当前的刀具库中选取一把刀具,选取该项后,显示刀具库管理对话框,如图 10.4 所示。在其中选取一把所需的刀具,返回到刀具参数设定菜单。在刀具调用处单击右键,出现了另一个快捷菜单,可实现改变刀具库等功能。

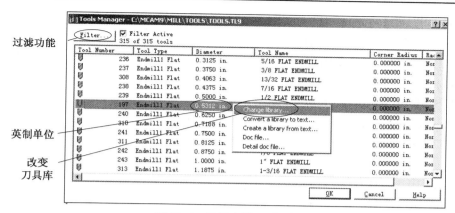

图 10.4 刀具库管理对话框

① 过滤功能(Filter)：单击该功能，出现刀具过滤界面，如图 10.5 所示。可过滤掉不需要的刀具类型及其参数，只显示所需刀具类型及其参数。

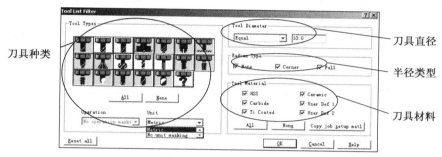

图 10.5 刀具过滤界面

刀具种类：图中可看到各种类型的刀具，当光标移动到刀具图标上时，即会显示出相应刀具的名称。

Operation 下拉菜单设定要显示的刀具：

● Used by operation：显示正在使用的刀具。

● Not used by operation：显示不在使用的刀具。

Unit 下拉菜单显示要设定的单位：

● Metric：公制单位。

● English：英制单位。

● No unit masking：无单位。

刀具直径：用来选择要显示的刀具直径尺寸。

● Ignore：忽略刀具直径，即显示所有刀具。

● Equal：显示用户所输入的刀具直径的所有刀具。

● Less than：显示小于用户所输入尺寸的所有刀具。

● Greater than：显示大于用户所输入尺寸的所有刀具。

● Between：显示用户所输入的两尺寸之间的所有刀具。

半径类型：可设置按刀尖的半径形式显示刀具。

- None：没有刀尖，即显示平面端铣刀。
- Corner：显示刀尖为圆角的刀具。
- Full：显示全半径圆角的刀具。

刀具材料：按刀具材料显示刀具的种类：

- HSS(High Speed Steel)：高速钢。
- Carbide：硬质合金。
- Ti Coated：涂钛刀具。
- Ceramic：陶瓷刀具。
- User Def 1：用户自定义 1。
- User Def 1：用户自定义 1。
- All：单击该选项即选取上面的所有刀具材料。
- None：单击该选项即不定义刀具材料。
- Copy job setup material：单击该选项使用与工件相同的材料。

② 改变刀具库功能(Change library)：如果当前刀具库不是我们需要的公制单位而是英制单位时，可更换刀具库，在所选刀具上或空白处单击鼠标右键，弹出一个对话框如图。单击"Change library…"弹出图 10.6 所示的对话框，从中便可选用公制单位刀具库(TOOLS_MM. TL9)，按"保存"返回刀具库管理对话框。

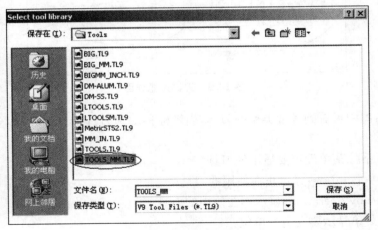

图 10.6　选择刀具库

③ 将刀具库转变成文本(Convert a library to text)：通过该功能把刀具库数据保存为文本形式。这样可以通过记事本方式打开文本形式的刀具库数据，进行文本编辑，修改文本形式的刀具数据。该功能主要用于对 Mastercam 软件切削用量的二次开发。

④ 从文本创建一个刀具库(Create a library from text)：与 Convert a library to text 功能是一个逆过程。

⑤ Doc file：存成简易文档。

⑥ Detail doc file：存成详细文档。

(2) Create new tool：构建一把新刀具，增添在刀具显示区或存入某一刀具库中。

Mastercam 提供了丰富的刀具资源，无论是粗、精加工，一般都能在刀库中找到合适的刀具。若不能满足用户要求也可用该功能构建一把新刀具。

单击"Create new tool"功能,在弹出的 Define Tool(定义刀具)对话框里有三个选项:当前刀具设置,刀具类型设置和加工参数设置。

① 刀具类型设置:在图 10.7 中选定刀具类型。常用的刀具类型如表 10.1 所示:

表 10.1　常用的刀具类型

英文名称	中文名称	英文名称	中文名称	英文名称	中文名称
Face mill	端面铣刀	Center drill	中心钻	Reamer	铰　刀
Slot mill	丁形铣刀	Drill	钻　头	Bore bar	镗　刀
Flat Endmill	键槽铣刀	Bull Mill	牛鼻刀	Spot drill	锪孔刀
Sphere mill	球头刀	Dove mill	燕尾铣刀	Tap L/RH	左/右旋丝攻

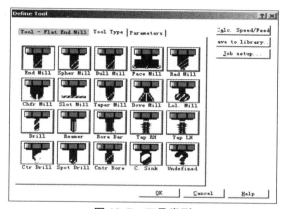

图 10.7　刀具类型

② 当前刀具在图 10.8 中定义当前刀具、刀柄的相关参数。

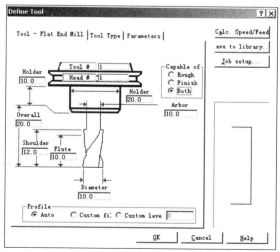

图 10.8　定义刀具、刀柄的尺寸参数

不同类型的刀具定义的参数略有不同,一般有以下几个选项:

● Diameter:刀具直径。

● Flute:刀具有效切削刃长度。

● Shoulder:刀具刀刃总长度。

● Overall:刀具伸出刀柄夹头长度。

● Holder:刀柄夹头(其中有长度和直径尺寸)。

● Arbor:刀具夹持部分的直径。

● Tool♯:刀具编号。

● Capable of 可选项。

● Rough:粗加工,选取该单选项,该刀具只能在粗加工中使用。

● Finish:精加工,选取该单选项,该刀具只能在精加工中使用。

● Both:选取该单选项,该刀具在粗加工、精加工中都可使用。

　③ 刀具加工参数设置(Parameters):单击图 10.8 中的 Parameters 选项,可打开图 10.9 中的加工参数设置功能。用来设置加工过程中切削用量等参数。

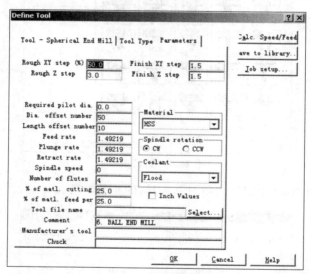

图 10.9　加工参数的设置

Parameters 选项的主要参数的含义为:

● Rough XY step(%):粗加工时,刀具在 XY 平面的步距,以刀具直径的百分比来表示。

● Rough Z step:粗加工时,刀具在 Z 轴方向上的进刀量。

● Finish XY step:精加工时,刀具在 XY 平面的步距。

● Finish Z step:精加工时,刀具在 Z 轴方向的进刀量。

● Required pilot dia:一般可以不设置。当一个零件需要进行镗孔、攻丝等加工时,用于设置引导孔直径。

● Dia. offset number:设置刀具直径偏置补偿号。在该选项的文本框中,如输入"2",则在 CAM 生成的程序中刀具直径偏置补偿号加"D2"。

● Length offset number:设置刀具长度偏置补偿号。与刀具直径偏补号类似,长度偏置是刀具在长度方向上的偏置补偿。在该选项的文本框中，如输入"3"，则程序中长度偏置补偿号为"H3"。

● Feed rate：设置进给率。用来设置刀具在切削平面中的进给速度。

● Plunge rate：下刀进给率。用来控制下刀时刀具的切削速度。

● Retract rate：设置退刀速度。用来控制刀具退刀时的速度。

● Spindle speed：设置主轴转速。

● Number of flutes：设置刀具齿数。在 Mastercam 中，可根据刀具齿数，刀具直径以及刀具材料自动计算出主轴转速（Spindle speed）和进给速度（Feed rate）。

● % of matl. cutting：设置刀具在切削工件时的切削速度，用百分比表示。用户可以在"Job Setup"对话框中设置，再根据具体情况用该百分比调整。

● % of matl. feed per：设置适合的刀具每齿进给率，用百分比表示。用户可以在"Job Setup"对话框中设置，再根据具体情况用该百分比调整。

● Tool file name：设置刀具文件名称。该参数可以选择刀具图形文件，单击文本框右边的"Select"按钮，系统则弹出一个刀具名称选择框，可以从中选择文件名称给当前创建的刀具命名；如果不选择，则系统根据刀具的定义自动创建一个文件名。

● Comment：给刀具添加一个注释。

● Manufacturer's tool：刀具制造商。显示有关刀具购买信息。

● Chuck：夹头。显示刀具夹头的有关信息。

● Material：该下拉列表框中可选择各种材料的刀具。

● Spindle rotation：用于设置主轴旋转方向。"CW"为顺时针旋转，"CCW"为逆时针旋转。

● Coolant：加工工件时冷却液的选择。该下拉列表中有 4 个选择：冷却液关闭"Off"；"Flood"为液体冷却液冷却工件；"Mist"为喷雾冷却；"Tool"为加工时，冷却液直接用来冷却刀具部分。

● Inch Values：英制单位。不选中则为系统的默认公制单位。

● Calc. Speed/Feed（calculates speed/feed）：在"DefineTool"对话框中的右边，即为计算转速或者进给速度。单击该按钮系统根据左侧设定的刀具齿数，刀具直径以及刀具材料自动计算出主轴转速和进给速度。

● Save to library：保存到刀具库中。即把用户设定好的刀具保存到刀具库中。

● Job setup：工件设置，单击该按钮可以返回到"Job setup"对话框中对工件进行重新设置。

（3）get oprations from library：从档案库中调出一个原有的，预先设定好的操作参数模板。如图 10.10 所示。

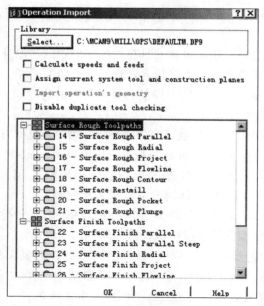

图 10.10　调出设置好的参数模板

（4）feed and speed calculator：进给或转速计算。根据机床实际情况修改当前材料库和刀具库中的设置。修改后便自动把更新后产生的切削用量存入刀具参数中。如图 10.11 所示。

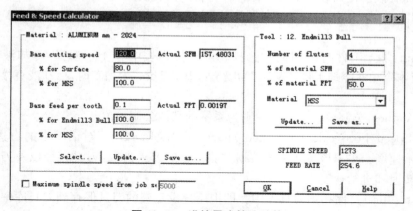

图 10.11　进给量或转速计算

（5）Job Setup：工作设置，在下一节中讲述。

2）切削用量参数区域

在数控加工中，切削用量选择是否合理直接影响零件的加工精度和生产效率。在此区域可直接选择，也可通过 Mastercam 的一些功能来实现。如前所述可通过创建新刀具（Create new tool）的三个选项来分别定义。定义出的数值可直接显示在该区域。这一功能为切削用量的自动生成，提供了很好的二次开发平台。

10.1.3　工作设置

进入工作设置功能（Job Setup）有多个入口，其中可以在主菜单中单击 Toolpaths（刀具路径)命令,在弹出的菜单中再选择 Job Setup(工件设置)命令,将弹出如图 10.12 所示的毛坯设置对话框,在这个对话框中可对工件毛坯和工件材料的参数进行设置。

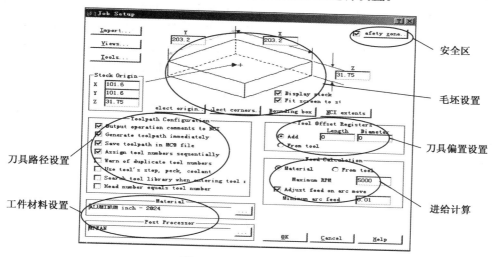

图 10.12　工件毛坯设置

1) 毛坯设置

(1) 工件毛坯的设置有以下几种方式:

① 可直接在图 10.12 中设置毛坯的长、宽、高,即在该对话框中毛坯的 X、Y、Z 三个文本输入框中输入长、宽、高数据,在 Steck Origin(毛坯原点)的 X、Y 、Z 文本框中输入毛坯上表面中心在坐标系中的坐标值。

② 单击"Select corners(选择角)"按钮,在绘图区中选择两个点,作为矩形毛坯的对角点退回毛坯设置,再设置毛坯的厚度。

③ 单击"Bounding box(边界盒)"按钮,系统则会弹出"Bounding Box"对话框,如图 10.13 所示。利用该对话框,可以创建一个边界盒,也可以在 X、Y、Z 三个坐标中对其进行延伸放大边界盒尺寸。

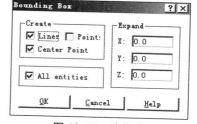

④ 单击"NCI extents(NCI 范围)"按钮,可根据刀具在 NCI 文件中的尺寸数据自动计算产生毛坯。

(2) 工件原点的设置方式有两种:

① Stock Origin(工件原点):其中工件原点 X、Y 数值,即毛坯 X 方向,Y 方向的中点在坐标系中的值,Z 为毛坯表面的坐标值。

图 10.13　边界盒

② 单击"Select origin(选择工件原点)"按钮,画面将会转入绘图区,在绘图区中选择需要的一点作为工件原点,系统则会把该点作为对话框中的红箭头所指向的点,即工件原点。

(3) 显示选项:

① Display stock (显示工件):选中后,在绘图区显示工件毛坯框架。

② Fit screen to stock(适合屏幕大小):选中后,工件毛坯在绘图区中显示为适合屏幕的大小。

2）工件材料设置

该功能用来选择被加工工件材料类型,再根据所选刀具从而选择出合理的切削用量。

单击"Job Setup"对话框中 Material(材料)选项组中右边的扩展按钮,将弹出如图 10.14 所示的 Material 对话框,在这个对话框中显示的是工件材料库。材料库中有各种丰富的加工材料类型,用户可从中选择相应的加工材料。双击所选材料后,如图 10.15 所示,可显示该材料在铣削时的线切削速度以及刀具的每齿进刀量。用户可根据刀具类型(如铣刀、球刀、钻头等)以及加工类型(如挖槽、外形铣削、曲面加工)选择合适的百分比进行优化,从而选择出合理的切削用量。如选择其他材料的刀具进行切削,可通过调整对话框右半部分显示的刀具材料的百分比来实现切削用量的自动产生。

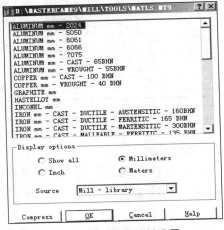

图 10.14　工件材料设置

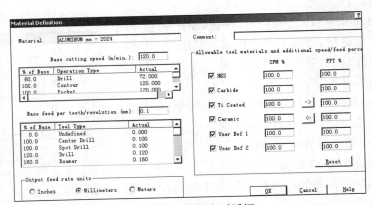

图 10.15　材料库对话框

在大多数情况下,可直接在材料库中选择。如果在列表中找不到具体的材料牌号,可以稍微修改或重新创建一个新材料。这一功能提供了一个计算切削用量的平台,通过二次开发可自动产生合理的切削用量。

各参数的定义:

Material(材料名称):定义该材料名称。

Comment(注释):给定义的材料加以注解。

Base cutting speed(基本切削速度):指高速钢刀具切削该指定材料的切削速度。不同刀具切削不同材料的切削速度是不一样的。

Base feed per tooth/revolution(基本进给率):刀具的每齿进刀量,每转供给量。可查附录 1 中常用的切削用量表得到该数据。

Output feed rate units(进给率的单位):进给率的输出方式有 3 个选项:Inches(英寸),Millimeters(毫米)和 Meters(米)。

Allowable tool materials and additional speed/feed percentage(允许用刀具材料、速度和进给的百分率):可以从列出的材料中选中一个或者多个材料,选用不同材料的刀具,可在基本设置的基础上乘以相应的系数。

3) 工件的加工设置

工件的加工设置,主要针对工件加工前刀具路径,刀具偏置,以及安全区等参数的设置。

(1) Safetyzone(安全区设置):四轴或五轴加工时,对刀具安全区域的设置,在 Master-cam8.0 以前版本没有该功能选项。选中图 10.12 中该选项并单击该按钮,将弹出图 10.16 所示的对话框。安全区域的设置有以下 3 种选项:

Rectangular(矩形的):定义一个矩形的安全区域,如图 10.16(a)。

Spherical(球形):定义一个球形的安全区域,如图 10.16(b)。

Cylindrical(圆柱形):定义一个圆柱形的安全区域,如图 10.16(c)。

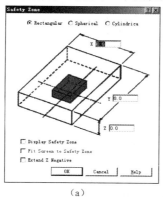

(a)

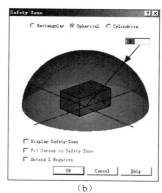

(b)

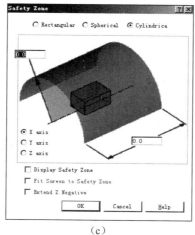

(c)

图 10.16　安全区域设置

其中的某些参数略有所不同：

Display Safety Zone：显示安全区域。

Fit screen to safety zone：设置适合屏幕的安全区域，这一项只有前一项被选中后才可见。

Extend Z Negative：显示安全区域的 Z 轴方向的深度。

（2）Toolpath Configuration（刀具路径设置）。

Output operation comments to NCI：设置是否将输出操作注解到 NCI 刀具路径文件中。单击空白框出现"对钩"时即选中。

Generate toolpath immediately：设置是否立即产生刀具路径。选中后，当创建一个新的刀具路径时，会立即产生一个 NCI 文件；如果不选中，就必须通过操作管理菜单中的 Regen path（重新计算）命令来实现。通常默认选中方式。

Save toolpath in MC9 file：设置将刀具路径保存成 MC9 文件。保存后再次打开 MC9 文件时，可以省略重新生成刀具路径的时间。

Assign tool numbers sequentially：设置依序指定刀具号。选中后系统将依据用户所选刀具依序指定刀具号覆盖掉保存在刀具库中的数据。

Warn of duplicate tool numbers：设置警告重复刀具号。选中后当刀具号被重复输入时，系统将提示并显示重复刀具号的刀具信息。

Use tool's step，peck，coolant：设置是否使用刀具的步距、步进、冷却液。当选中该选项时，系统将忽略保存在刀具路径中的默认的步距、步进和冷却液。

Search tool library when entering tool：设置是否使用刀具库的参数。

Head number equals tool number：如果选中该复选框，当创建一个刀具路径时，系统将直接用这个刀具号作为主刀号；如果不选中，主刀号将为被选中刀具的已被存储的默认刀号。

（3）Tool offset Registers（刀具偏置设置）。

Add：给指定刀具号设定刀具长度偏置和直径偏置。

From tool：依据刀具定义中的长度偏置和直径偏置。

（4）Feed Calculation（进给计算）。

Material：根据工件材料计算刀具的进给率，数据来自于材料库。

From tool：根据刀具计算进给率，进刀速度，退刀速度和主轴转速。

Maximum RPM：限制主轴的最大转速，单位为 RPM（转/分钟）。

Adjust feed on arc move：加工到圆弧时，是否调整到加工圆弧时的进给率，这个进给率不能超过线性进给率，也不能低于下面选项中的最小圆弧进给率。

Minimum arc feed：加工圆弧时的最小圆弧进给率。

（5）PostProcessor（后置处理）。

该选项组可设置后置处理功能模块。生成的刀具路径文件是一个二进制文件，但数控机床并不能识别这些文件。要想让系统把这些文件转变成数控机床能识别的文件，就需要通过后置处理功能生成数控机床能识别的数控加工程序。在下一节中详述。

10.1.4　操作管理

操作管理中列出了零件加工的所有操作，其中包括相关性非相关性的刀具路径，使用该对话框可以分类、编辑、修改刀具路径和刀具参数重新生成刀具路径，仿真模拟刀具切削实体，生成加工报表取得程序的加工时间,并且利用后置处理模块来生成数控加工程序。设对话框功能有很大的实用意义。

进入该功能有多个入口,其中可以在主菜单中单击"Toolpaths"(刀具路径)命令,在弹出的菜单中再选择"Operation Manager"(操作管理)命令,将弹出如图 10.17 所示的操作管理对话框。对话框分左右两部分:

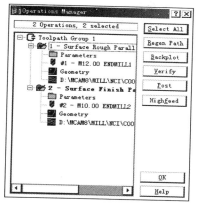

图 10.17　操作管理

Backplot:		刀具路径模拟:	
Step		单步执行	
Run		自动执行	
Display		显示	
Show path	Y	显示路径	是
Show tool	N	显示刀具	否
MC9 name		MC9 名称	
Verify	N	实体仿真	否
This MC9	Y	MC9 文件	是

图 10.18　刀具路径模拟菜单

1) 操作模型树栏

左边列表框中显示的是刀具路径生成后的操作模型树栏,以文件夹的形式设置。有几道加工工序,就会有几个不同的文件夹,这些文件夹中的选项都是相同的,都可以进行同样的设置。

📁 参数设置:单击图标可直接进入该项的参数设定界面。该功能对修改加工参数很方便,特别是对于学生的实习很有用,因为学生所具有的刀具、工艺、数控加工的知识还不丰富,特别是综合实用能力还差一些,所以参数设置不容易合理,常需要修改。该功能提供了一个快捷、便利的方法。

🛡 刀具参数:该工序所用刀具的加工参数和几何参数。

🗨 图形参数:单击图标可显示操作管理器,显示每个曲面、曲线、实体的操作并可修改。

≈ 刀具路径文件:单击图标可进入刀具路径模拟方式。

这些文件,可以进行复制、删除、粘贴等操作。

2) 操作管理功能选项

显示在对话框右边的六种功能选项。

(1) Back plot(刀具路径模拟):单击该选项或在主菜单中依次选择 NC unti/Back plot 命令,主菜单区会显示如图10.18所示子菜单。

各功能含义:

Step(单步执行):如果单击这个命令,将显示一步刀具路径。如果想要连续的加工,则需要不停的单击这个命令。

Run(自动执行):单击该命令后,刀具会连续显示刀具路径模拟加工过程。

Display(显示):使用该命令可以进行相关的显示参数设置。

Show path(显示路径):是否在屏幕上显示刀具路径轨迹。设为 Y 则显示刀具路径轨迹,设为"N",则不显示刀具路径。通常设为"Y",以便直观地看到刀具的加工过程。

Show tool(显示刀具):如果设置为"Y",在刀具路径显示的过程中将会显示刀具;如果设置为"N",则不显示刀具。通常设为"Y",以便直观地看到刀具的加工过程是否产生干涉。

Show hold（显示刀柄）:如果设置为"Y",在加工路径显示的过程中,会显示刀柄;如果设置为"N",则不显示刀柄。如图 10.19 所示是显示刀具和刀柄的加工示意图。

NCI name(NCl 名称):重新选择一个文件名,重绘刀具路径。

Verify（着色检验刀具路径):如果设置为"Y",则着色显示刀具路径;如果设置为"N",则不显示刀具路径。

MC9 file:MC9 文件。

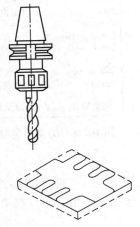

图 10.19　显示刀具和刀柄

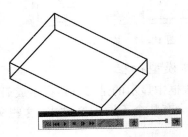

图 10.20　实体切削仿真

(2) Regen Path(重新计算刀具路径):当用户修改了当前刀具路径中的某些参数后,NCI 文件图标上将会有一个红色"X"符号提示用户参数已改,需单击该功能重新计算刀具路径。

(3) Verify(实体切削检验):该功能用来仿真实体切削的情况,检验刀具路径。是 Mastercam 使用中很重要的实用功能,该仿真过程中的刀具路径与实际的情况是一样的,所以只要仿真没有过切、干涉,实际切削也不会有问题。单击该功能键,进入实体仿真界面。如图 10.20 所示。该工具栏上有一些放映控制按钮,如播放、暂停等。

:Configure(参数设置),单击该按键后,将会弹出如图 10.21 所示的对话框。

对话框中显示的是刀具路径加工模拟中的显示设置。可以更改毛坯的几何形状、尺寸大小以及刀具显示等。

注意:在工作设定中设定毛坯尺寸后必须选择该对话框中的"使用工作设定中的数值"(use job setup values)选项,该设定才有效,否则自动使用默认的毛坯尺寸。

:通过该功能可显示加工后工件的剖切截面。即单击剖切点和要保留的部分即可显示剖切截面。

:重新更改光源,改变显示效果。

:刷新放大显示区域。

:把工件毛坯文件保存成 STL 文件。STL 文件是 3D 模型文件,可作为毛坯文件被新版的加工系统利用。

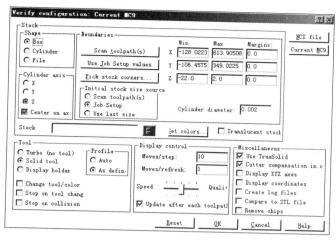

图 10.21　实体参数设置

![慢速控制键图标] :慢速控制键,可以放慢加工路径演示的速度。

![快速控制键图标] :快速控制键,可以加快加工路径演示的速度。

![开始实体仿真图标] :开始实体仿真。

![重新开始图标] :重新开始。

![暂停图标] :暂停。

（4）Select All(选择所有):选取操作管理器中的所有操作即选择所有加工工序文件进行模拟或后置处理。不选取该功能时可以单选某一工序进行模拟或进行后置处理操作。

（5）Highfeed(高速加工):该功能可以在保证加工精度的同时自动优化进给率以减少加工所需时间,在每一个刀具位置计算出不同的进给率,以缩短加工周期,达到最佳控制方式。

（6）Post (后置处理):通过计算机模拟加工过程,最终的目的还是要得到 CNC 控制器即数控机床可以识别的 NC 代码即数控加工程序。通过该功能可以自动生成数控加工程序。单击该功能弹出如图 10.22 所示对话框。

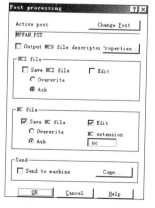

图 10.22　后置处理

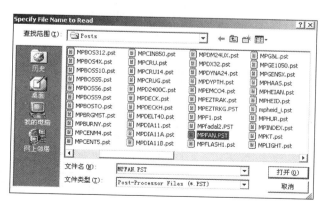

图 10.23　后置处理程序选择

Change post(更换后置处理程序):后置处理程序有很多种可供选择,如图 10.23 所示。不同的数控机床需要不同的后置处理程序,从而生成出该数控机床系统所需要的加工程序。该图显示默认的是 FANUC 系统的后置处理程序"MPFAN. PST",其生成出加工程序中的圆弧是用半径表示。如果某机床只能接受用圆心表示的程序时,就必须更换后置处理程序,否则机床将不执行该程序。

Save NCI file:保存 NCI 文件并且可以用记事本打开它进行编辑。如图 10.24 显示刀具路径文件。

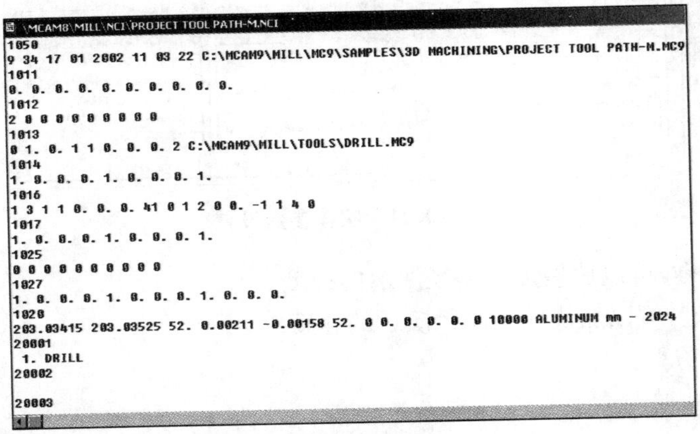

```
\MCAM8\MILL\NCI\PROJECT TOOL PATH-M.NCI
1050
9 34 17 01 2002 11 03 22 C:\MCAM9\MILL\MC9\SAMPLES\3D MACHINING\PROJECT TOOL PATH-M.MC9
1011
0. 0. 0. 0. 0. 0. 0. 0. 0. 0.
1012
2 0 0 0 0 0 0 0 0 0
1013
0 1. 0. 1 1 0. 0. 0. 2 C:\MCAM9\MILL\TOOLS\DRILL.MC9
1014
1. 0. 0. 0. 1. 0. 0. 0. 1.
1016
1 3 1 1 0. 0. 0. 41 0 1 2 0 0. -1 1 4 0
1017
1. 0. 0. 0. 1. 0. 0. 0. 1.
1025
0 0 0 0 0 0 0 0 0 0
1027
1. 0. 0. 0. 1. 0. 0. 0. 1. 0. 0. 0.
1020
203.03415 203.03525 52. 0.00211 -0.00158 52. 0 0. 0. 0. 0. 0 10000 ALUMINUM mm - 2024
20001
 1. DRILL
20002

20003
```

图 10.24　刀具路径文件

Save NC file:保存 NC 文件并且可以用记事本打开它进行编辑。

Edit:如果同时选中该复选框,在保存的过程中系统会提示输入路径后,会自动打开这两个文件,如图 10.25 所示。

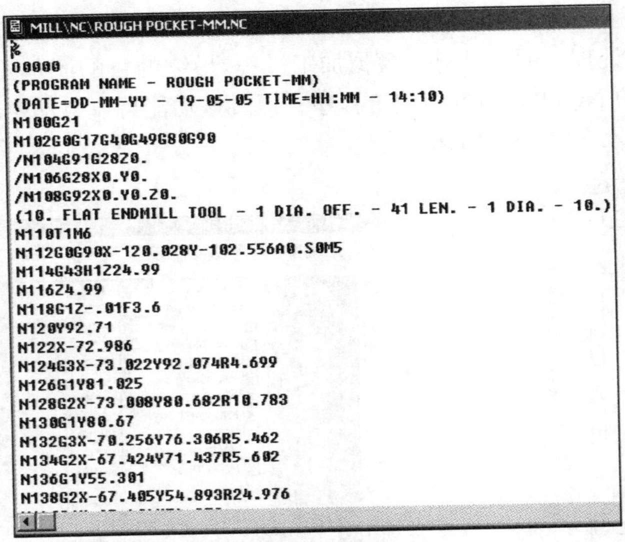

```
MILL\NC\ROUGH POCKET-MM.NC
%
O0000
(PROGRAM NAME - ROUGH POCKET-MM)
(DATE=DD-MM-YY - 19-05-05 TIME=HH:MM - 14:10)
N100G21
N102G0G17G40G49G80G90
/N104G91G28Z0.
/N106G28X0.Y0.
/N108G92X0.Y0.Z0.
(10. FLAT ENDMILL TOOL - 1 DIA. OFF. - 41 LEN. - 1 DIA. - 10.)
N110T1M6
N112G0G90X-120.028Y-102.556A0.S0M5
N114G43H1Z24.99
N116Z4.99
N118G1Z-.01F3.6
N120Y92.71
N122X-72.986
N124G3X-73.022Y92.074R4.699
N126G1Y81.025
N128G2X-73.008Y80.682R10.783
N130G1Y80.67
N132G3X-70.256Y76.306R5.462
N134G2X-67.424Y71.437R5.602
N136G1Y55.301
N138G2X-67.405Y54.893R24.976
```

图 10.25　加工程序文件

Send to machine:把生成出的加工程序传送到机床进行加工。

10.1.5　DNC加工

在计算机中用CAM生成出加工零件的刀具轨迹和数控加工程序,但要加工出零件必须把数控程序送到控制器中或用DNC功能直接由计算机控制机床进行加工。

一般处理方法为:短的程序由计算机一次性送给机床控制器,再进行加工;加工大的模具零件的程序很长,通常在万条以上,数控机床一次存储不下,如果进行多次分段传送加工,加工效率低,而且在精加工时,由于程序结束主轴停转,再启动接着加工,在工件表面产生接刀刀痕。有些情况下需要控制多台数控机床进行加工,所以DNC加工方法越来越得到广泛应用。

1) DNC系统的组成

上位机通过智能化接口与数控机床连接,构成信息的双向通信网络。上位机与数控系统之间以及数控系统间的连接方式可以有星形、环形及总线等多种形式,但在DNC中总线用得最多,如图10.26所示。上位机可以是工作站,亦可以为微机。智能化接口的任务是:从上位机接受信号,向各数控系统分配并传送;从CNC系统采集数据,向上位机传送。

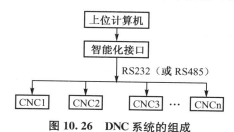

图10.26　DNC系统的组成

目前比较实用的DNC系统的组成是通过网络进行分配传送,如图10.27所示。

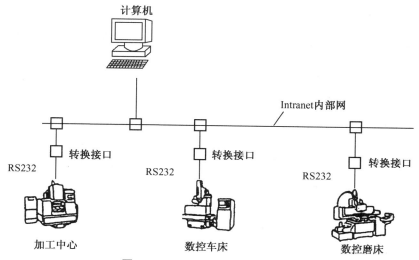

图10.27　通过网络进行分配传送

2) DNC通信工作流程

把加工程序传输到机床,必须把参数设置成与机床一致的通信协议。

如图 10.28 所示工作流程,DNC 通信流程中包括以下一些工作:

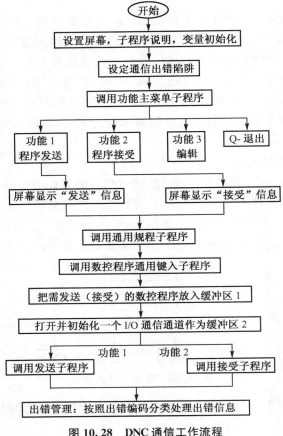

图 10.28　DNC 通信工作流程

(1) 设定机床数控系统通信规程,如格式、波特率、奇偶校验方式、数据字节长度、停止位的数目、缓冲区大小以及设定控制信号的等待时间等。数控系统与上位机要设定成一致。

(2) 读取通信线路的工作状态,判断是否可以进行通信。

(3) 送出(或接受)一个数据字节。

(4) 对传输的数据循环校验,并发出"正确"或"出错"信息,确保通信过程正确无误。

(5) 重复 2~4 步骤。

(6) 机床数控系统内部内存溢出前发出控制信息,暂停数据传送,机床继续在加工,当机床数控系统中的程序被执行得仅剩规定的条数时,数控系统向上位机发出加工程序快要执行完的信息,上位机接受到该信息又继续发送,这样循环进行直到 NC 程序全部执行完成。

3) 用 Mastercam 软件进行通信的具体操作方式

(1) 利用通信功能进行通信。

File→Next menu→Communic(文档→下一个菜单→通信),如图 10.29 所示。

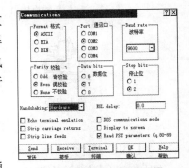

图 10.29　通信参数设置

选项说明：

Format(格式)：即数控程序所使用的代码种类。

Port(通信口)：当前通信所使用的通信串行口。

Baud rate(波特率)：串行通信的速度(每秒传送的字节数)。

Parity(校验)：校验通信是否出错的方式。

Data bits(数据位)：传送单个字节的数据位数。

Stop bits(停止位)：传送数据停止位的位数。

Handshaking(握手协定)：有三个选项，即：① None：没有协定，直接传送不进行校验；② Software：软件传送协定，能进行奇偶校验，但不能进行 DNC；③ Hardware：硬件传送协定，能进行奇偶校验、DNC 加工。

Echo terminal emulation：回应终端机模拟信息。

Strip carriage return：压抑机架返回(CR)。

Strip line feeds：压抑列进给(LF)，程序每段结束应有回车符(LF)。

DOS communication mode：传输时用 DOS 模式。

Display to screen：在屏幕上显示。

Read PTS parameters (q80~89)：读取后处理程序的参数(q80~89)。

当使用的计算机为终端机时，选择终端机，打开终端模拟窗口，用键盘发出命令送给所连接的计算机(主机)，让主机控制机床加工。

选项设定完，核实设定是否正确，当接受设备(数控机床)已准备好，单击发送按钮，在读对话框中定义一个要发送的文件名，单击打开就开始发送。选取"Display to screen"(在屏幕上显示)，在屏幕上能看到发送程序的过程。

(2) 利用编辑器功能进行通信。

File→Edit→Editor(文档→编辑→编辑器)，选择 CIMCOEDIT 编辑器如图 10.30，然后打开一个 NC 程序，如图 10.31 所示。

注意：生成出的加工程序头部和尾部必须按机床系统的识别标记格式，否则将无法通信。

图 10.30 选择编辑器

图 10.31 用编辑器打开程序

在打开的程序编辑器中可以选择传输功能(Transmission)中的 DNC 设置功能(DNC setup)如图 10.32 所示。其参数设置内容与前一种方法一样。参数设置完毕选择发送功能

（send）发送到机床，如图 10.33 所示。

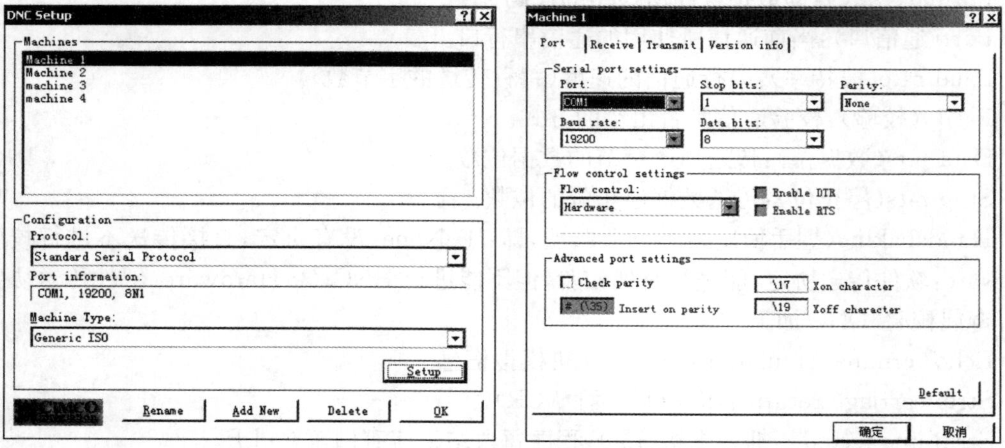

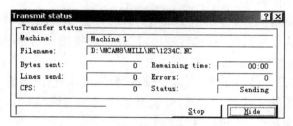

图 10.32　DNC 设置功能

图 10.33　传输状态

10.2　外形铣削

外形铣削功能即为轮廓切削。是沿着二维或三维的轮廓外形切削，外形可以是敞开式的或封闭形的，可以分多道粗、精加工切削出外形轮廓。入口路径为 Tool path—Contour（刀具路径—外形铣削）。

10.2.1　外形铣削参数设定

如图 10.34 所示为外形铣削参数设定。

1）绝对坐标和增量坐标的解释

Absolute 绝对坐标是相对于坐标系零点的值。Incremental 相对坐标是相对于工件毛坯顶面的高度。如图 10.35 所示。

2）公共参数

该菜单左半部分为刀具进、退刀的设定，以后各种切削方式中通用的设置，在该节介绍之后，就不再说明。

（1）Clearance（安全高度）：刀具快速定位的高度，Z 轴坐标值，绝对坐标值是相对于空间坐标系 Z0 的值，相对坐标值是相对于毛坯顶面的 Z 值。通常用绝对坐标，毛坯顶面设定为 0

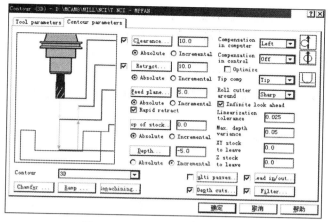

图 10.34   外形铣削的参数设置

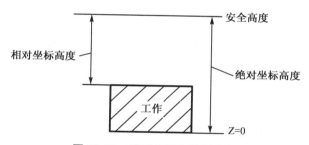

图 10.35   绝对坐标和增量坐标

时,安全高度设定为 10 左右,对于加工过的表面取值比 10 小些,未加工过的毛坯表面取值比 10 大些。设定方法:可单击"Clearance"按钮,在图形上选择一点,或直接从文本输入框输入数值。

(2) Retract(退刀高度):刀具部分切削或全部切削完成后抬刀的高度(位置),通常可设置成与安全高度相同的值或更高的位置(如 10 mm)。设定方法同上。

(3) Feed plane(进给平面高度):从 G00 快速进给改变为 G01 工作进给时的刀具高度。原则为:保证 G00 快进刀具碰不到工件,通常设为 2~3 mm。

(4) Top of stock(毛坯顶面高度):毛坯顶面(工件上表面)的 Z 坐标值。为了对刀方便,通常设定为 0(取绝对坐标时)。

(5) Depth(加工深度):外形加工的深度,即刀具路径在最低时的深度值。

(6) Compensation in computer(在计算机里补偿):该项设定刀具补偿是否在计算机里进行。选择在计算机里补偿,则按照外形补偿后的刀具中心轨迹生成程序,直接用于加工,不需要在控制器里再进行刀补了,即生成出的加工程序中没有刀补指令。

选项有三个:Off:不进行补偿;Left:刀具左补;Right:刀具右补。

(7) Compensation in control(在控制器里补偿):设定刀具补偿是否在控制器(即数控机床控制系统)里进行。选择在控制器里补偿即按外形轮廓生成程序,在控制器中需用刀补指令进行补偿,生成出的加工程序中有刀补指令(G41/G42/G40)。

(8) Optimize(优化):该选项可消除在刀具路径中小于或等于刀具半径的圆弧,防止过切。计算机补偿关闭或在控制器中有补偿时才有效。

(9) Tip comp(刀尖补偿):该项参数是选择刀具的补偿原点(即刀位点)在刀具端头的中心还是在刀尖。是球头刀和倒圆角刀的选项。选择"Center"则刀具端头中心为补偿原点,选择 Tip 则刀尖为补偿原点。平头刀选择"Tip"。

(10) Roll cutter around corners(铣刀转角型式设定):在计算机里使用刀补,该选项才有意义,即刀具路径在转角处插入圆弧。

选项有:① None 转角处不插入圆弧;如图 10.36(a)所示② Sharp 只有锐角在转角插入圆弧,锐角定义为小于等于 135°。如图 10.36(b)、(c)所示。

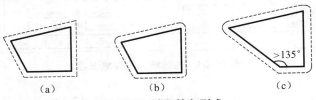

图 10.36　铣刀转角型式

(11) Infinite look ahead(寻找相交性):自动寻找刀具路径的自我相交性,如相交有过切则会自动调整,防止过切。

(12) Linearization tolerance (线性公差):在刀具路径的计算中,把曲线转换为线段,用直线逼近曲线时的最大误差允许值。线性公差小,产生的刀具路径精度高,计算刀具路径时间长,NC 程序长,设置一个合适的公差,既保证加工的精度,NC 程序又不致太长。

(13) Max. depth variance(最大深度偏差):当外形铣削计算刀具补偿时,适用于三维外形的刀具路径,两个相邻三维图素的补偿可不相交,最大深度偏差设置 Z 向的值,可调整为一个平滑的相交。

(14) XY Stock to leave(XY 方向毛坯余量):粗加工后留给精加工的余量,毛坯余量的设定是与计算机的补偿有关,设定值为正值。系统计算补偿时在补偿方向增加一个余量值。当设定为负值,系统计算补偿时在补偿方向减去一个余量值。

(15) Z Stock to leave(Z 方向毛坯余量):Z 方向粗加工后留给精加工的余量。

(16) Depth cuts(深度方向切削):设定菜单见图 10.37 所示。

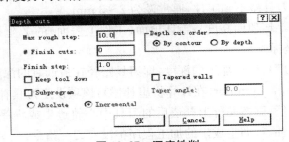

图 10.37　深度铣削

当切削深度较深时,必须每层进行粗、精加工,以保证零件加工质量。

● Max rough step 每层最大切削深度。

● Finish cuts 精加工次数。

● Finish step 每次精加工余量。

● Keep tool down 每层铣削完后不抬刀连续向下铣削。若设置螺旋线/斜面下刀方式时,不设置该参数。

● Sub program 设定子程序,缩短程序的长度。

● Depth cut order 深度铣削顺序,按照轮廓还是按照深度铣削。按轮廓铣削指刀具先一个型腔一个型腔地进行粗加工然后再一个型腔一个型腔地进行精加工;按深度铣削指刀具先在一个深度上铣削所有的型腔,再进行下一个深度上的所有型腔的铣削。

Tapered walls 铣斜壁输入锥度角,分层铣削时深度切削形成锥度。如图 10.38(a)所示锥度为 10°,图(b)所示锥度为 0°。

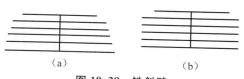

（a）　　　　　　　　　（b）

图 10.38　铣斜壁

(17) Multi passes (XY 方向多次切削):设定菜单见图 10.39。当外形工件材料切除量较大,刀具无法一次加工到规定的尺寸时,利用该功能可以在水平方向沿轮廓多次切削,均匀地切除毛坯余量。图 10.40 所示为加工椭圆凸台加工路径示意图。粗铣三次,精铣一次,把矩形毛坯与椭圆凸台之间的余量切除。

图 10.39　XY 方向多次切削

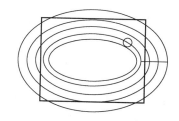

图 10.40　椭圆凸台加工路径

● Roughing passes(粗加工过程):有两个选项:① Number:粗加工次数,设置为 0 不进行粗加工;② Spacing:每次粗加工的量(进给步距)。粗加工量＝粗加工次数×每次粗加工量。

● Finish passes(精加工过程):同样有两个选项:① Number:精加工次数,设置为 0 不进行精加工;② Spacing:每次精加工的量(进给步距)。粗加工留给精加工的余量＝精加工次数×每次精加工量。

● Machine finish passes at:机床精加工过程的条件。该选项能指定精加工过程条件,当选取"Final depth"时仅在最后的深度进行精加工,选取"All depth"在所有深度都执行指定次数的精加工。

● Keep tool down:意义同前。

10.2.2 切向进/切向出

轮廓切削时要求工件轮廓表面光滑,但在切向进/切向出(Lead in/out)时会出现接刀痕迹。为了提高进刀点和退刀点处的表面加工质量,可选择该项,相对于刀具路径的起点和终点,用一段圆弧切向进切向出。设置菜单见图 10.41。

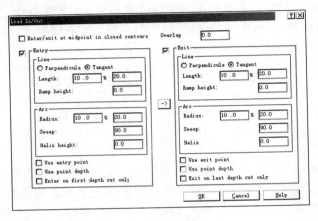

图 10.41　切向进/切向出

1) 参数解释

(1) Overlap(重叠):铣削封闭外形时,退出外形铣削可沿着外形走一段重叠距离再离开,输入重叠距离。

(2) Entry(切向进刀):切向进刀选项是增加一条线/或一段圆弧至所有粗加工的起始处,具体选项有:

● Perpendicular/Tangent(法向/切向):放置进刀线垂直或正切于切削方向,设置方向与垂直旋转的进刀线成 90°朝向刀具正补方向。

● Line length:进刀线长度,设置为 0,无进刀线。

● Ramp height:斜面高度,增加一个斜度切削至进刀线。

● Arc radius(进刀圆弧半径刀具直径百分比):该圆弧总是正切于刀具路径,设置为 0,无进刀圆弧。如图 10.42 所示。

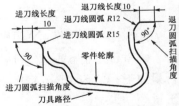

图 10.42　切向进刀/切向退刀

● Arc sweep:进刀圆弧扫描角度。

● Helix height:螺旋状进刀时,螺旋进刀部分的高度。

● Use entry point(使用进刀点):对任何进刀线/弧设置起点,在外形串连作为进刀点之前,系统使用最后串连的点。

● Use point depth(使用点深度):在进刀点深度处开始进刀切削。

● Enter on first depth cut only:只在第一次切削深度进刀。增加进刀移动只在第一次切削开始切削。

(3) Arrow button(箭头按钮):该按钮把进刀区的值复制到退刀区。

(4) Exit(退出):切向退刀各项参数的设定意义与切向进刀对应相同。

2）一个具体零件的外形铣削加工刀具路径的生成过程

（1）调出图形：File→Get（从 MC9 目录中调出该线框图，单击"OPEN"）。

（2）曲面加工入口：Toolpaths→Contour（刀具路径→外形加工）。

（3）系统会提示选择外形串连，用鼠标单击外形轮廓，如图 10.43(a)所示。

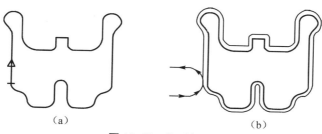

（a）　　　　　　　　　　　（b）

图 10.43　外形加工

（4）弹出参数设定菜单，如图 10.44 所示。设定刀具参数，外形铣削参数。

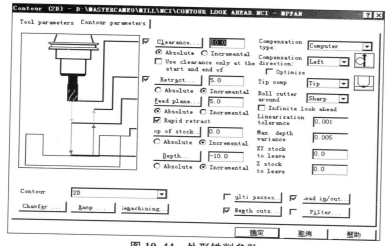

图 10.44　外形铣削参数

设定刀具参数：从刀具库中选择 ϕ12 的平头铣刀，单击"OK"。设定合适的切削用量。

外形铣削参数：主要设定好切削深度，总深度为 10 mm，分两次切削，精修一次。具体参数设定如图 10.45 所示。刀补方向沿轮廓左补，如图 10.43(b)所示。进退刀量沿切向进退刀，具体参数设定如图 10.46 所示。

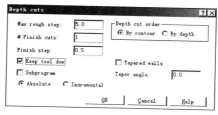

图 10.45　深度切削参数

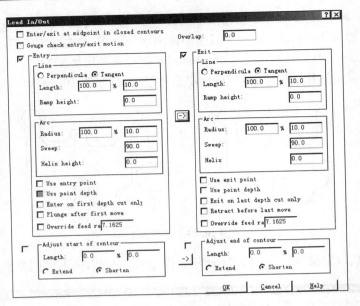

图 10.46　进退刀参数设定

10.3　钻削加工

可以加工单孔或进行一系列孔的钻、扩、攻丝、深孔等加工,有七种固定循环指令和 12 种自定义循环可供选择。适用于孔数多,孔的深度相同的情况,与手工编程相比,具有孔位核对方便,高效的优点。入口路径:Tool path→Drill(刀具路径→钻削)。

10.3.1　钻削参数设置

如图 10.47 所示为钻削参数设置界面:

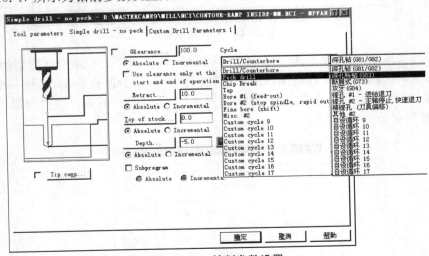

图 10.47　钻削参数设置

(1) Clearance 安全高度;Retract 退刀高度(参考高度);Top of stock 毛坯顶面的设定方

法和意义与外形切削相同。

（2）Depth 钻孔深度即孔底深度,绝对坐标是相对于 Z0 的值,增量坐标相对于选择点的 Z 值,孔底在选择点上方 Z 为正,孔底在选择点下方 Z 为负。

（3）Cycle 循环下拉式菜单中,各循环中参数的意义如图 10.48 所示。

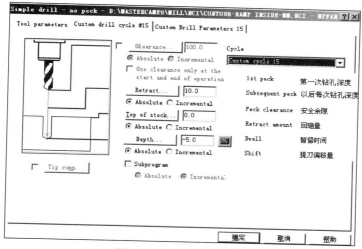

图 10.48　钻孔循环参数

1st peck：第一次钻孔深度,用于普通钻孔/镗孔。

Subsequent peck：以后每次钻孔深度。用于钻深孔。

Peck clearance：安全间隙。

Retract amount：回缩量。

Dwell：暂停时间。

Shift：提刀偏移量。

① 普通钻孔/沉孔：通常钻削深度小于三倍钻头直径的孔。

G81 格式为 G81 X_Y_Z_R_F_

G82 格式为 G82 X_Y_Z_R_P_F_

Z　孔底深度

R　参考高度,刀具工进起始位置

P　暂停时间

Q　步进距离—钻深孔时每次进给距离

F　进给速度

② 钻深孔：有两种情况,一种去屑式,钻头每次钻一个步距的深度都快速抬刀到参考高度,让冷却液冲去切屑,再快速进给到比抬刀位置高 1mm 的地方再工进,这样循环进给;另一种断屑方式,可用于深孔也可用于非深孔的情况:如自动加工生产线为了防止连续的排屑妨碍随行夹具的正常工作,浅孔也采用断屑的方式,钻孔每次钻一个步距,快速退回很小的一个距离,或暂停几秒停止进给以便断屑。

G83 格式为 G83 X_Y_Z_Q_R_F_

G73 格式为 G73 X_Y_Z_Q_R_F_

③ 攻丝:攻右螺纹 G84。

程序格式为:G84 X_Y_Z_R_F_。其中 F 为螺距。

④ 镗孔:快进到参数高度再工进,有多种退刀方式,G85 镗孔进给到底部,主轴不停,以工进速度退刀到安全高度。格式为 G85 X_Y_Z_R_F_。G86 镗孔进给到底部,主轴停止,快速退刀到安全高度。

⑤ 精镗孔(刀具偏移):在孔深处停转,将刀具旋转角度后退刀。

10.3.2　钻削菜单

从主菜单选 Tool path→Drill(刀具路径—钻削)显示,如图 10.49 菜单:

（1）Manual(手动选点):用点输入菜单,产生钻削刀具路径。

（2）Automatic(自动选点):选择一系列的点去产生钻削刀具路径。首先设置第一点,第二步设置搜索方向,最后设置停止点。

（3）Entities(图素选点):选择图素确定钻削点,图素线、弧、样条曲线的端点,图素圆的圆心。

（4）Window pts(窗口选点):用窗口选择点。

（5）Last(上一点):选择上一次钻削的点。

（6）Mask on arc(在圆弧限定的位置选点):在圆弧上用一个指定的半径选择圆弧中心点钻孔,圆弧定向,可在开式或闭式圆弧上。

Point Manar er:add points 点管理：增加点	
Manual	手动选点
Automatic	自动选点
Entities	图素选点
Window pts	窗口选点
Last	上一点
Mask on arc	在圆弧限定的位置选点
Patterns	样板选点
Options	选项
Subpgm ops	子程序操作
Done	执行

图 10.49　钻削菜单

（7）Patterns(样板选点):根据预制的样板定义钻削点的方法。

（8）Subpgm ops(子程序操作):在重复钻削中,使用子程序形式,重复调用。

（9）Options(选项):该功能可以选择钻孔时走刀方式,如图 10.50(a)是平面钻孔中心点的排列方式;图 10.50(b)是旋转型的钻孔中心点的排列方式,图 10.50(c)是交叉型的钻孔中心点的排列方式。三种方式都可以选择是否绘制刀具路径和是否清除重复路径。

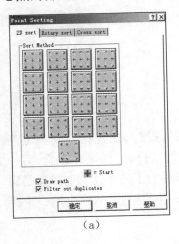
（a）

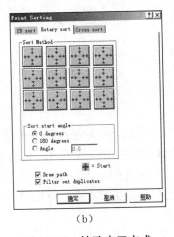
（b）

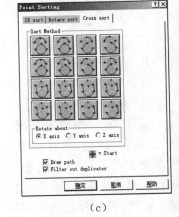
（c）

图 10.50　钻孔走刀方式

10.4　挖槽加工

挖槽加工又称型腔铣削。轮廓外形可以是封闭或敞开的,且中间可以有封闭岛屿,分层地进行粗、精加工。加工走刀路径有多种可选择的方式。

入口路径:Tool path→Pocket(刀具路径→挖槽加工),进入挖槽加工功能,首先选择最外圈的边界,如有岛屿,接着选择内部岛屿边界。定义后,按"Done",进入参数设定菜单。

参数选项有:刀具参数,挖槽参数,粗/精加工参数。其中刀具参数是通用选项,与10.3节相同。以下主要为挖槽参数,参数选项中与外形中参数相同的对应意义相同。

10.4.1　挖槽参数

挖槽参数有几种重要的选项:

(1) Pocket type(挖槽类型):挖槽类型可提供五种挖槽方式如图10.51所示。加工不同类型的型腔需要选择不同类型的挖槽方式。

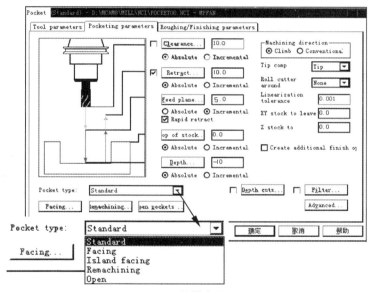

图10.51　挖槽参数设置

① Standard(标准挖槽加工):该选项是系统默认的挖槽类型,一般的挖槽加工使用该选项。

② Facing(挖槽面加工):类似于平面铣削,该功能特点是不仅能在所定义的封闭外形内进行铣削,而且还能沿轮廓向边界延伸加工。单击挖槽面选项(Facing)出现如图10.52所示对话框。

● Overlap percentage(边界超出刀具之百分比):刀具加工时可以轮廓向外延伸,延伸距离用百分比表示,可根据需要设定。例如:当该值设为100%时,表示沿轮廓向外延伸一个刀具直径如图10.53(a)所示;当该值设为50%时,表示沿轮廓向外延伸一个刀具半径如图10.53(b)所示。

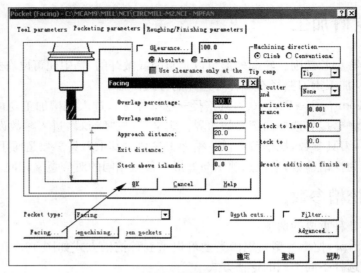

图 10.52　挖槽面加工

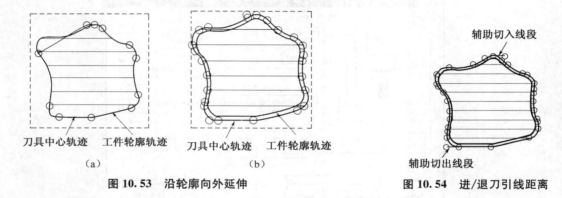

图 10.53　沿轮廓向外延伸　　　　　　　　　　图 10.54　进/退刀引线距离

● Overlap amount(重叠量)：随边界超出刀具之百分比的值变化而变化。

● Approach distance(进刀引线距离)：可设定刀具辅助切入线段长度。

● Exit distance(退刀引线距离)：可设定刀具辅助切出线段长度。如图 10.54 所示。

③ Island facing(岛屿加工)：被挖槽中有低于槽表面的岛屿时，挖槽功能将岛屿的顶面加工至设定的深度。单击岛屿加工选项出现的对话框如图 10.55 与图 10.52 所示对话框相比多了一个"岛屿上方预留量"即可对岛屿部分的深度进行修正。如图 10.56 所示。

④ Remachining(再加工即残料清角)：对槽的外形进行二次残料精加工。前一把刀具不能切除全部材料余量时，会剩下一些残留余量如图 10.57 所示。用该功能可选用直径小一些的刀具再进行残料精加工。

如图 10.58 所示，在挖槽类型(Pocket type)中选择残料清角(Remaching)功能，弹出对话框(Pocket Remaching)。

残料余量选项：

● All previous operations(以前所有的操作)：即对前面所有操作内容进行残料清角计算。

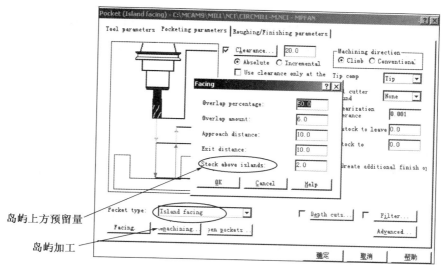

图 10.55 岛屿加工参数设置

图 10.56 岛屿加工

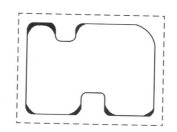

图 10.57 残留余量

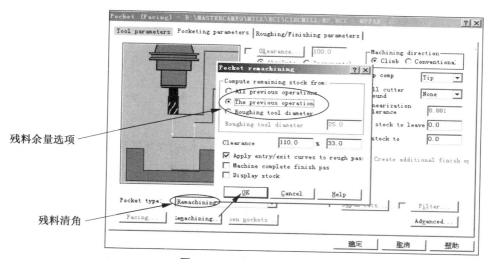

图 10.58 残料清角功能

- The previous operation(上一步操作):即对上一步的操作内容进行残料清角计算。
- Roughing tool diameter(粗加工刀具直径):根据粗加工的刀具直径来进行残料清角

计算。

● Apply entry/exit curves to rough pas(在粗铣路径中加上进/退刀延伸路径)。

● Machine complete finish pas(精修全部区域即显示精修清角路径)。如图 10.59 所示。

● Display stock 显示工件即显示工件上残料的位置。如图 10.60 所示。

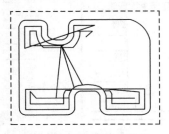

图 10.59 精修清角路径

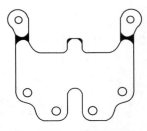

图 10.60 残料的位置

⑤ Open(开放式挖槽):对不封闭的轮廓进行加工。系统计算串连起点和终点间的距离,并自动处理成一个封闭图形。

如图 10.61 所示,在挖槽类型中选择开放式挖槽功能,弹出对话框。

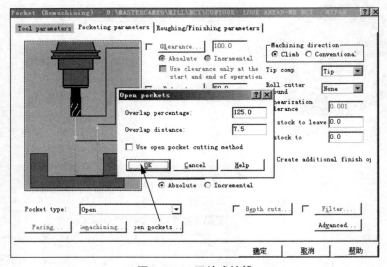

图 10.61 开放式挖槽

● Overlap percentage (刀具超出边界的百分比):生成的刀具路径可向外延伸超出边界。当设置为 100% 时,表示沿轮廓向外延伸一个刀具直径,如图 10.62(a)所示。

● Overlap distance (刀具超出边界的距离):随边界超出刀具之百分比的值变化而变化。如图 10.62(b)所示,超出边界 300% 时,表示沿轮廓向外延伸三个刀具直径。

● Use open pocket cutting method(使用开放式挖槽切削方式):使用该选项,沿挖槽轮廓进行切削,如图 10.63 所示。不使用该选项时,沿直线进行切削,如图 10.62 所示。

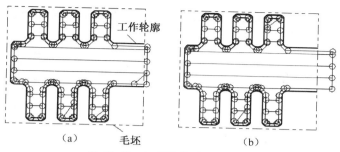

图 10.62　刀具沿轮廓向外延伸

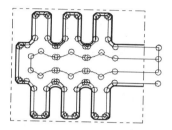

图 10.63　沿挖槽轮廓进行切削

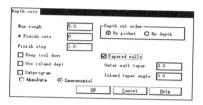

图 10.64　分层加工参数设置

（2）Depth cuts(分层加工)：其切深的设置与平面加工、外形加工的意义是一样。其区别在于增加了 Use island dept(岛屿加工选项)，如图 10.64 所示。使用岛屿深度。选中该选项时，先把岛屿的深度加工出来，然后加工凹槽，把槽铣至设定的深度。否则先进行槽的下一层加工，然后再将岛屿加工至其设定深度。

（3）Machining direction(加工方向的设置)：加工方向有 Climb（顺铣）或 Conventional（逆铣）选项，它是普通铣床铣削加工很重要的概念。丝杆螺母副有间隙时顺铣会扎刀，损坏刀头，所以普通铣床不采用顺铣，采用逆铣。而数控铣床采用滚珠丝杠螺母副消除了间隙，且丝杠螺母副是经过淬火，不易磨损。顺铣切屑不打在刚铣削过的加工面上，切屑不影响加工过的表面，能保证表面的加工精度，所以精加工时常采用顺铣加工。逆铣时，承受的切削力大，常用于粗加工。

10.4.2　粗/精加工参数

对工件进行粗/精铣削加工时，有很多种走刀方式，如图 10.65 所示。不同的走刀方式有各自的特点及合适的加工范围，要根据零件的实际情况，选择一种适合的方法。

以下解释一些参数：

（1）Step over 和 Step over distance：设定 X，Y 平面中的横向进刀量参数，设定其中一个，另一个自动跟随变化。Step over 是以刀具直径的百分比设定进给量值。

（2）Roughing：从起始走刀开始，粗加工切削走刀方向与 X 轴正向的角度。

（3）Minimize tool burial：最小刀具切入量，该选项仅在双向铣削时才有效，能避免插入刀具绕岛屿的毛坯太深。

（4）Sprial inside to outside：螺旋铣削从内至外，该选项在所有螺旋铣削方式都有效，选取该方式，螺旋刀具路径从内腔中心向内腔外壁铣削，不选取该项，以内腔外壁螺旋切削至中心。

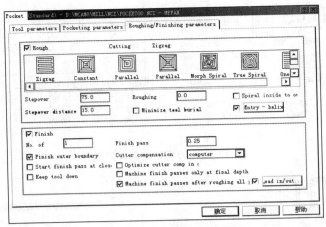

图 10.65　粗/精加工参数

（5）Entry—helix：Z 向的切入方式为螺旋状或斜向来回切入，不选取为 Z 向直接进入，单击"Entry—helix"出现切入的两个设定菜单。螺旋状下刀（Helix）（如图 10.66）：

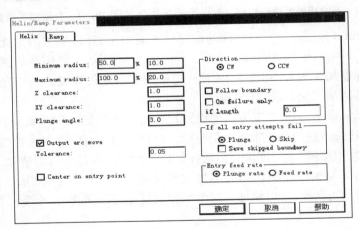

图 10.66　螺旋状下刀界面

① Minimum radius：进刀的最小螺旋线半径（刀具直径百分比）。

② Maximum radius：进刀的最大螺旋线半径（刀具直径百分比）。

③ Z clearance：Z 向安全高度。

④ XY clearance：螺旋下刀，刀具铣出的螺旋的最外径与精铣槽壁之间的最小距离。

⑤ Plunge angle：螺旋下刀的螺旋角。

⑥ Output arc move：螺旋下刀螺旋路径在 NCI 文件中，是弧处理还是打断成线段处理的。选取作为弧处理。

斜向下刀界面（Ramp）（如图 10.67）：

● Minimum length：斜向下刀的最小长度（刀具直径百分比）。

● Maximum length：斜向下刀的最大长度（刀具直径百分比）。

● Z clearance：斜向下刀的安全高度。

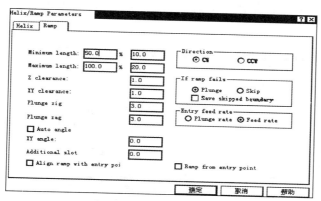

图 10.67 斜向下刀界面

- XY clearance:斜向下刀与精铣槽壁之间的最小距离。
- Plunge Zig angle:斜向下刀的一个方向的斜向角度。
- Plunge Zag angle:斜向下刀另一个方向的斜向角度。
- Auto angle:自动设置 X,Y 角度。

(6) Finish 精加工,当选取该选择项将执行精加工。

主要参数解释:

① Number of passes:精加工次数。

② Finish pass spacing:精加工余量,即每次精加工的切量用量。

③ Finish outer boundary:精加工四周边界,选取该项精加工岛屿和四周边界,否则只加工岛屿侧壁。

④ Start finish pass at closet entity:在封闭图素中启动精加工,即开始精加工的起点,在靠近粗加工路径的端点最近的图素的端点。

⑤ Keep tool down:保持向下铣削,每次精加工结束后是否抬刀然后再下刀进行下一次精加工。选取则不抬刀。

⑥ Machine finish passes only at finial depth:机床仅在最后深度精加工,该选项用于粗加工分层多次铣削的情况。关闭该项,所有深度都精加工。

⑦ Machine knish after roughing all pocket:粗加工所有内腔后再精加工,关闭该项,在每次粗加工之后都执行精加工,是用于多腔铣削的选项。

⑧ Cuter compensation in control on finish pass:精加工在控制器中补偿。

⑨ Optimize cutter compensation:优化铣削补偿,若精加工在控制器中进行刀补,选取该项能消除小于或等于刀具半径的圆弧,并防止划伤表面。若不在控制器中进行刀补,该选项防止精加工刀具不能进入粗加工所用的刀具加工区。

⑩ Lead in / out:切向进/切向出,该选项是在 XY 平面内的,为了提高内腔壁在进刀处的加工质量而采取的措施,参数的设定菜单和意义与外形铣削的切向进/切向出相同。

10.5 平面铣削加工

平面铣削加工(Face)主要是为了方便、快速地切除毛坯表面的材料。可以铣削整个工件表面,也可以选取指定的区域铣削。入口路径为 Tool path—Face(刀具路径—外形铣削)如图 10.68 所示。

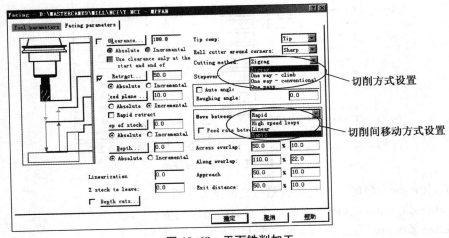

图 10.68　平面铣削加工

1) 切削方式设置

平面铣削加工有以下几种走刀方法:

(1) Zig zag:双向切削　切削效率高。

(2) One way-climb:单向按逆铣方向切削。

(3) One way-convention:单向按顺铣方向切削。

(4) One pass:刀具一次走刀,当刀具直径大于要加工表面时,采用此方法。

2) 切削间移动方式设置

当选择来回走刀方式时,刀具在两次铣削间的转角处移动方式有:

(1) Linear:直线双向:当选择该方式时,刀具以直线方式过渡到下一次起刀点,在该过渡阶段刀具是以进给速度移动,如图 10.69(b)所示。

(2) Rapid:直线单向快速:当选择该方式时,刀具也是以直线方式过渡到下一次起刀点,但在该过渡阶段刀具是以快速移动到下一次起刀点,如图 10.69(c)所示。

(3) High speed loops:高速回圈加工:当选择该方式时,刀具是以圆弧的方式过渡到下一次起刀点。如图 10.69(a)所示。

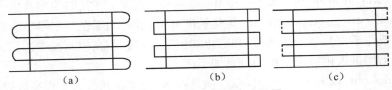

(a)　　　　　　　　　　(b)　　　　　　　　　　(c)

图 10.69　切削间移动方式设置

3) 重叠量和进刀/退刀引线长度设置

为了保证刀具能完全铣削工件表面,要确定切削方向和截面方向的重叠量。进刀/退刀引线长度是为了保证切入/切出时刀具碰不到毛坯侧面。如图 10.70 所示。

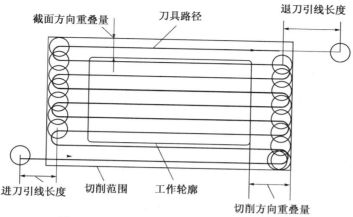

图 10.70 重叠量和进刀/退刀引线长度设置

(1) Across overlap:截面方向的重叠量。

(2) Along overlap:切削方向的重叠量。

(3) Approach:进刀引线长度。

(4) Exit distance:退刀引线长度。

10.6 MCU 快速仿真功能

　　快速仿真功能是 Mastercam9.1 版本所添加的新插件功能。该功能安插在操作管理菜单中如图 10.71 所示,也可双击桌面上的 MCU 快捷菜单 进入该功能。其仿真速度快,效率高。在仿真的同时可以看到加工程序,与机床加工界面相似。

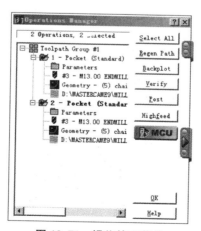

图 10.71 操作管理菜单

1) 快速仿真功能菜单的四个区域

　　如图 10.72 所示。快速仿真功能菜单分四个区域:

(1) 操作按键区域。

　　:显示刀具路径。如图 10.73(b)所示。

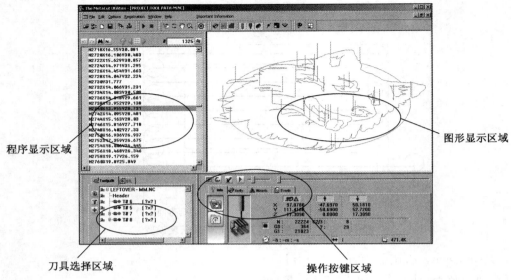

图 10.72　快速仿真菜单主界面

　：显示刀具路径，但前面走过的轨迹自动刷新。如图 10.73(a)所示。

　：动态显示刀具路径。即显示刀具路径运动，刀具不运动。

　：选择前三个功能任一种，按该键后执行。

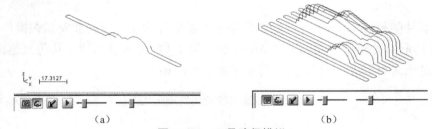

(a)　　　　　　　　　　　　　　　　　　　(b)

图 10.73　刀具路径模拟

Verify：单击该功能进入实体仿真界面。如图 10.74 所示。

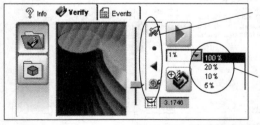

用于调整图形显示的速度和质量有四种选项，可选择一个合适的值。

图像刷新速度的百分比。即仿真模拟刀具路径百分之多少时刷新一次。因此该值较低时，更能看清楚模拟过程。

图 10.74　快速仿真实体操作界面

　：设置实体毛坯。设置毛坯的 X、Y、Z 三个坐标尺寸。如图 10.75 所示。

　：实体操作界面。设置实体毛坯后，单击该功能进入实体操作界面。

　：开始实体仿真模拟。

(2) 刀具选择区域。

该功能显示加工程序所使用的刀具。可以对刀具的类型、直径等参数进行定义、编辑。

如图 10.76(a)所示单击右键选"Assign Tool"功能显示如图 10.76(b)所示界面,设置刀具的类型、直径等参数。

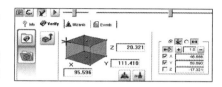

图 10.75 设置实体毛坯尺寸

单击 ▦ 按钮,可从刀库中调出所需刀具。

单击 ⑤ 按钮,显示所有刀具。

单击 Ⓣ 按钮,显示如图 10.76(b)所示刀具定义界面。

单击 ➕ 按钮,可以新建或增添一把刀具。

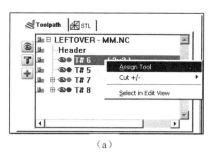

(a)

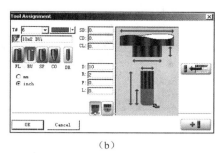

(b)

图 10.76 刀具选择区域

(3)图形显示区域:在该区域显示被加工零件的刀具路径轨迹或实体切削过程的轨迹。在工具栏菜单中选择 ◆ 功能时显示实体切削过程,选择 ▣ 功能时则显示刀具路径轨迹。

(4)程序显示区域:该区域显示被调入的程序,并随着仿真切削的位置动态显示当前执行的程序段的位置。如图 10.72 所示,当前执行的程序段用蓝色选中。

2)操作实例

(1)双击桌面上的 MCU 快捷菜单 ▦ 进入该功能,打开一个文件 c:\Mcam9\Mill\NC\LEFTOVER-MM.NC。如图 10.77 所示,如果刀具没有定义,必须按前面的方法定义刀具,否则将无法进行仿真模拟。

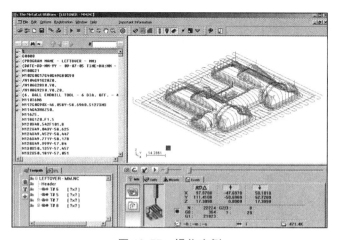

图 10.77 操作实例

（2）单击操作按键区域的 **Verify** 按键，设置毛坯尺寸后，单击 ▶ 按键，开始实体仿真模拟。如图 10.78 所示。模拟图形的速度、质量和刷新速度可以自己调整。

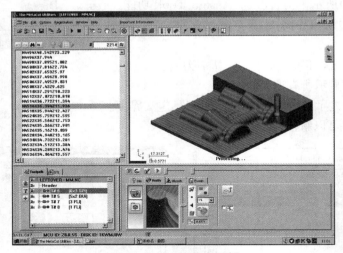

图 10.78　实体仿真切削

（3）如果需要模拟刀具路径轨迹，则在工具栏菜单中选择 回 功能，然后选择操作按键区域的 回 键或 回 键或 回 键，再选中 ▶ 键，可用三种方法仿真模拟刀具路径轨迹。如图 10.79 所示。

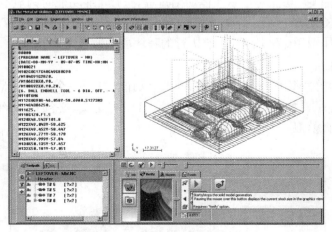

图 10.79　模拟刀具路径操作实例

11 三维曲面加工

三维铣削加工是 Mastercam 的主要功能部分,包括曲面加工和多轴加工。曲面加工分为粗加工和精加工,其中粗加工有 8 种方法,精加工有 10 种方法。多轴加工提供四轴、五轴的加工方法。复杂零件和模具的加工工艺一般为:毛坯准备→粗加工→半精加工→精加工→钳工抛光,在高速铣上采用高速铣削方式就不需要钳工抛光工序,毛坯准备主要由铸、锻、锯、普通铣床的铣削工序来完成的;而半精加工是在粗加工之后加工一些次要工作表面,如光孔、键槽、螺纹孔等表面,通常采用前一章介绍的二维加工功能进行加工。Mastercam 三维加工提供了零件和模具切削加工的各种功能。

曲面加工中的粗加工就是解决切除零件上大部分余量,留给精加工一个比较均匀的余量,粗加工采用分层切削的方式一层一层地切除材料;而精加工的目的就是尽可能切出符合零件图纸要求或图纸工序要求的轮廓形状、尺寸精度,精加工刀具沿工件表面切削。各种不同的粗、精加工方法,应根据零件形状合理地选择,才能生成高质量的加工程序,高效地加工出优质零件。

(1) 曲面粗加工的八种走刀路径方式(见图 11.1)。

曲面粗加工(平行铣削)入口路径:Toolpaths→Surface→Rough(刀具路径→曲面加工→粗加工)。

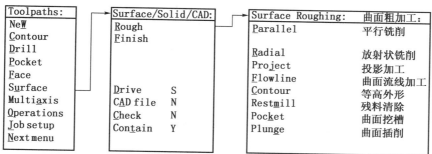

图 11.1　粗加工菜单路径

(2) 曲面精加工有 10 种走刀路径方式(见图 11.2)。

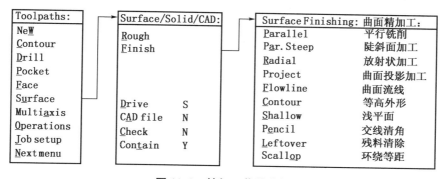

图 11.2　精加工菜单路径

精加工与粗加工主要不同处在于所有精加工的刀具路径都是沿着工件表面走刀切削。如曲面平行精加工入口路径：Toolpaths→Surface→Finish（刀具路径→曲面加工→精加工）。

11.1　通用选项和参数设置

11.1.1　Drive、Check、Contain、CAD File 选项设置

进入曲面加工菜单，可选择粗加工和精加工，进入曲面的粗、精加工入口。其他四个选项命令用于设置加工曲面/实体、干涉曲面/实体和切削范围的选取形式。

① Drive：该项有 N、S 和 A 三种设置。设置为"N"时，不需要选取加工曲面/实体；设置为"S"时，需要选取加工曲面/实体；设置为"A"时，则系统自动选取所有的曲面/实体作为加工曲面/实体。

② Check：该项有 N、S 和 A 三种设置。设置为"N"时，不需要选取干涉曲面/实体；设置为"S"时，需要选取干涉曲面/实体；设置为"A"时，则系统自动选取所有的未作为加工曲面/实体作为干涉曲面/实体。

③ Contain：该项设置为"N"时，不需要选取边界串连；设置为"Y"时，需要选取边界串连。

④ CAD File：该项设置为"Y"时，需要指定定义加工曲面的 CAD 文件；设置为"N"时，则不需要指定定义加工曲面的 CAD 文件。

11.1.2　通用加工参数设置

Mastercam 中曲面加工参数的设定通常有三个设置界面。第一个界面即刀具参数（Tool parameters）设定的内容与二维加工刀具参数设定内容基本相同。第二个曲面参数（Surface parameters）的设定界面参见图 11.3 所示，其中安全高度（Clearance）、抬刀高度（Retract）、进给高度（Feed plane）、工件毛坯顶面高度（Op of stock）、刀尖补正（Tip comp）选项的内容与二维刀具参数设定内容相同。

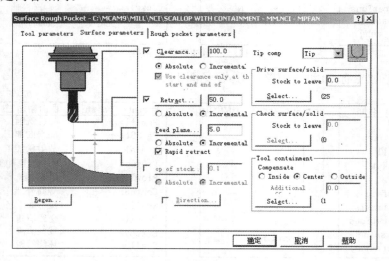

图 11.3　曲面加工参数设置界面

其他曲面参数选项的含义如下：

（1）进/退刀方向（Direction）：Surface parameters 设定界面中"Direction"按钮用于设置刀具在 Z 轴向进/退刀角度的设定。单击"Direction"，弹出如图 11.4 所示的对话框。

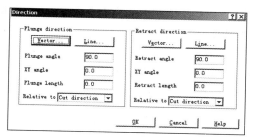

图 11.4　进/退刀方向对话框

其中选项分成两部分 Plunge direction（进刀方向）和 Retract direction（退刀方向）。进刀方向和退刀方向对应选项的意义相同。

① Plunge angle（Retract angle）：进刀角度（退刀角度）。用于设定刀具进/退刀路径与 XY 平面的夹角，90°表示垂直进刀。如图 11.5 所示。

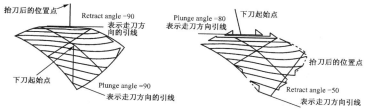

图 11.5　进刀/退刀角度（与走刀方向）示意图

② XY angle（XY 角度）：用于设定进退刀路径投影在 XY 平面与 X 轴或 Y 轴的夹角。

③ Plunge/Retract length（进/退刀长度）：用来设定刀具进刀/退刀路径的长度。

④ Relative to：用于水平方向的 XY 角度的参照对象定义。

Tool plane X axis：选择该项，则在 XY angle 文本框中输入的角度为与刀具平面 X 轴正方向的夹角。

Cut direction：选择该项，则 XY angle 文本框中输入的角度为与切削方向的夹角。

⑤ Vector（向量）：单击"Vector"按钮，弹出如图 11.6（b）所示的对话框，用向量设置刀具进/退刀的方向。

⑥ Line（直线）：单击"Line"按钮，系统将返回绘图区，由用户选择一条直线来定义刀具路径的角度和长度。

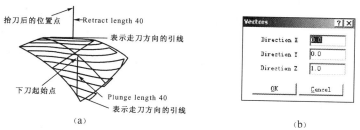

图 11.6　进刀/退刀长度与向量

（2）加工曲面/实体（Drive Surface/Solid）：该选项中的 Stock to leave 用于设定加工曲面/实体的余量。单击改选项组中的"Select"按钮，可以重新定义加工曲面/实体。

（3）干涉曲面/实体（Check Surface/Solid）：设定方法与上项相同。

注：加工曲面/实体为本次加工操作中将要加工的曲面/实体；干涉曲面/实体为本次操作加工中设置防止刀具过切而设置的曲面/实体。

（4）刀具的切削范围（Tool Containment）：用于设置加工时刀具的切削范围。系统采用封闭串连及其在内外方向的补偿来定义切削范围。选择选项组中的"Inside"按键，则刀具切削范围为选取的封闭串连向内补偿，并在"Additional offset"文本框中设置向内的偏移量；选择"Center"单选按钮时，则刀具切削范围在选取的封闭串连上，选择"Outside"单选按钮时，则刀具切削范围在选取的封闭串连上向外补偿，并在"Additional offset"文本框中设置向外的偏移量。"Select"按钮用来重新选择刀具的切削范围。

11.1.3　通用选项和参数的选择与设定

图 11.7 是曲面粗加工平行铣削参数设置界面，入口路径为：Toolpath→Surface→Rough→Parallel（刀具路径→曲面→粗加工→平行铣削）。以下介绍其中通用选项、参数的选择与设定。

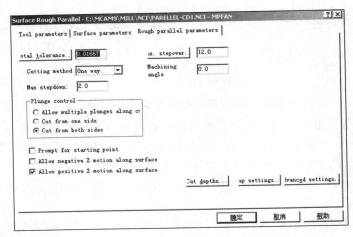

图 11.7　粗加工平行铣削参数设置界面

进入曲面平行铣削方式，主菜单栏显示 Part shape 零件形状选择菜单，从中选择零件形状：凸（Boss）、凹（Cavity）或不指定（Unspecified）。再在绘图区选取加工曲面（必要时选择干涉曲面），选择 Done 接受曲面的定义，系统弹出粗加工平行铣削的三个参数设置界面，如图 11.7 所示为其中之一的平行铣削参数设置界面，以下介绍通用选项设置。

（1）总误差设置（Total tolerance）：Total tolerance 文本框用来设置刀具路径的总误差值：切削误差和过滤误差之和。切削误差值是指实际刀具路径与曲面理论轮廓之间的最大误差值。如图 11.8 所示。

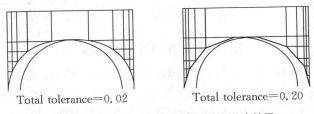

图 11.8　误差值大小对刀具路径的影响效果

设置的切削误差值越小，生成的刀具路径与理论轮廓之间的误差值就越小，但生成的 NC

程序就越长,生成程序的时间也越长。一般在粗加工中由于留有较大的余量,所以误差值可以设置大一些,建议设置在 0.05 mm 左右。

误差过滤选项是用来优化即将生成的 NCI 文件,该选项删除刀具路径在指定公差范围内的一条线上的许多点,然后用一条线连接,经过过滤的刀具路径,由它生成的程序长度缩短很多,响应的加工时间也有一定缩短(理由是减少了升降速时间)。

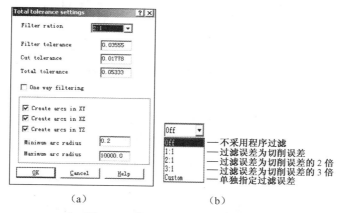

(a)   (b)

图 11.9 "Total tolerance"对话框

单击"Total tolerance"按钮,弹出如图 11.9(a)所示的"Total tolerance"对话框,利用该对话框中的"Filter ration"下拉列表可以设置是否采取程序过滤及程序过滤时的误差值。"Filter ration"下拉列表中 5 个选项(见图 11.9(b))。选择 Off 选项,则不采用程序过滤;选择"Custom"选项,则由用户单独指定过滤误差值;选择其他各选项,则分别指定误差值为切削误差的倍数。

(2) 切削方式(Cutting method):Cutting method 下拉列表用来设置切削方式,有单向和双向两种方式。

单向切削方式是指沿一个方向走刀切削,反向时需抬刀返回;双向切削方式是指刀具往复运动,两个方向都切削。见图 11.10。

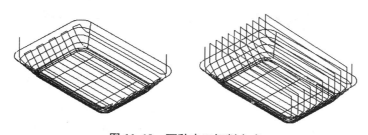

图 11.10 两种走刀切削方式

(3) 最大切削深度(Max. Stepdown):Max. Stepdown 用来设置粗加工切削中分层切削的每层深度。设定的值越小层数越多,粗加工残余量一致性比较好,但生成程序的响应时间就要变长;设置值太大,最大残余量值太大及粗加工残余量的一致性就差,难以满足精加工的要求。见图 11.11。

 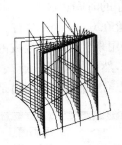

Max. Stepdown=8　　　　　　Max. Stepdown=3

图 11.11　最大切削深度示意图

（4）最大进给量（Max. Stepover）：Max. Stepover 文本框用来设置同一层中两相邻刀具路径之间的最大进给量（即平行铣削中两平行线之间的距离），其设置值必须小于刀具直径。设置值越小则生成的刀具路径越长，响应 NC 程序也越长，粗加工精度就高一些；设置的值越大生成的刀具路径长度就越短，最大切削残余量值就越大。见图 11.12。

 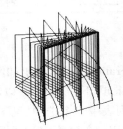

Max. Stepover=10　　　　　　Max. Stepover=20

图 11.12　最大进给量示意图

（5）加工角度（Machining angle）：Machining angle 文本框用来设置加工角度，即加工时起始刀具路径与当前构图面中 X 轴正方向的夹角。效果可参考图 11.13 所示。

 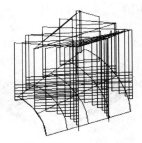

Machining angle=0　　　　　　Machining angle=50

图 11.13　加工角度

（6）进刀/退刀控制（Plunge control）：Plunge control 选项组用来设置进刀和退刀时刀具在 Z 轴方向的移动方式。通常用于防止刀具空切。

Plunge control 选项组提供了三种进刀/退刀控制方式。效果可参考图 11.14。

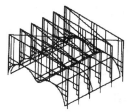 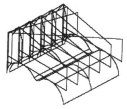 

(a) Allow multiple plunges along cut　　(b) Cut from one side　　(c) Cut from both side

图 11.14　进刀/退刀控制

① Allow multiple plunges along cut：选中该单选按钮，则刀具在 Z 轴方向沿曲面连续地进刀或退刀，适用于具有多个凹凸表面的工件。效果可参考图 11.14(a)所示。

② Cut from one side：选中该单选按钮，则刀具将在 Z 轴方向沿曲面一侧连续地进刀或退刀。效果可参考图 11.14(b)所示。

③ Cut from both side：则刀具将在 Z 轴方向沿曲面两侧连续地进刀或退刀。效果可参考图 11.14(c)所示。

（7）切削深度（Cut depths）：Cut depths 按钮用来设置粗加工的切削深度。参见图 10.44。增量值设定见图 11.15。

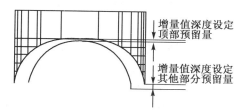

图 11.15　增量值方式切削深度设定

（8）间隙设置（Gap Setting）：Gap Setting 用来设置在产生刀具路径时，对曲面上的凹槽、缺口或曲面有断开地方的刀具路径的处理。曲面加工中的间隙是由 3 个方面的原因造成的：一是相邻曲面间没有直接相连；二是由曲面修剪造成；三是删除过切区（Gouge）造成的。

单击"Gap Setting"按钮，弹出如图 11.16 所示的"Gap Setting"对话框。

"Gap settings"对话框中的各选项含义如下：

① Gap size 选项组：用来设置系统的允许间隙，可由以下两个参数的其中之一来设置。

● Distance：允许的间隙大小。可直接在其后面的文本框中输入间隙数值。

● % of stepover：允许的步距间隙百分比。

② Motion＜Gap size，keep tool down 选项组：该选项组用于设置当移动量小于允许间隙时刀具的移动形式，此时刀具保持向下不退刀。

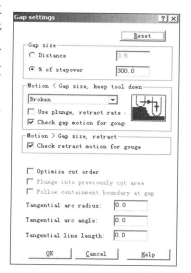

图 11.16　间隙设置对话框

该选项组的下拉列表中提供了 4 种刀具切削路径之间的过渡方式,如图 11.17,11.18 所示。

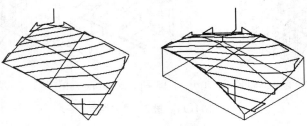

图 11.17　Direct 和 Broken 刀具路径过渡形式

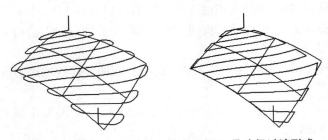

图 11.18　Smooth 和 Follow surface(s) 刀具路径过渡形式

● Direct:刀具从曲面上一个刀具路径终点直接移到另一个刀具路径的起点。

● Broken:刀具从一个曲面刀具路径的终点沿 Z 轴方向上移(或沿 X/Y 轴方向移动),在接着沿 X/Y 轴方向移动(或沿 Z 轴方向移动)到另一个曲面刀具路径的起点。换句话说,当刀具从低位置移动到高处目标位置时,刀具从低位置先在 Z 轴方向上升到高位置所在的高度,再在 XY 平面内移动到高处目标位置;当刀具从高位置移动到低处目标位置时,刀具先在 XY 平面内移动位置,再在 Z 轴方向下降到低处目标位置所在高度。

● Smooth:刀具从一个位置光顺越过间隙移动到另一个位置,通常用于高速切削方式加工曲面。

● Follow surface(s):刀具从一个曲面刀具路径沿曲面外形移动到另一个曲面刀具路径的起点处。

选中该选项组中的"Use plunge, retract rate"选项,则当移动量小于允许间隙时,系统会自动调整切削刀具速率以避免过切。

选中该选项组中的"Check gap motion for gouge"选项,则当移动量小于允许间隙,小凹槽加工时,系统自动确认刀具路径避免过切。

③ Motion＞Gap size, retract 选项组:选中该选项组中的"Check retract motion for gouge"选项,则当移动量大于允许间隙,小凹槽加工时,系统自动确认刀具路径避免过切。

④ Optimize cut order:优化切削顺序。

⑤ Plunge into previously cut area:选中该选项,则系统允许从已加工过的区域下刀。

⑥ Follow containment center boundary at gap:进刀方向沿着切削范围的边界。选中该选项,则允许刀具以一定的间隙沿边界切削刀具在 XY 方向移动,以确保刀具的中心在边界上。

⑦ Tangential arc radius:切向圆弧半径。该文本框用于设置边界处刀具路径延伸切弧的半径。

⑧ Tangential arc angle：切向圆弧角度。该文本框用于设置边界处延伸切弧的角度。

（9）其他（边界）设置（Advanced Settings）：Surface parallel parameters 选项卡中的"Advanced Settings"按钮用来设置刀具在曲面或实体边缘处的运动方式。边界设置决定了刀具在曲面或实体边缘上刀具的移动方式。

单击"Advanced Settings"按钮，弹出如图 11.19 所示的"Advanced Settings"对话框。

"Advanced Settings"对话框中各选项含义如下：

① At surface（Solid face）edge，roll tool 选项组：该选项组用于设置刀具在曲面或实体面边缘走圆角的方式。

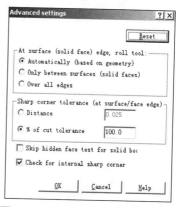

● Automatically：选择该单选按钮，则由系统自动决定是否在曲面边缘走圆角。如果已定义了刀具中心边界，系统则在所有的边界走圆角；如果没有定义刀具中心边界，则系统只在相交曲面和实体边界走圆角。但是在粗、精加工中的曲面轮廓加工和投影加工中，即使没有定义刀具中心边界，系统也会在所有的边界走圆角。

● Only between surfaces：选择该单选按钮，则系统只在相交曲面和实体表面边界走圆角。

图 11.19 其他（边界）设置对话框

● Over all edges：选择该单选按钮，则在所有曲面边界和实体表面边界走圆角。

② Sharp corner tolerance 选项组：该选项组用于设置刀具圆角移动量的误差。误差值设置的越大，边界走圆角的曲率越大；误差值设置的越小，边界走圆角的曲率越小。可由以下两个参数的其中之一来设置：

● Distance：选择该单选按钮，则可直接在其后面的文本框中输入误差值。

● % of cut tolerance：选择该单选按钮，则可在其后面的文本框中输入与切削量的百分比来设置误差值。

（10）Z 向运动方式：选项卡中的 Allow negative Z motion along surface 和 Allow positive Z motion along surface 选项用来设置刀具沿曲面的 Z 向的运动方式。

Allow negative Z motion along surface：选中该选项，则允许刀具沿曲面下降（-Z）方向切削。

Allow positive Z motion along surface：选中该选项，则允许刀具沿曲面上升（+Z）方向切削。

（11）进刀/退刀控制（Plunge Control）及 Z 向运动方式选项综合示例。

① 图 11.20，图 11.21 中的切削路径的选项设置：进刀/退刀控制——单侧切削、Z 向运动方式——都不选取，切削方向 0°。

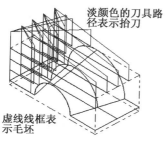

图 11.20 切削方式单向

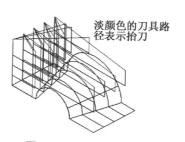

图 11.21 切削方式双向

② 图 11.22,图 11.23 切削效果的选项设置:进刀/退刀控制——单侧切削、切削方式单向,切削方向 0°。

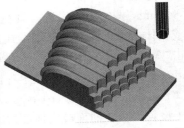

图 11.22　允许刀具沿曲面下降　　　　图 11.23　允许刀具沿曲面上升

③ 图 11.24,图 11.25 中的切削效果的选项设置:进刀/退刀控制——允许多侧切削、切削方式——双向,切削方向 0°(起始走刀方向从右向左)。

11.24　允许刀具沿曲面上升　　　　11.25　允许刀具沿曲面下降

④ 图 11.26 中的切削效果的选项设置:进刀/退刀控制——允许多侧切削、切削方式——双向,切削方向 0°(起始走刀方向从右向左)。

(12) 提示起始点:选中"Prompt for starting point"选项,则在设置完各参数后系统提示用户指定起始点,否则不提示,系统则以距选取点最近的那一角作为刀具路径的起始点。

图 11.26　允许刀具沿曲面上升、下降

11.2　曲面粗加工

11.2.1　平行铣削粗加工

平行铣削粗加工(Parallel)是切削路径投影在作图平面上,刀具路径以进给步距为间隔相互平行,按设定的 Z 向最大进给量,在 Z 向分层切削。切削角度(Roughing angle)设定为 0°和 90°时是二轴联动切削加工方式,其他情况都是三轴联动。切削起始点和下刀方式可以手工指定也可以由计算机自动设定。参数设置在前面已介绍,刀具路径见图 11.27。

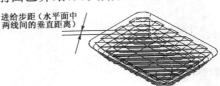

图 11.27　粗加工平行铣削刀具路径

11.2.2　放射状铣削粗加工

放射状铣削粗加工(Radial)是切削路径在设定的角度范围内,以最大增量角度为增量值,从设定点开始以放射状路径走刀切削。走刀路径不一定是直线,投影在作图平面上是放射线。按设定的 Z 向最大进给量,在 Z 向分层切削。常用于加工类似圆形的零件,其主要特点是中心对称。刀具路径见图 11.28。

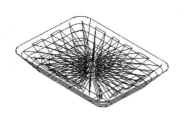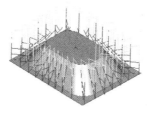

图 11.28　放射状铣削刀具路径

进入曲面粗加工,选择"Surface Roughing"菜单中的"Radial"命令,主菜单区将会显示"Part shape"菜单,其中各选项含义同平行铣削曲面粗加工中的相应选项相同。选择"Part shape"菜单中的"Boss"或"Cavity"命令,再在绘图区选取加工曲面(和干涉曲面),选择"Done"命令确定后,系统会弹出如图 11.29 所示的 Surface Rough Radial 参数设置界面。

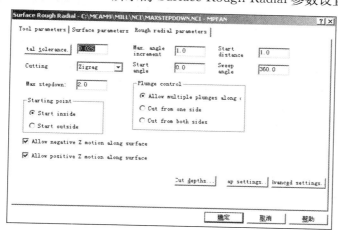

图 11.29　放射状粗加工参数设置界面

刀具参数、曲面参数前面已介绍,以下仅对 Rough Radial parameters 参数设置界面中特有的参数进行介绍。

(1) Max. angle increment(最大角度增量):Max. angle increment 文本框用来设置放射状粗加工刀具路径中相邻路径间的最大角度增量。

(2) Start distance(起始距离):Start distance 文本框用来设置放射状曲面粗加工刀具路径的起始点的偏移距离。

(3) Start angle(起始角度):Start angle 文本框用来设置放射状曲面粗加工起始刀具路径的角度。

(4) Sweep angle(扫描角度):Sweep angle 文本框用来设置放射状曲面粗加工刀具路径

的扫描角度(放射状加工的角度增量区间)。

（5）Starting point（起始点）：Starting point 选项组用于设置刀具路径的起始点和路径方向，该选项组中有两个选项。

Start inside：选择该单选按钮，则系统从刀具路径的起始点下刀，向外切削。

Start outside：选择该单选按钮，则系统从刀具路径的起始点下刀，向内切削。

11.2.3　曲面投影粗加工

曲面投影粗加工(Project)方法是将一个已经存在的加工路径或几何图形投影到被加工曲面上生成新的加工路径，这种加工方法不改变原来的 NC 文件中刀具路径的 X，Y 轴坐标，仅改变 Z 轴坐标。如图 11.30 所示，用于曲面上加工图案、字形或局部曲面的加工。

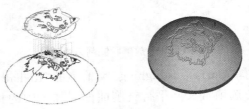

图 11.30　粗加工投影加工刀具路径的产生

进入曲面粗加工，选择 Surface Roughing 子菜单中的"Project"命令，主菜单区将会显示 Part shape 子菜单，其中各命令含义同平行铣削曲面粗加工中的相应命令相似。选择 Part shape 子菜单中的"Boss"或"Cavity"命令，再在绘图区选取加工曲面（和干涉曲面），选择"Done"命令确定后，系统会弹出如图 11.31 所示的 Surface Rough Project 参数设置界面。在 Tool parameters 参数设置界面中定义加工用的刀具，在 Surface parameters 参数设置界面中设置曲面加工参数，Rough Project parameters 参数设置界面用来设置曲面投影粗加工刀具路径特有的参数。设置好对话框中的各参数后，单击"确定"按钮，即可按设置的参数生成曲面投影粗加工刀具路径，并返回 Surface/Solid/CAD 子菜单。Rough Project parameters 参数设置界面中投影曲面粗加工特有的参数介绍如下。

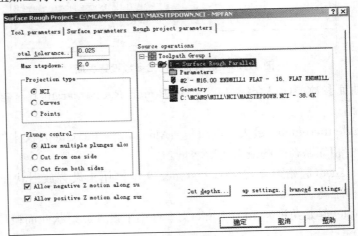

图 11.31　曲面投影粗加工参数设置界面

（1）Projection type（投影类型）：Projection type 选项组用来设置投影的方式。系统提供了三种投影方式。

NCI（刀具路径）：选择该单选按钮，则用已存在的 NCI 文件投影到被加工表面产生刀具路径。

Curves（曲线）：选择该单选按钮，则用一条曲线或一组曲线投影到被加工表面生成刀具路径。当投影加工参数设置完毕后，需要在绘图区选取曲线。

Point（点）：选择该单选按钮，则用一个点或一组点投影到被加工表面生成加工刀具路径。当投影加工参数设置完毕后，需要在绘图区选取点。

（2）Source operation（源操作）：该列表框中列出了当前已生成的 NCI 文件，用户可从中选择用于投影的 NCI 文件。

11.2.4　曲面流线粗加工

曲面流线粗加工（Flowline）是沿曲面流线方向产生切削路径。如图 11.32 所示。按设定的 Z 向最大进给量，在 Z 向分层切削。

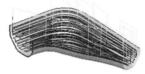

图 11.32　粗加工曲面流线刀具路径

进入曲面粗加工，选择 Surface Roughing 子菜单中的"Flowline"命令，主菜单区会显示 Part shape 子菜单，其中各命令含义同平行铣削曲面粗加工中的相应选项。选择 Part shape 子菜单中的"Boss"或"Cavity"选项，再在绘图区选取加工曲面（和干涉曲面），选择"Done"命令确定后，系统会弹出如图 11.33 所示的 Surface Rough Flowline 参数设置界面。在 Tool parameters 参数设置界面中定义加工用的刀具，在 Surface parameters 参数设置界面中设置曲面加工参数，Rough Flowline parameters 参数设置界面用来设置曲面流线粗加工刀具路径特有的参数。

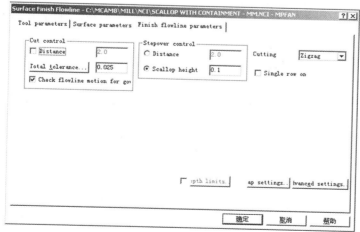

图 11.33　曲面流线粗加工参数设置界面

Rough Flowline parameters 参数设置界面中的大部分参数含义同前面的介绍相同,下面仅对 Rough Flowline parameters 参数设置界面中曲面流线粗加工特有的参数进行说明。

(1) Cut control(切削方向控制):Cut control 选项组用来设置控制刀具走刀/进刀移动的有关参数,其各项含义如下:

Distance(依据距离):选中该复选框,则系统将走刀方向的进给步距设置为该复选框后文本框中的输入值。

Total tolerance(总误差):该文本框用来设置实际刀具路径与真实曲面在切削方向的误差与过滤误差的总和。

Check flowline motion for gouge(执行过切检查):选中该复选框,则当出现圆凿切削或临近过切时,系统自动调整加工刀具路径以避免过切发生。

(2) Stepover Control(截面方向进刀量控制):Stepover control 选项组用来设置控制刀具的截面方向移动的有关参数,其中各选项含义如下:

Distance(依据距离):选择该单选按钮,则系统将两相邻刀具路径截面方向的进刀量设置为该单选按钮后文本框中的输入值。

Sallop height(残脊最大高度):残脊高度是指当使用非平底铣刀进行切削加工时,在两条相近的切削路径之间因为刀形的关系而留下的凸起来未切削掉的区域的高度。

选择"Sallop height"单选按钮,并在其后的文本框中指定残脊高度值,系统将由该值来计算界面方向的切削增量。

注意:当曲面的曲率半径较大且没有尖锐的形状,或是不需要非常精确的加工时,可选用相同的进刀步距来设置进刀量的控制;当曲面的曲率较大且有尖锐形状,或是加工精度要求较高时,应设定残脊高度来设置进刀量控制。

(3) Cutting(切削方式):切削方式主要有单向、双向切削方式,还有螺旋式切削进给。

设置好 Surface Rough Flowline 参数设置界面中的各参数后,单击"确定"按钮,主菜单区会显示 Flowline 子菜单,并在绘图区显示出刀具偏移方向、切削方向、每层刀具路径移动方向及刀具路径起点等。利用 Flowline 子菜单可改变刀具流线路径参数。完成设置后单击"Done"命令,即可按设置的参数生成曲面流线粗加工刀具路径,并返回 Surface/Solid/CAD 子菜单。

Flowline 子菜单中各项含义如下:

① Offset(偏置方向):该命令用于改变流线加工刀具半径补偿方向,可以与曲面的法线方向相同或相反。

② Cut dir(切削方向):该命令用于改变流线加工刀具路径的切削方向,可以为沿流线方向或垂直流线方向。

③ Step dir(步进方向):该命令由于改变每层刀具路径的移动方向,可以从上至下或从下至上。

④ Start(起始位置):该命令用于改变流线加工刀具路径的起始位置。

⑤ Edge toler(边界公差):该命令用于设置边界公差值。选择该命令后,再在系统提示区输入边界公差值,按<Enter>键后即可设定。

⑥ Plot edges(边界线显示):选择该命令可用不同的颜色来显示不同的边界类型(自由边界、部分共同边界和共同边界),当加工由两个以上曲面组成的工件时,可以清楚地看到各曲面边界线。

11.2.5 等高外形粗加工

等高外形粗加工(Contour)是沿曲面 Z 向等高外形(等高线)产生粗加工刀具路径。如图 11.34 所示。

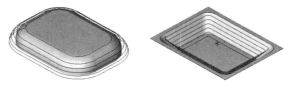

图 11.34 曲面等高外形加工

进入曲面加工,选择 Surface Roughing 子菜单中的"Contour"命令,再在绘图区选取加工曲面(和干涉曲面),选择"Done"命令确定后,系统会弹出如图 11.35 所示的"Surface Rough Contour"对话框。

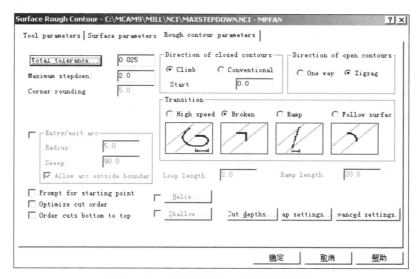

图 11.35 等高外形加工参数设置界面

在 Tool parameters 参数设置界面中定义加工用的刀具,在 Surface parameters 参数设置界面中设置曲面加工参数,Rough Contour parameters 参数设置界面用来设置曲面轮廓粗加工刀具特有参数。

设置好"Rough Contour parameters"对话框中的各参数后,单击"确定"按钮即可按设置的参数生成曲面轮廓粗加工刀具路径,并返回 Surface/Solid/CAD 子菜单。

"Surface Rough Contour"对话框中的 Tool parameters 参数设置界面和 Surface parameters 参数设置界面中的各参数含义同前面的介绍相似。Rough Contour parameters 参数设置界面中的大部分参数含义也同前面的介绍相同,下面仅对 Rough Contour parameters 参数设置界面中曲面轮廓粗加工特有的参数进行说明。

(1) Direction of closed contours(封闭外形铣削方向):该选项组用于设置封闭轮廓外形的铣削方向,可以设置为 Climb(顺铣)和 Conventional(逆铣)。

Climb:选择"Climb"单选按钮,则为顺铣切削。即刀具切削曲面外形时,刀具旋转方向与刀具相对于工件移动的方向相同。

Conventional：选择"Conventional"单选按钮，则为逆铣切削。即刀具切削曲面外形时，刀具旋转方向与刀具相对于工件移动的方向相反。

Start：Start 文本框用于设置刀具路径的起始位置。

（2）Direction of open contours（开放外形铣削方向）：该选项组用于设置开放轮廓外形的铣削方向，可以设置为 One way（单向切削）和 Zigzag（双向切削）。

（3）Transition（刀具移动形式）：用于设置当移动量小于允许间隙时，刀具移动的形式。与前面介绍的"Gap Settings"对话框功能基本相同，其中"High speed"单选按钮相当于"Smooth"单选按钮，"Ramp"单选按钮相当于"Direct"单选按钮。

（4）Entry/exit arc（进刀/退刀圆弧）：选中该复选框，则可设置圆弧形式的进刀/退刀刀具路径。

Radius 文本框用于设置圆弧刀具路径的半径。

Sweep 文本框用于设置圆弧刀具路径的扫描角度。

（5）Corner rounding（转角走圆长度）：该文本框用于输入在锐角处（角度小于 135°）用来替代锐角刀具路径长度。

（6）Order cuts bottom to top（由下而上铣削）：选中该复选框，则系统由下向上顺序进行轮廓粗加工切削。

（7）Shallow（浅平面）按钮："Shallow"按钮用来设置浅平面的切削方式。选中"Shallow"按钮前的复选框，并单击该按钮，系统将会弹出"Contour Shallow"对话框。其中各选项含义如下：

● Remove cuts from shallow areas：选择该单选按键，则系统在浅平面区域不进行切削。

● Add cuts to shallow areas：选择该单选按键，则系统在浅平面区域进行切削。

● Allow partial cuts：选中复选框，则系统允许进行部分切削。

11.2.6　残料清除粗加工

残料清除粗加工（Restmill）是用于切除前道粗加工工序中未切削到或因为刀具直径大而未切除了的残留材料，作为二次粗加工，需要与其他的加工方式配合使用。图 11.36（a）由于刀具直径大，部分区域没有切进去，图 11.36（b）用残料清除精加工将其切除掉。

选择 Surface Roughing 子菜单中的"Restmill"命令，再在绘图区选取加工曲面（和干涉曲面），选择"Done"命令确定后，系统会弹出如图 11.37、图 11.38 所示的 Surface Restmill 参数设置界面。

图 11.37 中 Restmill parameters 参数设置

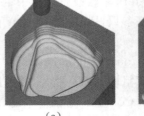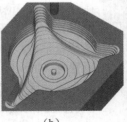

（a）　　　　　　　　（b）

图 11.36　粗加工残料清除刀具路径

界面用来设置残料清除粗加工刀具路径特有的参数。设置方法和选项内容与等高外形介绍的相同。图 11.38 中 Restmill material parameters 参数设置界面用来设置残料清除的参数。设置好 Surface Restmill 参数设置界面中的各参数后，单击"确定"按钮，即可按设置的参数生成残料清除粗加工刀具路径，并返回 Surface/Solid/CAD 菜单。

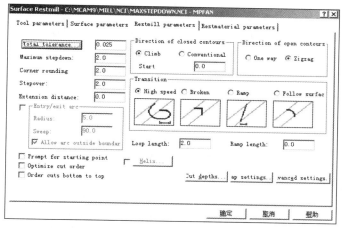

图 11.37　残料清除粗加工参数设置界面

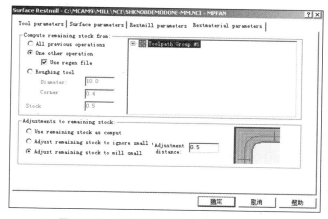

图 11.38　残料清除粗加工参数设置界面

Restmill material parameters 参数设置界面中各选项含义如下。

（1）Compute remaining stock from 选项组：用于设置计算残料清除粗加工中需要清除其材料的方式,其中有：

① All previous operations（所有已加工区域）：选择该单选按钮,则将前面各粗加工方式不能切削的区域作为残料清除粗加工需切削的区域。

② One other operation（某一加工操作）：选择该单选按钮,则将某一个加工操作不能切削的区域作为残料清除粗加工需切削地区域。可选择使用范围文件。

③ Roughing tool（粗加工刀具）：选中该单选按钮,再在 Diameter 与 Corner 文本框中输入刀具直径与拐角半径。

④ Stock（余量）：该文本框用于设置残料清除粗加工的余量。

（2）Adjustments to remailing stock 选项组：该选项组用于放大或缩小设置的残料清除粗加工区域,其中有：

① Use remaining stock as computed makes：选择该单选按钮,则不改变设置的残料清除粗加工区域。

② Adjust remaining stock to ignore small：选择该单选按钮,则允许残余量小的尖角材料

通过后面的精加工来清除。

　　③ Adjust remaining stock to mill samll：选择该单选按钮，则在残料清除粗加工中需清除残余量小的尖角材料。

　　④ Adjustment distance(调整尺寸大小)：该文本框用来设置残余量调整尺寸的大小。

11.2.7　曲面挖槽粗加工

　　用于封闭边界曲线范围内曲面的加工，Z 方向按设定的最大进给量分层切削。有多种走刀路径方式——平行的、沿零件轮廓的、环绕等距的等。见图 11.39。

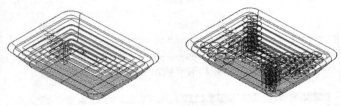

图 11.39　粗加工曲面挖槽刀具路径示例

　　曲面挖槽粗加工(Pocket)有两种情形，一种是凸形曲面的挖槽粗加工，相当于用一系列平行于刀具平面的不同 Z 值的平面剖切要加工曲面，然后用每层平面上得到的剖切曲线作为岛屿，以毛坯在 XY 平面上的外形为槽的边界区，分层挖槽加工。另一种是凹形曲面挖槽粗加工，相当于用一系列平行于刀具平面的不同 Z 值的平面剖切要加工区域，以每层剖切曲线为槽边界进行分层挖槽加工。

　　进入曲面加工，选择 Surface Roughing 子菜单中的"Pocket"命令，再在绘图区选取加工曲面(和干涉曲面)，选择"Done"命令确定后，系统会弹出如图 11.40 所示的 Surface Rough Pocket 参数设置界面。

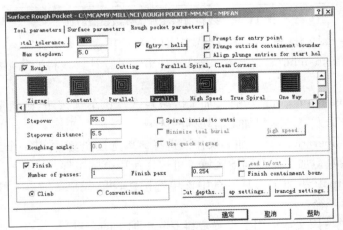

图 11.40　曲面挖槽粗加工参数设定界面

　　在 Tool parameters 参数设置界面中定义加工用的刀具，在 Surface parameters 参数设置界面中设置曲面加工参数，Rough Pocket parameters 参数设置界面用来设置曲面挖槽粗加工刀具路径特有的参数。设置好"Surface Rough Pocket"对话框中的各参数后，单击"确定"按钮，再在绘图区选取刀具路径的边界，选择"Done"命令确定后，即可按设置的参数生成曲面挖槽粗加工刀具路径,并返回 Surface/Solid/CAD 子菜单。

如图 11.40 所示曲面挖槽粗加工有多种走刀方式:双向走刀平行铣削、等距环绕、平行轮廓、高速铣削方式、螺旋环绕、平行轮廓螺旋环绕、单向平行铣削。适用于各种型腔零件在数控设备上进行加工。

11.2.8 曲面插削粗加工

曲面插削粗加工(Plunge)是一种类似于钻孔式加工的一种加工方法,加工时只有一Z方向的切削运动,是分层切削的。该方法在普通铣削中用地较少,适合于高速铣削方式。见图 11.41。

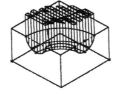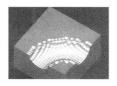

图 11.41 粗加工插削式刀具路径

进入曲面粗加工,选择 Surface roughing 菜单中的"Plunge"命令,再在绘图区选取加工曲面(和干涉曲面),选择"Done"命令,系统弹出如图 11.42 所示的 Surface Rough Plunge 参数设置界面。

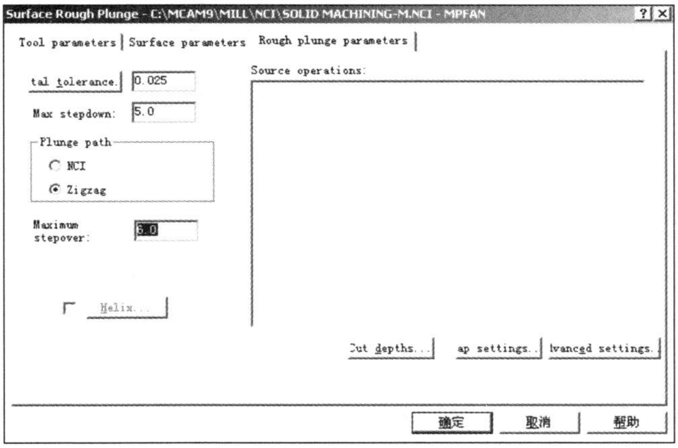

图 11.42 曲面插削粗加工参数设置界面

Rough Plunge parameters 参数设置界面用来设置曲面插削粗加工刀具路径特有的参数。设置好 Surface Rough Plunge 参数设置界面中的各参数后,单击"确定"按钮,再在绘图区选取确定刀具路径范围的两对角点,选择"Done"接受参数的设定,即可按参数设定的范围生成曲面挖槽粗加工刀具路径。

Surface Rough Plunge 对话框中的 Tool parameters 参数设置界面和 Surface parameters 参数设置界面中的各参数含义同前面的介绍相同。

Rough Plunge parameters 参数设置界面中的 Plunge path(插削路径)选项组,用于设置插削路径的方式,选择"Zigzag"单选按钮,则采用双向走刀都插削的方式,本次操作与以前的操作没有关系;选择其中的"NCI"单选按钮,则可关联这之前的操作,在前道粗加工的基础上进行插削加工,在 Source operation(源操作)文本选择框中选择关联的原操作。其他参数、选项的含义同前面介绍的相同。

　　在 Tool parameters 参数设置界面中定义加工用的刀具，在 Surface parameters 参数设置界面中设置曲面加工参数，Rough Plunge parameters 参数设置界面用来设置曲面插削粗加工刀具路径特有的参数。

11.3　曲面精加工

　　曲面精加工(Finish)用于曲面粗加工之后的精加工，以得到形状、尺寸精度合格的曲面。曲面精加工是加工工艺中的最后一道工序，重点是为了保证被加工工件的加工精度，尽可能快地达到加工的最终要求。为了保证加工表面的精度，精加工采用的加工方法与粗加工一般不同，或者加工方法虽然相同，但是所用切削用量不同。精加工采用高速、小进给量和小切削深度。

11.3.1　平行铣削曲面精加工

　　平行铣削曲面精加工(Parallel)是按设定的方向沿着曲面切削，产生一系列平行的精加工刀具路径。

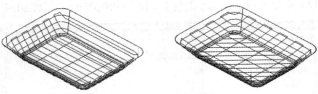

图 11.43　精加工平行铣削

　　进入曲面精加工，选择 Surface Finishing 子菜单中的"Parallel"命令，再在绘图区选取加工曲面(或干涉曲面)，选择"Done"，系统会弹出如图 11.44 所示的 Surface Finish Parallel 参数设置界面。Finish parallel parameters 参数设置界面用来设置平行铣削曲面精加工刀具路径特有的参数。

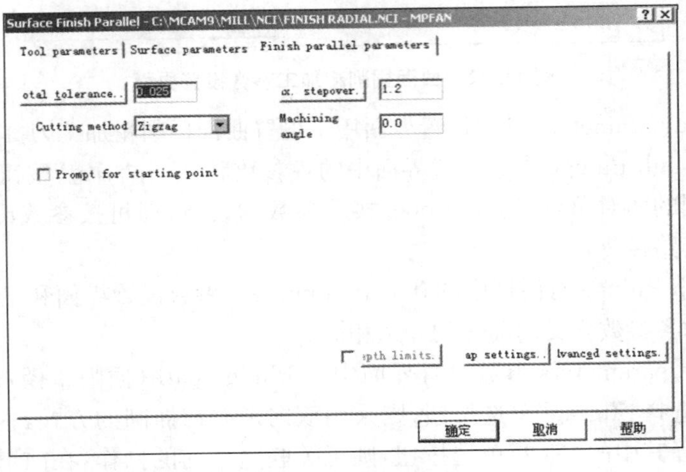

图 11.44　精加工平行铣削参数设置界面

　　设置好"Surface Finish Parallel"对话框中的各参数后,单击"确定"按钮,即可按设置的参数生成平行铣削曲面加工刀具路径,并返回 Surface/Solid/CAD 子菜单。

　　"Surface Finish Parallel"对话框中的 Tool parameters 参数设置界面和 Surface parameters 参数设置界面中的各参数含义同前面的介绍。Finish parallel parameters 参数设置界面中的各项参数含义与平行铣削粗加工 Rougeh parallel parameters 参数设置界面中的对应参数相同。总误差通常取零件误差的 1/3 左右,误差越小加工程序越长。进给步距通常取0.3～0.8 mm,比较平坦的曲面可以取较大的值。

11.3.2　放射状曲面精加工

　　放射状曲面精加工(Radial)是用于生成放射状精加工刀具路径,常用于加工类似圆形的零件,主要特点是中心对称。

图 11.45　精加工放射状加工走刀路径

图 11.46　精加工放射状加工效果

　　选择 Surface Finishing 子菜单中的"Radial"命令,再在绘图区选取加工曲面(和干涉曲面),选择"Done"命令,系统会弹出如图 11.47 所示的 Surface Finish Radial 设置界面。

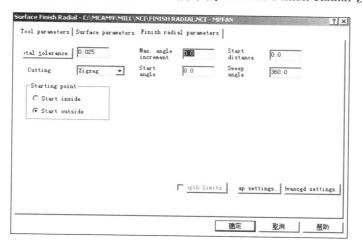

图 11.47　精加工放射状铣削参数设置界面

　　在 Tool parameters 参数设置界面中定义加工用的刀具,在 Surface parameters 参数设置界面中设置曲面加工参数,Finish Radial parameters 参数设置界面用来设置放射状曲面精加工刀具路径特有的参数。

　　设置好"Surface Finish Radial"对话框中的各参数后,单击"确定"按钮,系统提示区提示输入刀具路径的起始点,在绘图区选择一点后即可按设置的参数生成放射状铣削曲面加工刀具路径,并返回 Surface/Solid/CAD 子菜单。

11.3.3　陡斜面精加工

清除工件陡坡区域的剩余材料,陡坡面决定于曲面斜度,斜度区域由设定的角度确定。陡斜面精加工(Par. Steep)是采用粗加工或某种精加工方式对曲面进行加工后,在接近于垂直的陡斜面(包括垂直面)处刀具路径过疏,从而会遗留过多的材料,达不到要求的表面精度。利用陡斜面精加工可对前次加工中达不到要求的陡斜面进行再加工,因此一般作为二次精加工使用。

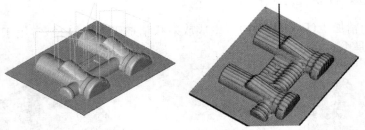

图 11.48　陡斜面精加工

进入曲面精加工,选择 Surface Finishing 子菜单中的"Par. Steep"命令,再在绘图区选取加工曲面(和干涉曲面),选择"Done"命令后,系统会弹出如图 11.49 所示的 Surface Finish Parallel Steep 参数设置界面。Finish parallel steep parameters 参数设置界面用来设置陡斜面精加工刀具路径特有的参数。

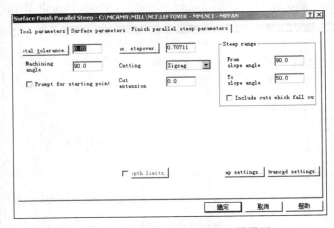

图 11.49　陡斜面精加工参数设置界面

设置好"Surface Finish Steep"对话框中的各参数后,单击"确定"按钮,即可按设置的参数生成陡斜面精加工刀具路径,并返回 Surface/Solid/CAD 子菜单。

Finish parallel steep parameters 参数设置界面中陡斜面精加工特有的参数含义说明如下。

(1) From slope angle(起始斜坡度):该文本框用于设置需要进行陡斜面精加工的曲面的最小斜坡度。

(2) To slope angle(终止斜坡度):该文本框用于设置需要进行陡斜面精加工的曲面的最

大斜坡度。

注：系统仅对斜坡度在最小斜坡度和最大斜坡度之间的曲面进行陡斜面精加工。

（3）Include cuts which fall outside：选中该复选框，则加工区域包括零件中所有坡度在最小斜坡度和最大斜坡度之间的曲面。

（4）Cut extension（切削延伸距离）：切削延伸距离。该文本框用于设置切削方向的延伸量。

11.3.4　曲面投影精加工

曲面投影精加工（Project）方法是将一个已经存在的加工路径或几何图形投影到被加工曲面上生成新的加工路径，这种加工方法不改变原来的 NC 文件中的刀具路径的 XY 坐标，而仅改变其 Z 坐标。见图 11.50。

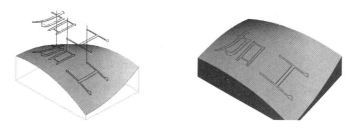

图 11.50　曲面投影精加工及效果图

进入曲面精加工，选择 Surface Finishing 子菜单中的"Project"命令，再在绘图区选取加工曲面（和干涉曲面），选择"Done"命令后，系统会弹出如图 11.51 所示的 Surface Finish Project 参数设置界面。

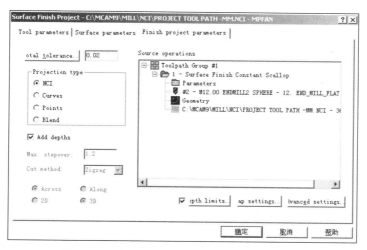

图 11.51　曲面投影精加工参数设置界面

在 Tool parameters 参数设置界面中定义加工用的刀具，在 Surface parameters 参数设置界面中设置曲面加工参数，Finish Project parameters 参数设置界面用来设置曲面投影精加工刀具路径特有的参数。

设置好"Surface Finish Project"对话框中的各参数后，单击"确定"按钮即可按设置的参数生成曲面投影精加工刀具路径,并返回 Surface/Solid/CAD 子菜单。

　　Finish Project parameters 参数设置界面中各参数含义和 Rough Project parameters 参数设置界面中的对应参数相同,其中增加的"Add depths"复选框用来设置投影后刀具路径的深度方式,选中该复选框,则系统将用作投影的 NCI 文件的 Z 轴深度作为投影后刀具路径的深度;若不选中该复选框,则由曲面来决定投影后刀具路径的深度。

11.3.5　曲面流线精加工

　　曲面流线精加工(Flowline)是用于沿着曲面流线的方向生成精加工刀具路径,能精确控制残脊高度。

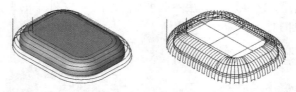

图 11.52　精加工曲面流线的两种刀具路径

　　进入曲面精加工,选择 Surface Finishing 子菜单中的"Flowline"命令,再在绘图区选取加工曲面(和干涉曲面),选择"Done"命令确定后,系统会弹出如图 11.53 所示的 Surface Finish Flowline 参数设置界面。

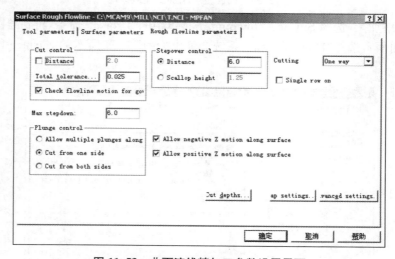

图 11.53　曲面流线精加工参数设置界面

　　Finish Flowline parameters 参数设置界面用来设置曲面流线精加工刀具路径特有的参数。设置好"Surface Finish Flowline"对话框中的各参数后,单击"确定"按钮,主菜单区会显示 Flowline 子菜单(其中选项含义同曲面流线粗加工中的介绍),并在绘图区显示出刀具偏移方向、切削方向、每一层刀具路径移动方向及刀具路径起点等。利用 Flowline 子菜单可改变一些流线刀具路径的参数。完成设置后选择"Done"命令,即可按设置的参数生成曲面流线精加工刀具路径,并返回 Surface/Solid/CAD 子菜单。

11.3.6　等高外形精加工

曲面轮廓精加工是沿曲面等高外形切削而生成精加工刀具路径。其特点是它的加工路径产生在相同的等高线的轮廓上,因此又称曲面等高外形精加工(Contour)。与等高外形粗加工方法相同参见图 11.34 所示。

11.3.7　浅平面精加工

用于清除曲面浅平面部分的残留材料。浅平面精加工用于加工较平坦的曲面,与陡斜面加工正好互补。某些精加工方式(如曲面等高外形精加工)会在曲面平坦部位产生刀具路径较稀疏的现象(可参考例 11.54 所示的加工模拟结果),此时就要采用浅平面精加工(Shallow)来保证该部位的加工精度。

图 11.54　精加工浅平面加工

选择 Surface Finishing 子菜单中的"Shallow"命令,再在绘图区选取加工曲面(和干涉曲面),选择"Done"命令后,系统会弹出如图 11.55 所示的 Surface Finish Shallow 参数设置界面。Finish Shallow parameters 参数设置界面用来设置浅平面精加工刀具路径特有的参数。设置好"Surface Finish Shallow"对话框中的各参数后,单击"确定"按钮即可按设置的参数生成浅平面精加工刀具路径,并返回 Surface/Solid/CAD 子菜单。

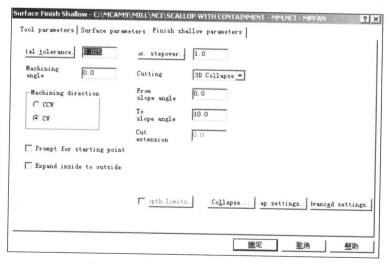

图 11.55　精加工浅平面加参数设置界面

以下对 Finish Shallow parameters 参数设置界面中浅平面精加工特有的参数进行介绍。

（1）Cutting（切削方式）：浅平面加工的方式有三种：One way（单向切削）、Zigzag（双向切削）和 3D Collapse（3D 环绕切削），可从中选择一种。

3D 环绕切削指系统在被加工过的区域中建立一个边界，刀具在边界上形成加工路径，再按所制定的最大横向进给距离沿此边界移动，形成一个与前一个刀具路径平行的刀具路径，如此往复，直至加工完整个区域。

（2）From slope angle（起始陡斜面角度）：该文本框用于设置曲面浅平面内的最小陡斜面角度。

（3）To slope angle（终止陡斜面角度）：该文本框用于设置曲面浅平面内的最大陡斜面角度。

注意：系统将斜面角度值在两个输入值之间的区域定义为浅平面。

（4）Expand inside outside（从内向外）：选中该复选框，则横向进给有内向外进行；否则横向进给由外向内。

（5）Depth limits（深度极限）：选中该按钮前的复选框并单击此按钮，系统会弹出如图 11.56 所示的 Depth limits 对话框。

其中各选项说明如下。

Relative to（相对于）：该下拉列表框用于设置输入的深度值的参考基准。选择 Tip 选项，则输入的深度值相对于刀尖；选择 Center 选项，则输入的深度值相对于刀具中心。

Minimum depth（最小深度）：该文本框用于设置浅平面加工的最小深度值，即确定刀具切削时相对于工件升至的最高高度。

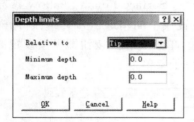

图 11.56 Depth limits 对话框

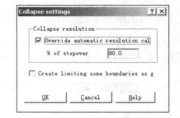

图 11.57 Collapse 对话框

Maximum depth（最大深度）：该文本框用于设置浅平面加工的最大深度值，即确定刀具切削时相对于工件升至的最低高度。

（6）Collapse（环绕按钮）：只有在 Cutting 下拉列表中选择 3D Collapse 选项时方可用。单击该按钮，会弹出如图 11.57 所示的"Collapse Settings"对话框，利用该对话框可进行 3D 环绕切削方式的参数设置。

其中各选项说明如下：

● Collapse resolution（环绕精度）：该选项组用于设置环绕精度，即铣削后曲面的平滑程度。选中该选项组中的"Override automatic resolution collapse Stepover"复选框，即可在% of Stepover 文本框中输入进刀量，刀具直径百分比，设置的值越小铣削后的曲面越平滑。

● Create limiting zone boundaries as geometry（创建边界曲线）：选中该复选框，则在生成刀具路径的同时，沿刀具路径的边界生成几何图形。

11.3.8　环绕等距精加工

曲面环绕等距精加工(Scallop)是按照加工面的轮廓来生成环绕等距的刀具路径,对曲面进行精加工。在加工多个曲面零件时保持比较固定的残脊高度,与曲面流线加工类似,但环绕等距加工允许沿一系列不相连的曲面产生加工路径。见图 11.59(a)所示。

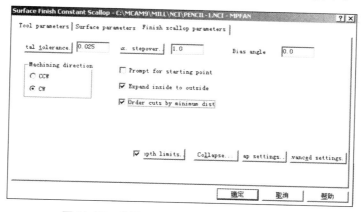

图 11.58　曲面环绕等距精加工参数设置界面

选择 Surface Finishing 子菜单中的"Scallop"命令,再在绘图区选取加工曲面(和干涉曲面),选择"Done"命令确定后,系统会弹出如图 11.58 所示的"Surface Finish Scallop"对话框。

Finish Scallop parameters 参数设置界面用来设置曲面环绕等距精加工刀具路径特有的参数。设置好"Surface Finish Scallop"对话框中的各参数后,单击"确定"按钮即可按设置的参数生成曲面环绕等距精加工刀具路径,并返回 Surface/Solid/CAD 子菜单。

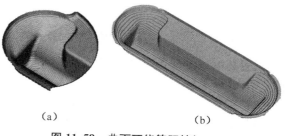

(a)　　　　　　　　　(b)

图 11.59　曲面环绕等距精加工

"Surface Finish Scallop"对话框中的 Tool parameters 参数设置界面和 Surface parameters 参数设置界面中的各参数含义与前面介绍的相同参数及对应选项的含义相同。Finish scallop parameters参数设置界面中各参数也同前面介绍的参数及对应选项含义相同。

11.3.9　交线清角精加工

沿曲面的交线走刀切削、清除粗加工或精加工时残留在交线处的材料(见图 11.60)。

图 11.60　精加工交线清角

在粗加工中,在曲面的交线处刀具路径可能不是处于最佳位置或刀具选择过大,加工完成后在曲面的交线处残留一些余量,此时使用交线清角精加工是最合适的。

进入曲面精加工,选择 Surface Finishing 子菜单中的"Pencil"命令,再在绘图区选取加工曲面(和干涉曲面),选择"Done"命令确定后,系统会弹出如图 11.61 所示的 Surface Finish Pencil 参数设置界面。Finish Pencil parameters 参数设置界面用来设置交线清角精加工(Pencil)刀具路径特有的参数。

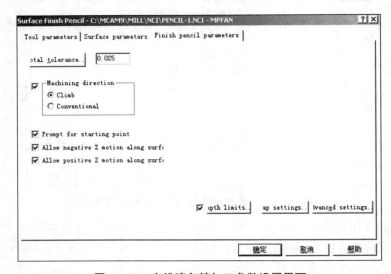

图 11.61　交线清角精加工参数设置界面

设置好"Surface Finish Pencil"对话框中的各参数后,单击"确定"按钮即可按设置的参数生成交线清角精加工刀具路径,并返回 Surface/Solid/CAD 子菜单。

"Surface Finish Pencil"对话框中的 Tool parameters 参数设置界面和 Surface parameters 参数设置界面中的各参数含义同前面的介绍。Finish Pencil parameters 参数设置界面中各参数也与前面介绍的对应的参数含义相同。

11.3.10　残料清除精加工

残料清除精加工(Leftover)是清除由于使用刀具直径大而残留在曲面相交部分的残留材料。残料清除比交线清角残料清除得更干净,是精加工之后的二次精加工(见图 11.62)。

进入曲面精加工,选择 Surface Finishing 子菜单中的 Leftover 命令,再在绘图区选取加工曲面(和干涉曲面),选择"Done"命令后,系统会弹出如图 11.63 所示的 Surface Finish Leftover 参数设置界面。

Finish Leftover parameters 参数设置界面用来设置残料清除精加工刀具路径特有的参数,Leftover material parameters 参数设置界面用来定义残料精加工的切削区域,如图 11.63 所示。

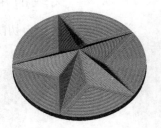

图 11.62　残料清除

设置好"Surface Finish Leftover"对话框中的各参数后,单击"确定"按钮,即可按设置的参数生成残料清除精加工刀具路径,并返回 Surface/Solid/CAD 子菜单。

Finish Leftover parameters 参数设置界面残料清除精加工特有的参数含义也同前面的介绍，这里只介绍 Leftover material parameters 参数设置界面中的特有参数。

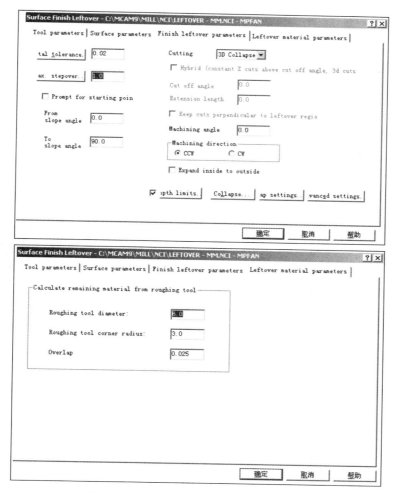

图 11.63 残料清除精加工参数设置界面

（1）Roughing tool diameter（粗加工刀具直径）：该文本框设定前一道粗加工工序所用刀具的直径。残料清除精加工所用刀具直径应小于先前粗加工刀具的直径。

（2）Roughing corner radius（粗加工刀具圆角半径）：该文本框设定前一道粗加工工序所用刀具的圆角半径值。系统将比较粗加工圆角半径与残料清除加工刀具圆角半径值。

（3）Overlap（偏移距离）：该文本框用于设置残料清除精加工中的刀具切削的宽度范围。根据前道精加工实际切削的效果，设置一个合理的残料清除加工的区域宽度。

12 CAM 综合加工实例

12.1 快餐盒模具加工

快餐盒模具加工曲面如图 12.1 所示。

（1）工艺分析。

毛坯：45 号调质钢 HB250，已加工过的方料 130 mm×100 mm×30 mm。

刀具选用：零件材料硬度较高，高速钢铣刀的容许切削速度为 18 m/min，硬质合金通常的容许切削速度60 m/min，从中可以看出选用硬质合金铣刀，刀具耐用度高，效率高。分粗、精加工，从切削性能和加工的表面粗糙度情况考虑，粗加工选用 ϕ12 平头铣刀，精加工选用 ϕ10 球头铣刀。假设机床刚性好，修正系数为 1。

图 12.1 快餐盒模具加工曲面图

切削用量设定：用查表法查出容许切削速度和每齿进给量，用公式 $n = 1\,000 \times V/(\pi \times D)$ 和 $F = Z \times S_z \times n$ 计算出主轴转速和每分钟进给量。

查附录 1 表 19 得硬质合金铣刀每齿进给量：粗加工 $S_z = 0.08$ mm / 齿，精加工取粗加工的一半 $S_z = 0.04$ mm / 齿。粗加工 $V = 60$ m/min × 70% = 42 m/min。

ϕ12 平头刀：$n = 1\,000 \times V/(\pi \times D) = 1\,000 \times 42/(3.14 \times 12) \approx 1\,100$ r/min

$\quad\quad\quad\quad\quad F = 2 \times S_z \times n = 2 \times 0.08 \times 1\,100 = 176$ mm/min

ϕ10 球头刀：$n = 1\,000 \times V/(\pi \times D) = 1\,000 \times 60/(3.14 \times 10) \approx 1\,900$ r/min

$\quad\quad\quad\quad\quad F = 2 \times S_z \times n = 2 \times 0.04 \times 1\,900 = 152$ mm/min

走刀方式选择：对应于快餐盒模具的凹腔形状可选用平行铣削、放射状铣削或环绕等距铣削，从粗加工后的最大残余量的一致性以及精加工的表面粗糙度的一致性考虑，粗加工选用曲面挖槽（环绕等距走刀），每层最大切削深度 5 mm，横向进给步距取刀具直径的 50%（6 mm）；精加工选用环绕等距，横向进给步距 0.6 mm。

（2）生成加工路径及程序。

调出图形：File→Get（从 mc9 目录中选取"快餐盒模具"，单击"Open"）。

曲面加工入口：Toolpaths→Surface（刀具路径→曲面加工）。

粗加工：Rough→Pocket→All→Surfaces→Done（粗加工→挖槽式→所有的→曲面→执行（接受曲面定义））。

弹出参数设定菜单：设定刀具参数，曲面参数，粗加工挖槽参数。

刀具参数：在定义刀具栏单击鼠标右键，选 Get tool from Library…

从刀具管理器中，选择 ϕ12 的平头铣刀，单击"OK"。由于刀具原设定的切削用量不合适，输入上面工艺分析中用查表计算出的数据。具体数值见图 12.2。

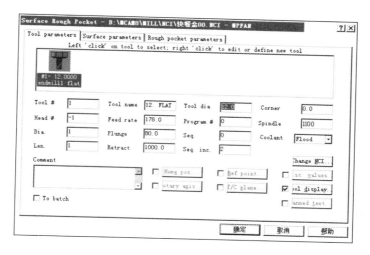

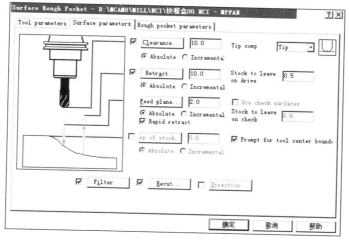

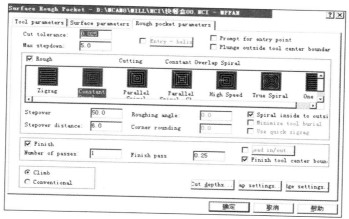

图 12.2 曲面挖槽参数设定菜单

设定完参数及选项,单击"确定"。

接着定义挖槽的最外边界线,选 Chain(串连),顺序地选取图 12.3 中 1 处、2 处、…、8 处。

选 End here→Done(结束定义→执行)。

图 12.3　曲面挖槽边界设定

图 12.4　粗加工刀具路径显示

计算机开始计算理论曲面、补偿曲面、刀具轨迹,并先后显示在屏幕上。见图 12.4。

精加工:Finish→Scallop→All→Surfaces→Done(精加工→环绕等距→所有的→曲面→执行(接受曲面定义))。

弹出参数设定菜单:设定刀具参数,曲面参数,精加工环绕等距参数,如图 12.5、12.6 所示。

在定义刀具栏单击鼠标右键,选 Get tool from Library…

从刀具管理器中,选择 φ10 的球头铣刀,单击"OK"。由于刀具原设定的切削用量不合适,输入上面工艺分析中用查表计算出的数据。具体数值如图 12.5 所示。

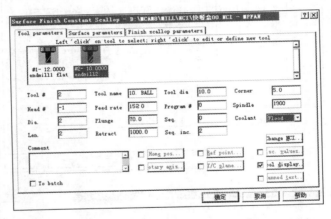

图 12.5　精加工刀具参数,环绕等距参数

设定完参数及选项,单击"确定"。计算机开始计算刀具路径轨迹,理论曲面、补偿曲面、刀具轨迹先后显示在屏幕上。见图 12.7。

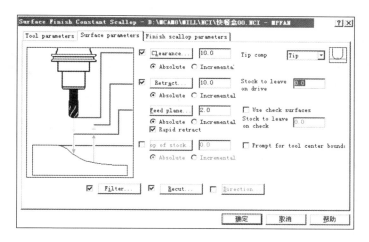

图 12.6 精加工参数设定

按 BACKUP→Operation（回上一功能菜单→操作管理）。

弹出操作管理器菜单。

选 Select All→Post（选择所有的→后置处理）。

弹出后置处理设定对话栏。见图 12.8。

选取 Save NCI file，Overwrite 和 Save NC file，Overwrite，单击"OK"。

提示栏提示：Processing file with MPFAN…

图 12.7 精加工刀具路径显示

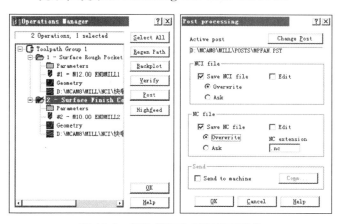

图 12.8 操作管理和后置处理菜单

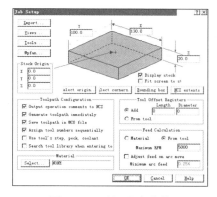

图 12.9 毛坯设定菜单

（3）按 Job Setup（毛坯设定），弹出毛坯设定菜单，见图 12.9。设定完参数和选项，按"OK"。

（4）仿真检验（用实体仿真切削来检验刀具路径）。

按"Verity"，进入仿真检验界面，见图 12.10。

按"▶"键，就开始实体仿真切削，结果见图 12.11。

图 12.10   仿真检验入口界面

图 12.11   快餐盒模具的仿真切削结果

12.2   鼠标模型加工

（1）工艺分析：假定条件：毛坯为已加工过的方块铝料 112 mm×58 mm×40 mm。

注：零件外形尺寸 110 mm×56 mm×33 mm。

作为教学模型样品，表面粗糙度，没有模具那样高，本道铣削工序为最终加工。

刀具选用：由于材料软，选常用的高速钢铣刀，允许切削速度就很高，且数控铣床必定配备高速钢立铣刀，所以选用高速钢立铣刀。铣削四周及顶面选用 ϕ16 立铣刀，顶面精加工 ϕ12 球头刀。

切削用量设定：用查表法确定主轴转速和进给速度。

查附录 1 表 16 铝合金允许切削速度为 180～360 m/min，取 $V = 180$ m/min。粗加工 $V = 180$ m/min×70% = 126 m/min；ϕ12 和 ϕ16 的每齿切削量取 $S_z = 0.1$ mm/齿。精加工 $S_z = 0.1$(mm/齿)/2 = 0.05 mm/齿。

考虑到实习用机床刚性不是很好，乘以修正系数 0.6。

当选用 ϕ16 立铣刀时，$n = 1000 V/\pi D = (1000×126×0.6)/(3.14×16) \approx 1500$ r/min，
$$F = 2S_z × n = 2×0.1×1500 = 300 \text{ mm/min}。$$

当选用 ϕ12 球头刀时，$n = 1000 V/\pi D = 1000×180×0.6/(3.14×12) \approx 2860$ r/min，
$$F = 2×0.05×2860 = 286 \text{ mm/min}。$$

走刀方式选择：根据鼠标模型的具体形状，四周是直壁，选用外形铣削，粗加工两次，精加工一次；顶面和倒圆角面用曲面加工，分粗、精铣削。

铣削四周：粗铣在深度上分三刀切削，精铣一刀切到最终深度。没有接刀痕。

铣削顶面和倒圆角面：粗加工每层最大切削深度 5 mm，切削进给宽度 6 mm。

（2）调出鼠标零件图形：File→Get（文件→取档），从 Mc9 目录中选取"鼠标"，单击"Open"，如图 12.12 所示。

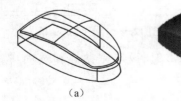

（a）   （b）

图 12.12   鼠标教学模型

图 12.13   鼠标线框模型同时显示的图形

（3）生成刀具路径及加工程序：按"Level"（图层），弹出层管理器，选择"All on"（全开），单击"OK"，为铣削四周准备轮廓曲线。见图 12.13。

铣削四周：Toolpath→Contour(刀具路径→外形加工)。

主菜单栏提示 Contour：Select chain 1(外形,选择串连 1),选取图 12.13 中 1 处,按"Done"。

弹出参数设定菜单。设定刀具参数,外型参数。

刀具参数：在定义刀具栏单击鼠标右键,选 Get tool from Library…

从刀具管理器中,选择 φ16 的平头铣刀,单击"OK"。由于刀具原设定的切削用量不合适,输入上面工艺分析中计算出的数据。具体数值见图 12.14。

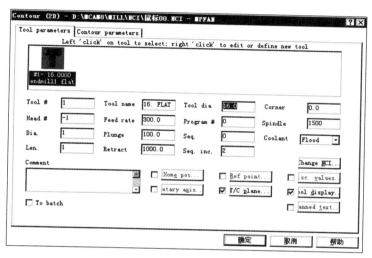

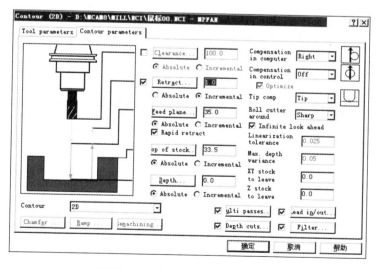

图 12.14　外形加工参数设定菜单

参数设定完,按"确定"按键,系统计算刀具路径。计算完刀具路径显示于屏幕。

(关闭线框模型：选 Level,在 Number 文本输入框输入 2,选"All off",单击"OK"。)

曲面加工入口：Tool paths→Surface (刀具路径→曲面加工)。

粗加工：Rough→Parallel→Boss(粗加工→平行铣削→凸形)。

用鼠标选取图形顶部曲面及倒圆角面,按"Done"。

弹出参数设定菜单:设定刀具参数,曲面参数,粗加工平行铣削参数。见图 12.15。

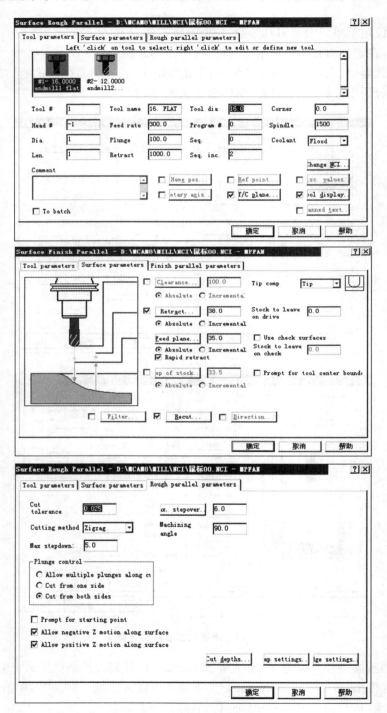

图 12.15　曲面粗加工参数设定菜单

　　设定完参数及选项,单击"确定"。计算机开始计算刀具路径轨迹。计算完,粗加工刀具轨迹显示在屏幕上。

　　精加工:Finish→Parallel(精加工→平行铣削)。

　　选取图形顶面及倒圆角面,按"Done"。

　　弹出参数设定菜单:设定刀具参数,曲面参数,精加工平行铣削参数。见图 12.16。

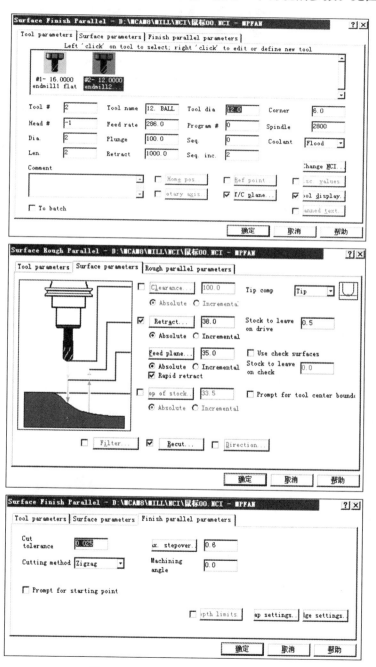

图 12.16　曲面精加工参数设定菜单

毛坯设定：按"Job Setup"（毛坯设定），弹出设定菜单，见图 12.17。

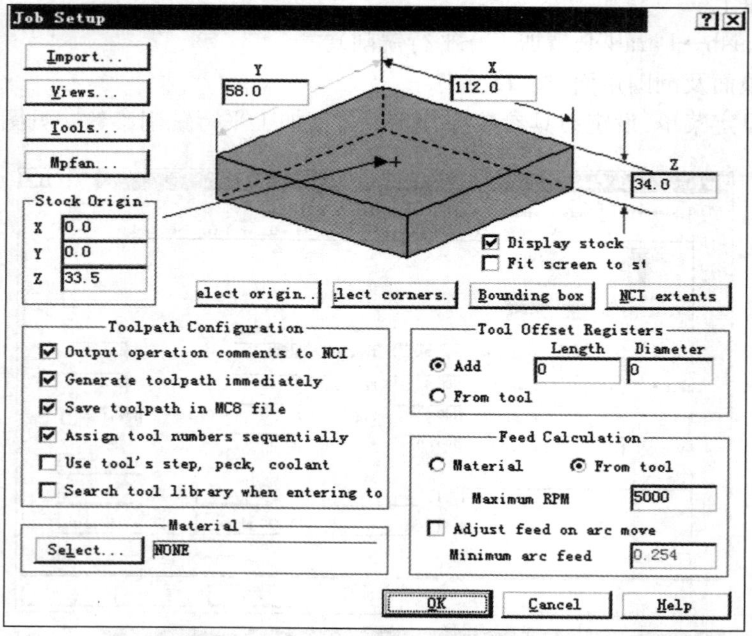

图 12.17　毛坯设定菜单

以上参数及选项设定完后，按"OK"。

操作管理：按"Operations"，弹出操作管理菜单。

按 Select All→Post（选取全部刀具路径→进行后处理）。

弹出后置处理设定对话栏。

选取 Save NCI file, Overwrite 和 Save NC file, Overwrite，单击"OK"。

提示栏提示：Processing file with MPFAN…

（4）仿真检验（用实体仿真切削来检验刀具路径）（见图 12.18）：按"Verity"，进入仿真检验界面。

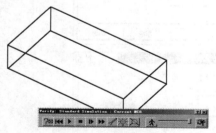

图 12.18　仿真入口界面

图 12.19　鼠标实体切削仿真结果

按"▶"键，就开始实体仿真切削，结果见图 12.19。

12.3　洗衣机波轮模具工作面加工

（1）工艺分析。

假定条件：毛坯是粗加工过的 $\phi128$ mm×60 mm 的圆柱坯料。

材料：45 号调质钢 HB180～220。

本工序非最终加工，还需钳工抛光或电火花修整表面，最大残余量不超过 0.1。

刀具选用：可用硬质合金或高速钢的立铣刀，考虑到硬质合金刀具容许切削速度高，假设机床刚性较好，可以取较大的进给速度，所以选用整体硬质合金立铣刀，粗铣 $\phi12$ 平头刀，精铣球头刀：直径较小为好，如 $\phi8$，但长度不够、刚性差，所以本例选用 $\phi12$ 的球头刀。假设机床刚性好，修正系数取 1。

切削用量设定：用查表法确定主轴转速和进给速度。

查附录 1 表 16，容许切削速度取 $V = 70$ m/min，粗加工 $V = 70 \times 70\% = 49$ m/min；

查附录 1 表 19 粗加工每齿进给量取 $S_z = 0.1$ mm/齿，精加工每齿进给量 $S_z = 0.1/2 = 0.05$ mm/齿。

粗加工：$n = 1\,000V/(\pi D) = 1\,000 \times 49/(3.141\,6 \times 12) = 1\,300$ r/min。

$F = 2S_z \times n = 2 \times 0.1 \times 1\,300 = 260$ mm/min，取 $F_z = 100$ mm/min。

精加工：$n = 1\,000V/(\pi D) = 1\,000 \times 70/(3.141\,6 \times 12) = 1\,850$ r/min。

$F = 2S_z \times n = 2 \times 0.05 \times 1\,850 = 185$ mm/min，取 $F_z = 100$ mm/min。

加工深度：0～48，取每层切削深度 5，切削进给宽度 4。

走刀方式选择：根据波轮曲面形状，粗加工可选用 Parallel（平行铣削），Radial（放射状），Pocket（曲面挖槽）这几种方式较好，精加工可选用 Parallel，Radial，Scallop（环绕等距），本例粗、精加工都选用平行铣削（实际加工，精加工铣环绕等更合适些）。

（2）调出波轮图，File→Get 从 MC9 目录中点取"波轮"，单击"Open"，如图 12.20 所示。

图 12.20　洗衣机波轮模具工作面

（3）生成刀具路径及加工程序：Toolpaths→Surface（刀具路径→曲面加工）。

粗加工：Rough→Parallel→Unspecified→All→Surface→Done。

（粗加工→平行铣削→不定义曲面凹凸→所有的→曲面→接受曲面定义）

弹出曲面粗加工参数菜单，定义刀具参数，曲面参数，粗加工参数。见图 12.21。

设定完参数，按确定（接受设定的参数）。

提示栏提示：（计算机正在进行计算……计算完提示信息消失）生成粗加工刀具路径。

精加工：Finish→Parallel→All→Surface→Done。

（精加工→平行铣削→所有的→曲面加工→接受曲面定义）

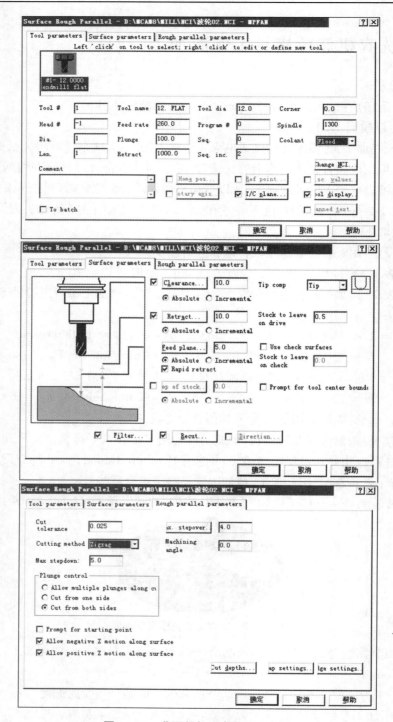

图 12.21　曲面粗加工参数设定菜单

弹出曲面精加工参数菜单,定义刀具参数,曲面参数,精加工参数。见图 12.22。
设定完参数按确定(接受设定的参数)。

提示栏提示:Processing file with MPFAN…

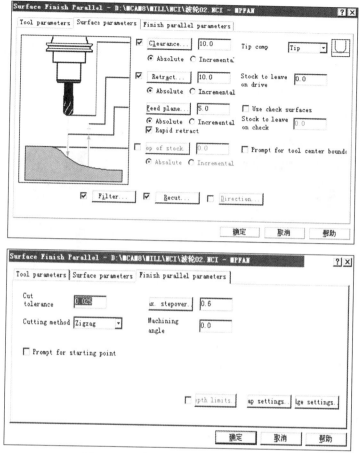

图 12.22 曲面精加工参数设定菜单

（计算机正在进行计算……计算完精加工刀具路径全部显示在屏幕上）

（4）后置处理：按 BACKUP→Operations 弹出操作管理菜单，见图 12.23。

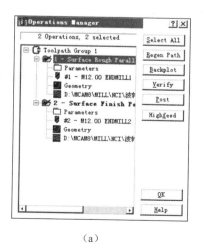

（a）

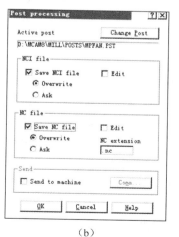

（b）

图 12.23 操作管理菜单和后置处理对话栏

按 Select All→Post(选取全部刀具路径→进行后处理)。

弹出后置处理对话栏见图 12.23(b)。

选取 Save NCI file，Overwrite 和 Save NC file，Overwrite，单击"OK"。

提示栏提示：Processing file with MPFAN…

（计算机正在进行后置处理，处理完提示信息消失）

（5）仿真检验：（用实体仿真切削来检验刀具路径）。

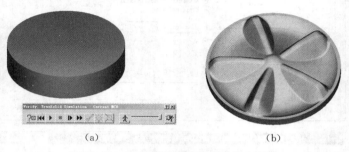

(a)　　　　　　　(b)

图 12.24　洗衣机波轮实体仿真切削结果

按 Verify→按 键，设定毛坯形状尺寸：选 Cylinder，Center on axis，Z，在 Cylinder diameter 的文本输入栏输入 128。

在 Tool 栏选 Solid tool，在 Miscellaneous 栏选 Cutter Compensation in computer。

设定完参数和选项，按"OK"。见图 12.24(a)。

按 键，就开始实体仿真切削，结果见图 12.24(b)。

12.4　手机模具加工

（1）调出手机模具零件图形：File→Get(文件→取档)，从 Mc9 目录中选取"手机模具"，单击"Open"，按"Level"（图层），弹出层管理器，选择"All on"（全开），单击"OK"。如图 12.25 所示。

（2）工艺分析：毛坯：材质为 LY12（硬铝），已加工过的方料 100 mm × 40 mm × 30 mm。

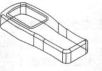

图 12.25　手机模具模型图

刀具选用：由于材料软，选常用的高速钢铣刀，允许切削速度就很高。分粗、精加工，从切削性能和加工的表面粗糙度情况考虑，粗加工曲面选用 ϕ18 的平头立铣刀。精加工四周直壁选用 ϕ18 的平头立铣刀。精加工上表面曲面选用 ϕ12 的球头铣刀。精加工上部凹腔曲面用 ϕ3 的球头铣刀。

切削用量设定：用查表法确定主轴转速和进给速度。

查附录 1 表 16 铝合金允许切削速度 180 ～ 300 m/min，取 $V = 180$ m/min。粗加工 $V = 180$ m/min × 70% = 126 m/min；查表 17 参考 ϕ18 和 ϕ12 的每齿切削量取 $S_z = 0.1$ mm/齿。精加工 $S_z = 0.1$ mm/齿 × 0.8 = 0.08 mm/齿。ϕ3 的每齿切削量取 $S_z = 0.05$ mm/齿。

考虑到实习用机床刚性不是很好，乘以修正系数 0.6。

选用 ϕ18 的平头立铣刀：

$$n = 1\,000V/(\pi D) = 1\,000 \times 126 \times 0.6/(3.14 \times 18) \approx 1\,300 \text{ r/min},$$

$$F = 2S_z \times n = 2 \times 0.1 \times 1\,300 = 260 \text{ mm/min}.$$

选用 $\phi 12$ 的球头刀：

$$n = 1\,000V/(\pi D) = 1\,000 \times 180 \times 0.6/(3.14 \times 12) \approx 2\,450 \text{ r/min},$$

$$F = 2S_z \times n = 2 \times 0.08 \times 2\,450 = 468 \text{ mm/min}.$$

选用 $\phi 3$ 的球头刀：（考虑到铣四周边沿时，切削量相对较大，所以取 $V = 128 \text{ mm/min}$。）

$$n = 1\,000V/(\pi D) = 1\,000 \times 128 \times 0.6/(3.14 \times 3) \approx 8\,000 \text{ r/min},$$

$$F = 2S_z \times n = 2 \times 0.05 \times 8\,000 = 800 \text{ mm/min}.$$

走刀方式选择：

采用 $\phi 18$ 的平头立铣刀进行曲面挖槽粗加工，采用边界外下刀，粗加工每层最大切深 3 mm，预留量为"0.5"。

选用 $\phi 18$ 的平头立铣刀进行二维外形铣削精加工四周直壁。

采用 $\phi 12$ 的球头刀进行上表面平行精加工。

用 $\phi 3$ 的球头铣刀采用曲面环绕等距精加工上部凹腔曲面。

（3）绘制辅助图素：绘制边界框：选择当前图层为"14"。设定 3D，I，Z0。回主菜单 Create→Bound. box（绘图→边界框），出现图 12.26 所示对话框。按"OK"（执行）。

图 12.26　边界框参数对话框

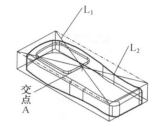

图 12.27　绘制边界框顶部对角线 L_1、L_2

绘制边界框顶部对角线 L_1、L_2：Create→Line→Endpoints→Endpoint（绘图→直线→端点方式→端点），如图 12.27 所示。

将实体边界框的顶部中心移至系统原点：回主菜单 Create→Xform→Translate→Window（绘图→转换→平移→窗选），选中边界框及实体，按 Done（执行），选择 Between pts，点取交点 A，再点取原点 O，出现如图 12.28 所示平移参数对话框，按"OK"。将边界框及实体同时移动（边界框的顶部中心移至系统原点）。结果如图 12.29 所示。毛坯顶面中心和系统原点重合绘制挖槽边界线，见图 12.30 所示。

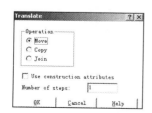

图 12.28　平移参数对话框

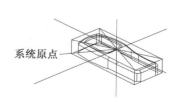

图 12.29　实体边界框的顶部中心移至系统原点

（4）生成刀具路径及加工程序：曲面加工入口：Toolpaths
→Surface（刀具路径→曲面加工）。

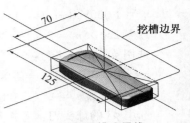

粗加工：Rough→Pocket→Solids（粗加工→挖槽粗加工
→选择实体）。

用鼠标选取手机实体，按"Done"。弹出参数设定菜单：
设定刀具参数，曲面参数，粗加工挖槽参数。

图 12.30　挖槽边界线

刀具参数：在定义刀具栏单击鼠标右键，选 Get tool from

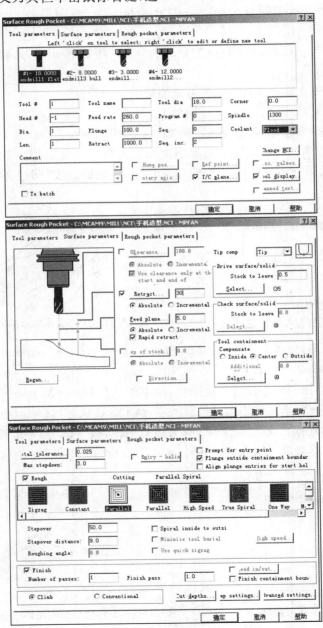

图 12.31　曲面粗加工参数设定对话框

Libray…

从刀具管理器中,选择ϕ18的平头刀,单击"OK"。由于刀具原设定的切削用量不合适,输入上面工艺分析中计算出的数据。具体数值见图12.31。

设定完参数及选项,单击"确定"。点取图12.30的周边曲线作为轮廓边界。

计算机开始计算刀具路径轨迹。计算完成后,粗加工刀具路径轨迹显示在屏幕上。

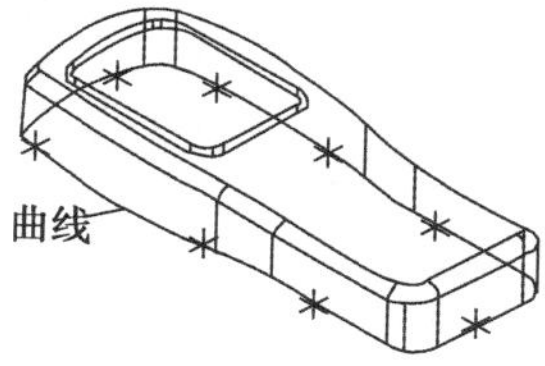

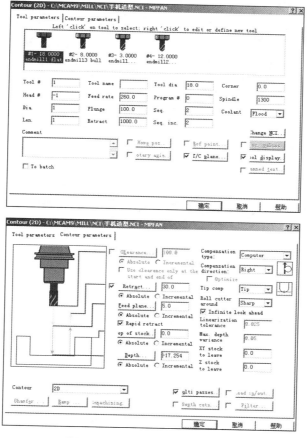

图 12.32　二维铣削边界曲线 1

精加工四周直壁:Toolpaths→Contour(刀具路径→外形加工)。

主菜单栏提示 Contour:select chain 1(外形,选择串连 1),选取图12.32中的曲线1为串连曲线。按"Done"。弹出参数设定菜单:设定刀具参数,外形参数(见图12.33)。参数设定完毕,按"确定"键,系统计算刀具路径。计算完刀具路径显示于屏幕。

图 12.33　二维外形铣参数设定

精加工手机实体上表面:Finish→Parallel→Solids(精加工→曲面平行铣→选择实体)。

用鼠标选取手机实体,按"Done"。弹出参数设定菜单:设定刀具参数,曲面参数,精加工曲面平行铣削参数(见图12.34)。增加上部凹腔曲面为干涉面。设定完参数及选项,单击"确定"。计算机开始计算刀具路径轨迹。计算完,精加工刀具路径轨迹显示在屏幕上。

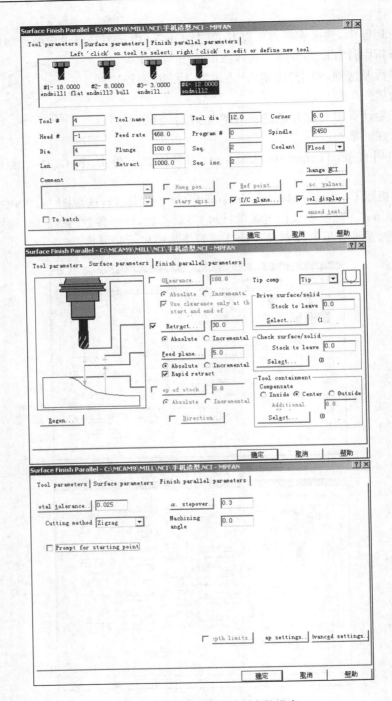

图 12.34　精加工平行铣削参数设定

用 $\phi3$ 的球头铣刀采用曲面环绕等距精加工上部凹腔曲面：Finish→Scallop→Solids（精加工→曲面环绕等距→选择实体表面）。点取上部凹腔曲面作为加工面弹出参数设定菜单：设定刀具参数，曲面参数，精加工环绕等距参数（见图 12.35）。设定完参数及选项，单击"确定"。

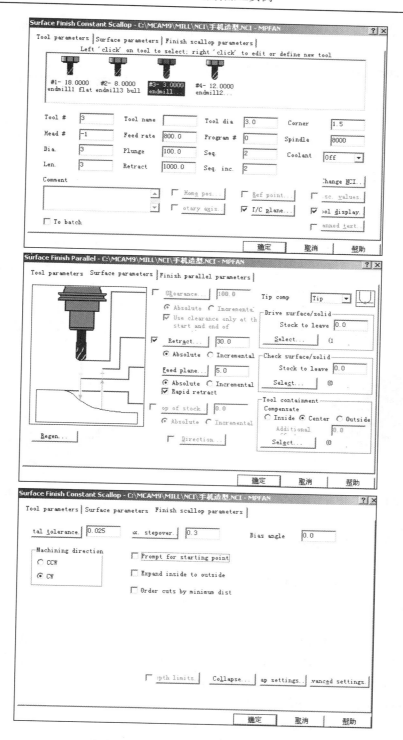

图 12.35 曲面环绕等距精加工参数设定

　　毛坯设定:按"Job Setup"(毛坯设定):弹出设定菜单(见图 12.36),以上参数及选项设定完后,单击"OK"。

操作管理:按"Operations",弹出操作管理菜单。按 Select All→Post(选取全部刀具路径→进行后处理)。

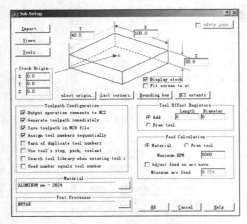

图 12.36　毛坯设定对话框

图 12.37　后置处理设置对话框

弹出后置处理设定对话栏。具体设定见图 12.37。

仿真检验(用实体仿真切削来检验刀具路径)按"Verity",进入仿真检验界面(见图 12.38)。按 ▶ 键,就开始实体仿真切削,结果见图 12.39。

图 12.38　仿真检验界面

12.39　仿真切削后的实体模型

12.5　旋钮模型加工

(旋钮模型的造型见图 12.40 所示)

(1)工艺分析:毛坯:已粗加工过的 $\phi83$ mm×35 mm 圆柱坯料。材质为 LY12(硬铝)时效处理。

刀具选用:由于材料软,选常用的高速钢铣刀。分粗、精加工,从切削性能和加工的表面粗糙度情况考虑,粗加工曲面选用 $\phi14$ 的平头键槽铣刀。精加工曲面选用 $\phi8$ 的牛鼻刀(刀头圆角半径 R1)。精加工四周直壁选用 $\phi14$ 的平头键槽铣刀。

切削用量设定:用查表法确定主轴转速和进给速度。

查附录 1 表 16 铝合金允许切削速度 $180\sim300$ m/min,取 $V=180$ m/min。粗加工 $V=180$ m/min×$70\%=126$ m/min;查附录 1 表 17 参考 $\phi14$ 和 $\phi8$ 的每齿切削量取 $S_z=0.075$ mm/齿。精加工 $S_z=0.075$ mm/齿×0.8

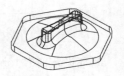

图 12.40　旋钮模型

$= 0.06 \text{ mm/} 齿 。$

考虑到实习用机床刚性不是很好,乘以修正系数 0.6。

选用 $\phi14$ 的平头键槽铣刀:

$n = 1\,000V/(\pi D) = 1\,000 \times 126 \times 0.6/(3.14 \times 14) \approx 1\,700 \text{ r/min},$

$F = 2S_z \times n = 2 \times 0.075 \times 1\,700 = 255 \text{ mm/min}。$

选用 $\phi8$ 的牛鼻刀:

$n = 1\,000V/(\pi D) = 1\,000 \times 180 \times 0.6/(3.14 \times 8) \approx 3\,900 \text{ r/min},$

$F = 2S_z \times n = 2 \times 0.06 \times 3\,900 = 468 \text{ mm/min}。$

走刀方式选择:

采用 $\phi14$ 的平头键槽铣刀进行放射状粗加工,粗加工每层最大切深 5 mm,粗切最大角度增量为 10 度,预留量为"0.5"。

采用 $\phi8$ 的牛鼻刀放射状精加工。

采用 $\phi14$ 的平头键槽铣刀,选用二维外形铣,精加工四周直壁。

调出旋钮零件图形:File→Get(文件→取档),从 Mc9 目录中选取已画好的"旋钮",单击"Open",见图 12.40。

(2) 绘制辅助图素并设定工件原点:将旋钮实体向下平移 20 mm,选择当前图层为"8"。设定 3D, I, Z0。回主菜单 Create→Xform→Translate→Only→Solids(绘图→转换→平移→单一选取→实体)单击旋钮实体,点"BACK UP",按"Done"(执行),选择"Rectang",输入平移向量:(0, 0, −20),出现平移参数对话框,设定好参数如图 12.41 示,按"OK"。

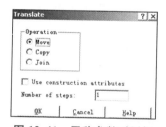

图 12.41 平移参数对话框

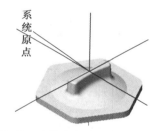

图 12.42 实体顶部中心移到系统原点

则实体顶部中心移到系统原点。如图 12.42 所示。工件原点为旋钮顶部中心点。

绘制辅助平面,如图 12.43 所示(辅助平面的深度为 Z‐20)。

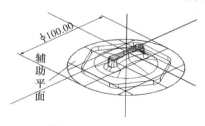

图 12.43 辅助平面

图 12.44 旋钮、俯视图线框、辅助平面同时显示的图形

(3) 生成刀具路径及加工程序:按"Level"(图层),弹出层管理器,关闭图层 2、3,其余全部开,单击"OK",为铣削四周直壁准备轮廓曲线 1。如图 12.44 所示。

曲面加工入口:Toolpaths→Surface(刀具路径→曲面加工)。

粗加工:Rough→Radial→Boss(粗加工→放射状铣削→凸形)。

用鼠标选取图形的辅助平面以及旋钮实体,按"Done"。弹出参数设定菜单:设定刀具参数,曲面参数,粗加工放射铣削参数。

刀具参数:在定义刀具栏单击鼠标右键,选 Get tool from Library…

从刀具管理器中,选择 $\phi 14$ 的平头刀,单击"OK"。由于刀具原设定的切削用量不合适,输入上面工艺分析中计算出的数据。具体数值见图 12.45。

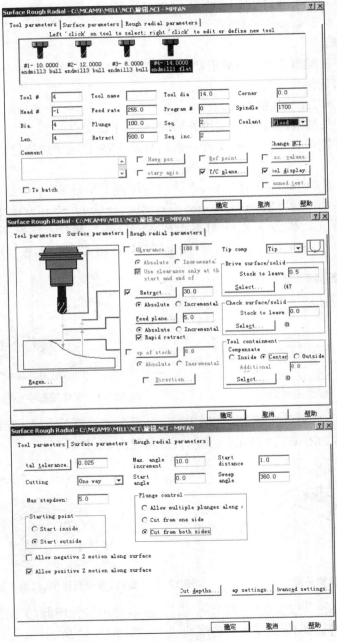

图 12.45　曲面粗加工参数设定对话框

　　设定完参数及选项,单击"确定"。计算机开始计算刀具路径轨迹。计算完,粗加工刀具路径轨迹显示在屏幕上。

　　精加工:Finish→Radial(粗加工→放射状铣削)。

　　选取图形的辅助平面以及旋钮实体,按"Done"。弹出参数设定菜单:设定刀具参数,曲面参数,精加工放射铣削参数(见图 12.46)。

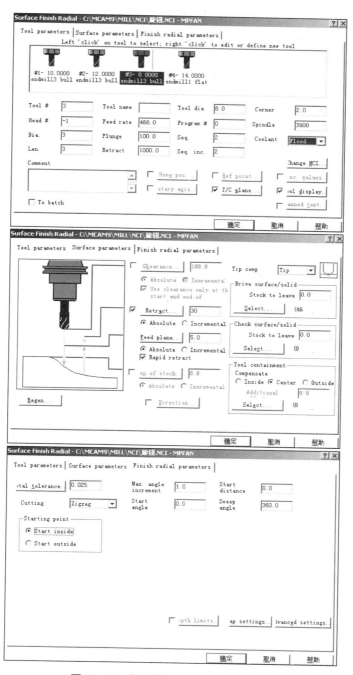

图 12.46　曲面精加工参数设定对话框

　　设定完参数及选项,单击"确定"。计算机开始计算刀具路径轨迹。计算完成后,精加工刀具路径轨迹显示在屏幕上。

　　精加工四周直壁:Toolpaths→Contour(刀具路径→精加工)。

　　主菜单栏提示 Contour:select chain 1(外形,选择串连 1),选取图 12.44 中 1 处,按"Done"。

　　弹出参数设定菜单:设定刀具参数,外形参数(见图 12.47)。

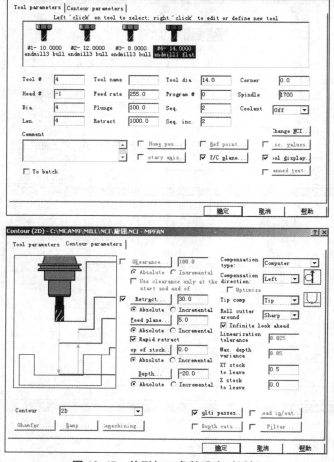

图 12.47　外形加工参数设定对话框

　　参数设定完毕,按"确定"键,系统计算刀具路径。计算完刀具路径显示于屏幕。毛坯设定:按"Job Setup"(注:圆柱形毛坯从操作管理菜单中设定:按"Verity"进入仿真检验界面,选择 ⚙ 键弹出设定菜单(见图 12.48))。以上参数及选项设定完后,按"OK"。

　　操作管理:按"Operations",弹出操作管理菜单。按"Select All→Post"(选取全部刀具路径→进行后处理)。

　　弹出后置处理设定对话栏。具体设定见图 12.49。

　　(4) 仿真检验(用实体仿真切削来检验刀具路径):按"Verity",进入仿真检验界面(见图12.50)。按 ▶ 键,就开始实体仿真切削,结果见图 12.51。

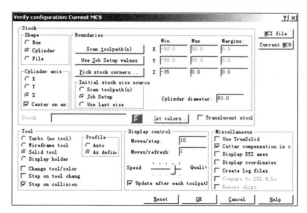

图 12.48　圆柱形毛坯设定对话框

图 12.49　后置处理设置对话框

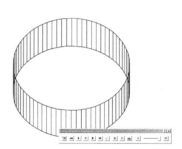

图 12.50　仿真检验界面

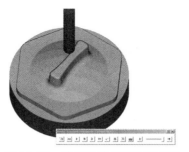

图 12.51　旋钮实体切削仿真结果

12.6　香皂凹模加工

（1）调出香皂凹模零件图形：File→Get（文件→取档），从 Mc9 目录中选取"香皂凹模"，单击"Open"，按"Level"（图层），弹出层管理器，选择"All on（全开）"，单击"OK"。如图 12.52 所示。

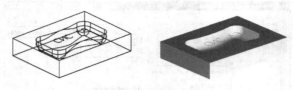

图 12.52　香皂凹模模型

（2）工艺分析。

毛坯：已粗加工过的方料 110 mm×80 mm×30 mm。材质为 LY12（硬铝）处理。

刀具选用：由于材料软，选常用的高速钢铣刀。分粗、精加工，从切削性能和加工的表面粗糙度情况考虑，粗加工曲面选用 $\phi14$ 的平头键刀。精加工曲面选用 $\phi12$ 的牛鼻刀（刀头圆角半径 R2）。雕刻字母选用 $\phi3$ 的球头刀。

切削用量设定：用查表法确定主轴转速和进给速度。

查附录 1 表 16 铝合金允许切削速度 180～300m/min，取 $V = 180$ m/min。粗加工 $V = 180$ m/min×70％ = 126 m/min；查表 17 参考 $\phi14$ 和 $\phi12$ 的每齿切削量取 $S_z = 0.1$ mm/齿。精加工 $S_z = 0.1$(mm/齿)×0.8 = 0.08 mm/齿。$\phi3$ 的每齿切削量取 $S_z = 0.05$ mm/齿。

考虑到实习用机床刚性不是很好，乘以修正系数 0.6。

选用 $\phi14$ 的平头键槽铣刀：

$n = 1\,000V/(\pi D) = 1\,000 \times 126 \times 0.6/(3.14 \times 14) \approx 1\,700$ r/min，

$F = 2S_z \times n = 2 \times 0.1 \times 1\,700 = 340$ mm/min。

选用 $\phi12$ 的牛鼻刀：

$n = 1\,000V/(\pi D) = 1\,000 \times 180 \times 0.6/(3.14 \times 12) \approx 2\,450$ r/min，

$F = 2S_z \times n = 2 \times 0.08 \times 2\,450 = 468$ mm/min。

选用 $\phi3$ 的球头刀：

$n = 1\,000V/(\pi D) = 1\,000 \times 126 \times 0.6/(3.14 \times 3) \approx 8\,000$ r/min，

$F = 2S_z \times n = 2 \times 0.05 \times 8\,000 = 800$ mm/min。

走刀方式选择：

采用 $\phi14$ 的平头立铣刀进行曲面挖槽粗加工，采用螺旋下刀，粗加工每层最大切深3 mm，预留量为"0.5"。

采用 $\phi12$ 的牛鼻刀进行凹腔曲面等高外形精加工。

采用 $\phi12$ 的牛鼻刀进行凹腔曲面浅平面精加工。

采用 $\phi3$ 的球头刀选用曲面投影精加工雕刻字母。

（3）生成刀具路径及加工程序。

曲面加工入口：Toolpaths→Surface（刀具路径→曲面加工）。

粗加工：Rough→Pocket→Solids（粗加工→挖槽粗加工→选择实体）。

用鼠标选取香皂凹模实体，按"Done"。弹出参数设定菜单：设定刀具参数，曲面参数，粗加工挖槽参数。

刀具参数：在定义刀具栏单击鼠标右键，选 Get tool from Library…

从刀具管理器中，选择 $\phi14$ 的平头刀，单击"OK"。由于刀具原设定的切削用量不合适，输

入上面工艺分析中计算出的数据。具体数值见图 12.53。

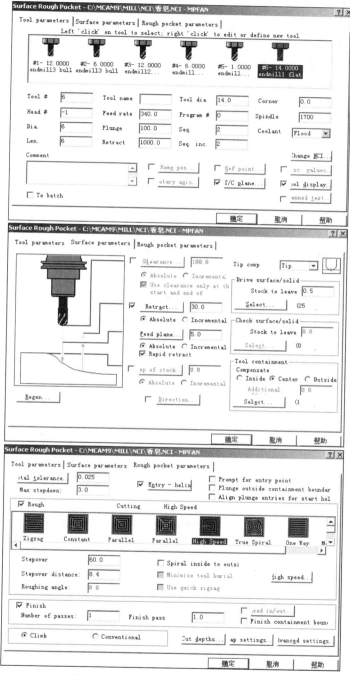

图 12.53　曲面粗加工参数设定对话框

设定完参数及选项，单击"确定"。计算机开始计算刀具路径轨迹。计算完成后，粗加工刀具路径轨迹显示在屏幕上。

精加工：Finish→Contour→Solids（精加工→曲面等高外形→选择实体）。

用鼠标选取香皂凹模实体,按"Done"。弹出参数设定菜单:设定刀具参数,曲面参数,精加工等高外形铣削参数(见图 12.54)。点取曲线 1 为加工边界(见图 12.55)。

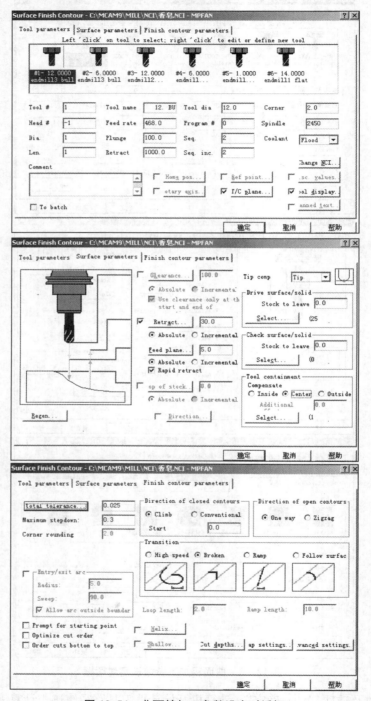

图 12.54　曲面精加工参数设定对话框

设定完参数及选项,单击"确定"。计算机开始计算刀具路径轨迹。计算完成后,精加工刀具路径轨迹显示在屏幕上。

精加工凹腔底面:Finish→Shallow→Solids→Faces(精加工→浅平面加工→选择实体表面)。

选择凹腔侧面和底面作为加工面,按"Done"。弹出参数设定菜单:设定刀具参数,曲面参数,精加工浅平面铣削参数(见图12.56)。

图 12.55　边界曲线

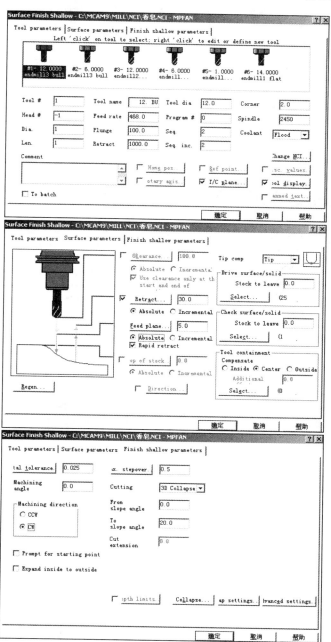

图 12.56　浅平面精加工参数设定

浅平面参数设定完毕,按"确定"键,系统计算刀具路径。计算完刀具路径显示于屏幕。

雕刻字母:Finish→Project→Solids(精加工→投影加工→选择实体)。

选取香皂凹模实体,按"Done"。弹出参数设定菜单:设定刀具参数,曲面参数,精加工投影加工参数(见图 12.57)。

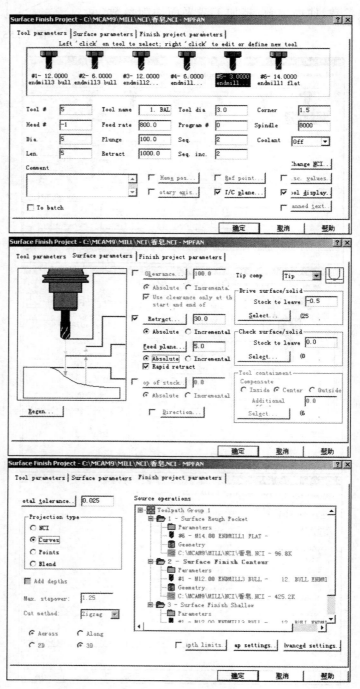

图 12.57　投影加工参数设定

投影加工参数设定完毕,按"确定"键。选择"Chain"(串连)刀具路径,点取图12.58中的字母轨迹线,按"Done"。系统计算刀具路径,计算完刀具路径显示于屏幕。

毛坯设定:按"Job Setup"(毛坯设定):弹出设定菜单(见图12.59),以上参数及选项设定完后,按"OK"。

操作管理:按"Operations",弹出操作管理菜单。按 Select All→Post(选取全部刀具路径→进行后处理)。

弹出后置处理设定对话栏。具体设定见图12.60。

(4) 仿真检验(用实体仿真切削来检验刀具路径)按"Verity",进入仿真检验界面(见图12.61)。按▶键,就开始实体仿真切削,结果见图12.62。

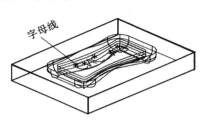

图 12.58 字母轨迹线

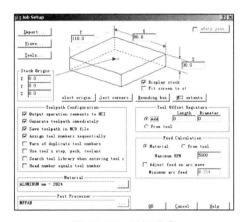

图 12.59 毛坯设定

12.60 后置处理设置对话框

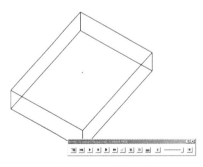

图 12.61 仿真检验界面

图 12.62 实体切削仿真结果

习　题

(1) Mastercam 的曲面加工中粗、精加工的方法有几种? 试分别论述。

(2) 参照加工实例的步骤,进行工艺分析,按照以下条件生成快餐盒(参见第7.6节绘制的图)的加工程序。条件如下。

　　材料:铸铝合金;刀具:高速钢;走刀方式:45°平行铣削。

(3) 对第 9 章习题 2 中绘制的电吹风图形,进行工艺分析,设定切削用量、走刀方式,生成加工程序。条件如下:

　　　材料:45 号调质钢;刀具:硬质合金;机床系统刚性修正系数 0.6。

(4) 将第 9 章习题中绘制的图 9.209~图 9.214 所示零件的三维图形,生成零件加工用刀具路径和程序。

　　　技术要求:

　　　材料:铸铝合金;刀具:高速钢;走刀方式根据零件图形确定。

(5) 将第 9 章习题中绘制的图 9.209~图 9.214 所示零件配合件(虚线表示的零件)的三维图形,生成零件加工用刀具路径和程序。

　　　技术要求:

　　　材料:铸铝合金;刀具:高速钢;走刀方式根据零件图形确定。

13 CAD/CAM 在模具制造中的应用

13.1 模具制造概述

（1）模具的概念：在工业生产过程中，为了提高生产效率、减轻劳动强度、保证产品质量而将冲压机、注塑机、压铸机装上各种专用工具，从而使金属或非金属在各种专用工具中变形或浇铸，得到产品的形状和尺寸，这种专用工具就叫模具。

在现代工业生产中，60%～90%的工业产品需要使用模具，模具工业已经成为工业发展的基础。根据国际生产技术协会的预测，21世纪机械制造工业零件粗加工的75%，精加工的50%都需要通过模具来完成，其中在汽车、电器、通信、石化和建筑等行业表现得最为突出。

（2）国内外模具制造业的现状和趋势：在国外工业发达国家，模具制造业已成为一个专门的行业，其标准化、专业化、商品化程度高。模具作为一种高附加值的技术密集产品，它的技术水平已经成为衡量一个国家制造业水平的重要评价指标。早在CAD/CAM技术还处于发展的初期，CAD/CAM就被模具制造业竞相吸收应用。

目前国内的模具制造企业约20 000家，并且以每年10%～15%的速度高速增长。在约400亿元的模具工业产值中，自产自用模具的企业约占2/3，50%～60%的企业较好地应用CAD/CAE/CAM/PDM技术。模具相关的CAD/CAE/CAM技术一直是研究开发、教育培训和推广应用的热点。

但目前，我国在采用CAD/CAM/CAE/CAPP等技术设计与制造模具方面，无论是应用的广泛性，还是技术水平上与发达国家相比都存在很大的差距。在应用CAD技术设计模具方面，仅有约10%的模具在设计中采用了CAD，距抛开绘图板还有漫长的一段路要走；在应用CAE进行模具方案设计和分析计算方面，也才刚刚起步，大多还处于试用和动画游戏阶段；在应用CAM技术制造模具方面，一是缺乏先进适用的制造装备，二是现有的工艺设备（包括近10多年来引进的先进设备）或因计算机制式（IBM微机及其兼容机、HP工作站等）不同，或因字节差异、运算速度差异、抗电磁干扰能力差异等，联网率较低，只有5%左右的模具制造设备近年来才开展这项工作；在应用CAPP技术进行工艺规划方面，基本上处于空白状态，需要进行大量的标准化基础工作；在模具共性工艺技术，如模具快速成型技术、抛光技术、电铸成型技术、表面处理技术等方面的CAD/CAM技术应用在我国才刚刚起步。

但是，随着世界制造中心向东南亚转移，不久的将来，中国将成为世界最大的制造中心之一，这给我国的模具行业提供了前所未有的发展机遇。加快高技术设备如数控加工、快速制模、特种加工在模具行业中的应用，加大新兴CAD/CAM技术在模具设计与制造中的应用比例，加速模具新结构、新工艺、新材料的研究和强化模具高技术人员的培养，已成为我国模具行业再上一个新台阶的关键。

（3）模具在工业生产中的作用：模具在工业生产中是一种非常重要的工艺装备，使用模具生产具备下列优点：

① 可实现产品与零件高速度大批量生产，提高生产效率，大大降低成本，提高制品和零件在市场的竞争力。可以实现生产自动化和半自动化。

② 可保证制品和零件的质量，能使尺寸统一，具有较好的互换性，使产品质量稳定，并可以制造较复杂的零件。

③ 能大量节约原材料，可实现少切削和无切削，如冲压件、精密压铸等可以一次成形不需要再加工。

④ 使用模具生产操作工艺简单，不需要有较高操作工艺水平。

模具生产必须是定型产品才能制作模具，新产品或试制产品不能使用模具。因此在现代工业生产中模具的使用非常广泛，它是当代工业生产的重要手段和发展方向。工厂必须要具备高级设计人才和一定的机床设备与各种数控机床，并带有 Mastercam、Pro/E、UG 等软件，才能制造高级与复杂的模具。

13.2　模具制造分析

13.2.1　模具设计制造的特点

模具制造属于机械制造业，从设计、加工（包括热处理）到装配类似一般的机械加工业，但又具有自身的特点：

（1）对于模具开发者来说，每开发一副模具的过程都是一次新的探索。模具既是一个最终产品又是一个加工工艺装置，类似于一般的机械加工中的夹具，每一副模具由于需成形零件的形状及技术要求的不同，则成形工艺存在区别，反映到模具上，其结构设计与制造工艺不同，因此，模具行业是一个典型的开发型行业，其典型特点是批量小，一般都是单件生产。

（2）模具的设计水平与设计能力的形成不仅仅是一个理论学习的过程，更重要的是一个经验积累的过程。模具是一种机械产品，其设计与制造的共性基础虽没有超越机械设计与制造的范围，但是难以用一般的机械设计和模具设计书本知识来准确、快速地完成其设计过程。

（3）由于模具大多数零件加工精度和技术要求较高，模具制造条件的建立，需要较多的集中资金投入，配备具有高精度的数控加工设备。

（4）在模具设计与制造过程中，对开发者自身素质的依赖占有相当大的比重，而人的技术和知识的不全面常常导致模具和产品的返工和报废，造成不必要的损失、浪费及工期的延误，因此，有必要寻求计算机辅助的方法来减少模具开发对人的过度依赖。

（5）在模具设计过程中，从制件设计、成形工艺设计、模具结构设计、模具制造规划到模具装配等，设计环节较多，且各环节相互制约和影响。所以，模具的设计和制造是一个多环节、多反复的复杂过程。

（6）在模具开发的实际过程中，多采用主任设计师制，即一人负责全面设计，其余开发人员进行各个方面的详细设计，由主任设计师控制开发过程，进行协调管理工作，但由于设计手段的落后（不是单一数据库的 CAD，无统一产品信息模型），协调、修改、验证的工作难度都很大，严重制约了开发过程的进展。如能以先进的开发手段，例如以单一数据库的网络型工作站等为基础,用先进的制造理论(并行工程、虚拟制造、CIM)作指导,则在模具开发质量、成本、周期等方面都有可能取得很好的效果。

13.2.2　传统模具生命周期的分析

产品生命周期是一个重要概念,它强调产品设计阶段就考虑产品整个生命周期内的价值,这些价值不仅包括产品所需要的功能,还包括可制造性,可测试性,可循环利用性,环境友好性等。

产品的生命周期具体包含了三个过程:根据市场的需求形成新概念及其在逻辑世界中描述实现的过程;产品开发与生产过程;产品服务与维护过程。对于传统的模具设计、制造,从市场或用户需求开始,到最终丧失使用价值的生命周期过程可划分为四个阶段,如图 13.1 所示。

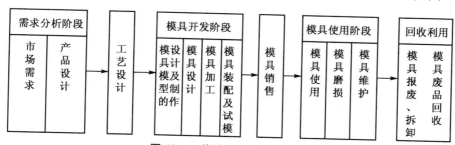

图 13.1　传统的模具生命周期

对模具生命周期各阶段分析如下:

(1) 需求分析阶段:根据市场的需求及发展趋势的分析,开发设计产品。而模具制品通常不是直接作为一个产品,而是产品中的几个零部件,有新的产品就需求新的模具。

(2) 模具开发阶段:工艺设计:根据顾客产品的要求,对其特点进行分析,拟定冲压(注塑)加工方法和冲压(注塑)工艺方案,确定模具类型、基本工艺参数,并从实际制造环境及经济角度出发,优化工艺方案,选出最佳加工方案。

模型设计及制作:对于大型的复杂的模具,通常根据产品零件,首先制作一个模具模型,检测、确认后达到要求才进行模具设计。

模具设计:根据模型数据,设计模型工作面、模具的模架结构。其中包括模具受力,发热,注塑模的流动,冲压模材料与模具工作面的摩擦等的分析。

模具加工:用 CAM 软件生成出的加工程序,在数控机床上进行加工。

装配及试模:把加工好的模具零件(或购买来的标准通用的模架结构件)进行组装,装配好后再把样品进行试模。

(3) 模具使用阶段:模具销售:按合同要求通过销售部门移交用户。

模具使用:进行冲压、注塑等生产活动。

模具磨损:在模具使用过程中,由于制件与模具之间的相对运动,受到摩擦、震动或疲劳龟裂导致磨损,特别是局部相对运动较大,发热量大磨损严重,所以从模具使用角度来考虑,要求工作部件具有较高的耐磨性,且磨损一致性好。

模具维护:针对模具在使用不同时期的问题,可采取相应措施加以解决,以避免模具过早失效;同时在模具设计阶段,应考虑模具的维护问题。

（4）回收利用阶段：模具报废：由于模具工作面、其他运动部件磨损，使冲出或注塑出的零件形状或尺寸不能满足图纸的要求等失去原设计的效能。

回收利用：根据可持续发展的理论，要求不破坏环境，降低资源消耗，废模具应可拆卸作为废料再回收利用。

从以上分析可知：模具的开发过程是典型的单件生产方式，开发过程覆盖了制品（产品）设计与分析、成形工艺设计、模具结构设计、模具加工、装配、试模等一系列环节，各环节之间互有联系，要确保模具质量则迫切需要现代制造理念，利用 CAD/CAM 手段，虚拟制造、并行工程等技术。

传统模具的制作过程用框图的形式表达如图 13.2 所示。

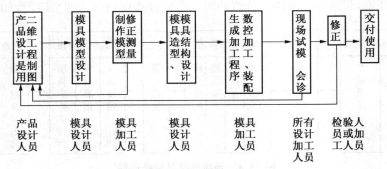

图 13.2　传统模具的制作过程

产品设计部门的产品（零件）设计数据，不能直接被模具制造部门使用，还需要用 CAD/CAM 重新造型，这个重新造型过程浪费人力、物力，延长制作周期，重新造型一次，对于复杂曲面模具，设计人员难以 100％表达出产品设计人员的意图。特别是在现场会诊、修正的阶段模具仍不能正常使用、或冲出的（或注塑出的）零件不合格，就有返工重做的可能性，这将严重影响产品的配套、产品的整个生产周期。在现代先进工业国家汽车、摩托车行业，车型 2 年左右（国内通常 4～5 年）更新一次，这就跟不上发展的要求，就有遭受淘汰的危险。而且模具质量和寿命很大程度上要依靠模具制造人员的工作经验。

虽然也有很多大、中型企业使用 FEM（有限元分析法）法分析冲压模具材料的成型、模具曲面成型的易难性，根据零件材料成型时材料弹塑性变形、模具的发热情况，解决冲压成型后的回弹翘曲、起皱、开裂、个别地方的不正常磨损等，注塑模用网格图分析注塑材料的流动过程、填充的均匀情况等，但是软件不是用的同一数据库，存在数据重复制作的重复劳动。

13.2.3　CAD/CAM 在模具制造中的应用

通过以上分析对于传统的模具设计和制造方法主要有以下几个方面的不足：①一次性设计合理性差；②设计、制造的串行工作模式周期长、效率低，不适应现代制造业发展的形势；③过度依赖设计、制造人员的经验积累。为了弥补传统方法的不足之处，制造汽车、摩托车等的大型模具，使用单一数据库 CAD/CAM 系统（细分可称为 CAD/CAE/CAM/CAT 系统）。一元化系统的网络型工作站（参见第一章）能充分发挥网络功能，分散作业，同一时刻做多个工作。常用的网络型工作站通常一台服务器，一台主机，带有多个子机，把直列作业状态转变为并列作业状态。其工艺过程通常如图 13.3 所示。

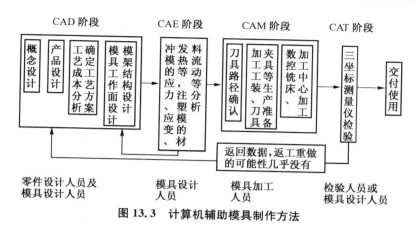

图 13.3 计算机辅助模具制作方法

使用单一数据库有如下优点:

① 使各工序的信息、数据基准统一,整个过程的标准化,数据共享。

② 过去靠个人经验,诀窍等模拟量信息,现在数字化,社会共有。

③ 由于单一数据库可以共享,省掉各工序之间的重复 CAD 操作。

而且从产品设计开始就用参数式三维实体造型,很容易微妙地改变外形,且能着色外形,从外形的美学感染方面很容易做的很好。同时模架基本结构采用统一化,标准化节省模架的设计时间。

CAD/CAM 在模具制造中的并行性表现在以下两个方面:

(1) CAD 阶段的并行性:由于产品零件多为最终产品的生产厂家设计,但较多考虑的是产品零件的使用要求,对成形工艺性,模具设计与制造的方面很少顾及。但是,产品零件设计与冲压工艺设计,模具设计之间是紧密联系相互依赖的。有的问题,单从模具方面很难解决,且并不是影响产品的使用性能。因此从这一点来讲,制件的设计阶段应充分考虑工艺与模具的相关因素。

产品零件与模具的并行设计主要表现在:在产品零件设计的同时,应尽早地从设计、工艺、时间、成本等角度考虑与产品零件有关的冲压工艺,冲压模具等因素,以避免等到产品零件与模具设计完以后才发现问题。

(2) 产品零件与模具设计的并行性:模具设计人员参与产品零件的设计,应综合考虑以下四个方面:①产品零件本身的设计与评价,包括使用性能,外观,可靠耐用度等;②工艺评价,包括可冲压性,模具结构,冲压设备及能力等;③时间评价,包括项目开发周期,模具设计时间,模具制造时间,制件生产准备时间等;④成本评价,包括材料费用,模具设计费用,模具制造费用,冲压生产费用等。

其优点在于:由于产品零件设计与模具设计师之间的相互沟通,使得所设计的产品零件能不断地接受模具设计师的评价,审查。产品零件的设计从一开始就充分重视了工艺性,从而使成型工艺和模具的实现变的更为易行。

模具设计能直接利用零件设计的三维实体图形数据,对冲模、注塑模的最终成型模利用分模功能,从三维实体零件图形直接取得凹凸模的型腔工作面。分析模具工作面周围的结构,减轻模具结构的总重量,增加刚性;分析冲压过程中模具各部的发热情况以便于模架结构设计时合理分布冷却水管,延长模具耐用度。分析注塑模的注塑过程的材料流动情况,使材料流动更合理,更好解决材料收缩问题。分析三维数据是否正确,核对图形,分析曲面形状的曲率变化情况,把分析的结果反馈给 CAD 使之外观更好看,工件更容易成形。

对关键工序的模具工作面从粗加工到精加工,电极从设计到质检,都可以在计算时预先虚拟进行。

如何在保证模具质量的前提下,以最短的周期将模具提交给用户,是当前模具业追求的主要目标。

根据模具设计图针对不同的部位生成各个粗,精加工程序,对假设的毛坯进行数控加工,观察加工过程和加工出的结果。在生成程序的过程中,根据图纸的不同要求,零件材料,刀具材料,选用不同的加工方法,走刀路径。制定出一个合理的工艺过程。即先在计算机中进行虚拟制造,优化加工过程,订出合理工艺,找出最佳参数。在工艺上缩短加工时间,目前较为流行的方法有:在高速铣床上(主轴转速 1 万转/分以上最高可达 10 万转/分),用硬质合金基体深层刀具,例如:切削量 0.05 毫米/转,转速 2 万转/分,理论上进给量可达 1 000 毫米/分。同时 CAM 中刀具路径的实体切削仿真功能,与实际切削情况一样,只要实体切削仿真没有问题,实际切削就不会有问题。就冲模而言,通过 CAE 过程,实体仿真可以减少试模中试打的次数,一次成功。

13.3　工业生产中模具的分类

在工业生产中,根据成形的金属和非金属材料、使用成形工艺与成形设备,将模具主要分为冷冲模、轻工模具、锻模和粉末冶金模、铸造和压铸模四大类,如图 13.4 所示。

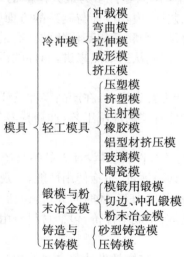

图 13.4　模具的分类

1) 冷冲模

冲压属于板材加工,是在冲床的压力作用下使金属板材产生分离或变形,以获得一定形状和尺寸的零件的加工方法。由于板材在常温下进行加工,所以称之为冷冲模。

冷冲模有五类:冲裁模、弯曲模、拉伸模、成形模和冷挤压模。

(1) 冲裁模:冲床的压力传递给模具的凸模,从整体板料中分离出所需要的零件,如

图 13.5 所示。

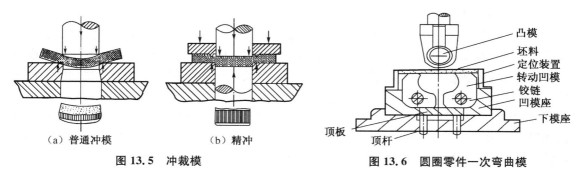

（a）普通冲模 （b）精冲

图 13.5 冲裁模

图 13.6 圆圈零件一次弯曲模

（2）弯曲模：弯曲模是将板料或冲裁后的坯料通过压力机在模具内弯曲成一定角度和形状的零件，如图 13.6 所示。

（3）拉伸模：将已冲裁下来的平整坯料通过压力机压制成开口的空心零件。

（4）成形模：用各种局部变形的方法来形成坯件的形状，如图 13.7 所示。

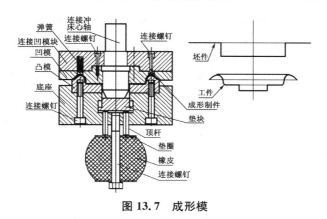

图 13.7 成形模

（5）冷挤压模：在常温下，通过压力机的压力作用于模具内，使金属坯件产生塑性变形、挤压而形成所需尺寸和形状的零件，如图 13.8 所示。

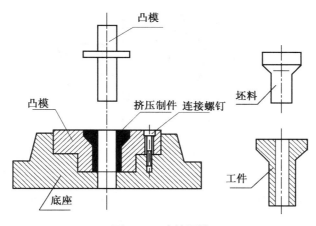

图 13.8 冷挤压模

2）轻工模具

轻工模具主要有：注射模、压塑模和挤塑模等。

（1）注射模：注射模沿分型面可分为定模和动模两部分。安装时定模以定位圈或浇口套与注射机定模板上的定位孔配合，并将定模部分紧固在定模板上，动模紧固在注塑机的动模板上。工作时注射机模板的锁模机构推动其动模板，使动模与定模压紧，然后注射机的注射机构以 $400 \sim 1\,200\ \mathrm{kg/cm^2}$ 的注射压力将注射机料筒内已加热均匀塑化的塑料，通过料筒喷嘴和定模部分的浇口套及浇道系统注入模腔，在模内冷却硬化到一定强度后，锁模机构松压，并带动其动模板使动模与定模沿分型面分开，并由注射机向上顶出机构，推动动模部分的顶出系统，将塑料件从模具内顶出，取出制件。注射模如图 13.9 所示。

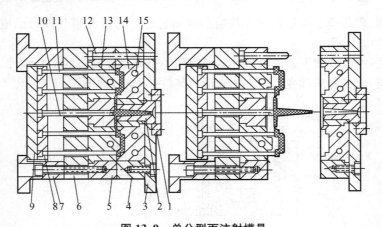

图 13.9　单分型面注射模具

1—定位环　2—主流道衬套　3—定模底板　4—定模板　5—动模板
6—动模垫板　7—模脚　8—顶出板　9—顶出底板　10—拉料杆
11—顶杆　12—导柱　13—凸模　14—凹模　15—冷却水通道

（2）压塑模：压塑模是将塑料放在模具内在压力机上加热后，使塑料软化，然后加压使塑料填充型腔保持一定的温度和时间，使塑料固化形成所需尺寸和形状，如图 13.10 所示。

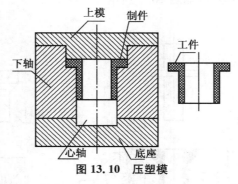

图 13.10　压塑模

（3）挤塑模：挤塑模是将塑料放在专用加热室内，通过压力机加热、加压，使塑料软化，其熔液经过浇注系统压入模具的型腔内，待固化后形成所需的形状，如图 13.11 所示。

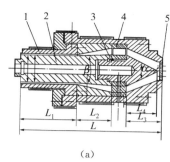

(a)

(b) 多孔板

1—口模　2—芯棒　3—分流器　4—分流器支架　5—多孔板

图 13.11　塑料圆管挤出成型机头

3）粉末冶金模与锻模

（1）粉末冶金模：粉末冶金模既是制取金属材料的一种方法，又是制造机械零件的一种加工方法。

粉末冶金模是采用金属粉末作为原料，经过压制、高温烧结制成各种零件。制件是粉状的金属放置在模具中通过压制而成的，如图 13.12 所示。

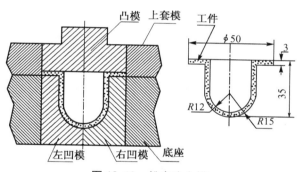

图 13.12　粉末冶金模

粉末冶金方法能生产各种具有特殊性能的材料，如多组元材料、多孔材料、硬质合金和难熔金属材料等；可制造无切削或少切削的机械零件；生产效率高，材料利用率高；零件精度高。

（2）锻模：锻模是将金属在加热炉内加热到可锻造的温度，再将制件毛坯放置在固定的锻模内，用空气钟、蒸汽钟或水压机对坯件施加压力，使材料发生变形，待填充型腔后，形成锻件，如图 13.13 所示。

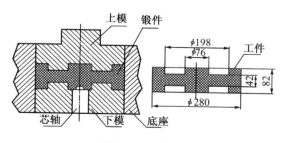

图 13.13　锻模

图 13.14 是连杆分级模锻的示意图,图 13.15 是多种形式的模腔的示意图。

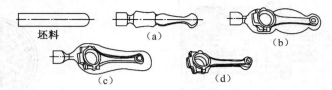

图 13.14　连杆分级模锻

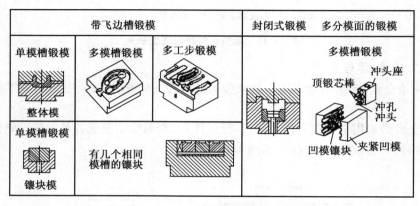

图 13.15　多种形式的模腔

在锻造过程中由于金属的塑性变形的结果,使毛坯金属获得较细的晶粒,同时能压合锻件组织内的缺陷,因此可提高金属的机械性能和使用的可靠性。

　4)铸造模和压铸模

(1)铸造模:常用铸造金属有铸铁、铸钢和有色金属。设计铸造模时必须考虑对样件制造、造型、制芯、合箱、浇铸、清理等工序的操作要求,它的模型有木模和金属模,根据不同铸件而进行设计,如图 13.16 所示。

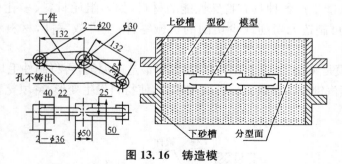

图 13.16　铸造模

(2)压铸模:压力铸造是精密铸造的一种方法,不宜用于厚壁铸件。

它是把加热后熔化成液体的有色金属或黑色金属合金,放置在压铸机的加料室内,用压力活塞加压后,进入模具内,待冷却后固化成所需要的形状,如图 13.17 所示。

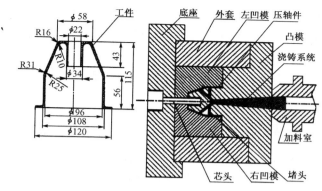

图 13.17　压铸模

13.4　模具制造过程

13.4.1　一般模具生产过程

模具生产是根据被加工零件的形状、尺寸和精度的要求设计出合理的结构,使其使用方便、寿命长,生产出的零件达到图纸的尺寸和精度要求。

它的主要生产过程包括模具工程图设计、模具制造工艺编制、模具制造的材料准备、模具零件的机械加工和热处理、模具装配和调试。

(1) 模具工程图设计:设计者根据零件图纸的形状、尺寸、材料和用途来确定用什么模具。如果是钣金件,则用冷冲模;如果是塑料件,则选用塑料模;如果是粉末冶金制件,则选用粉末冶金压铸模。

确定使用什么模具后,则设计模具的总图,在设计总图时尽量采用通用部件和标准件,并在总图标注联系尺寸,然后编制零件明细表,标注编号、名称、材料、件数、热处理,并编写必要的技术要求,再绘制零件图。

在零件图上标注详细的尺寸、尺寸公差、形位公差、选用材料、热处理,还要编写制造的技术要求。

在零件图完成后与总图校对、审核,然后打印成图纸,交工艺部门编制工艺规程,最后投入车间生产。

(2) 工艺部门编制工艺规程:零件的加工工艺规程是一系列不同工序的综合,由于生产规模与具体情况不同,对于同一个零件的加工工序可能有很多方案,应根据具体条件,采用其中最完善和最经济的加工方法。

工艺部门根据模具图纸,由工艺员为整个模具生产制作一个完整的工艺方案,然后对每个零件填写机械加工过程卡、机械加工工序卡(在工序卡上要绘制零件简图)、填写产品名称、零件名称、零件号、零件材料、毛坯尺寸、重量、件数、工序号、工步号、工序名称、使用刀具、量具、夹具和使用机床等,这样就成为工艺文件,作为生产前技术工作的依据。

(3) 组织生产模具零件:按照工艺部门编制的工艺文件准备材料,将材料分送到各车间。车间按图纸和工艺生产,可采用车、铣、刨、磨、镗、插、拉削等方式,复杂曲面采用数控铣加工。

（4）装配模具：零件制造完成后，要经过检验部门严格检查合格后才可以进行装配。如果某零件装不上，要检查原因，不能另加图纸没有的零件。装配完成后，由检验部门检查合格，才能给予合格证。

（5）试模和调整：装配好的模具，在指定的冲床或注射机上进行试模，在试模过程中可以调整、校正，一直到生产出合格的产品。

13.4.2　通常的模具加工方法

模具的常规加工与其他机械产品的加工基本相类似。

常用的加工方法有：备料（锯削）、车削、铣削、刨削（插削和拉削）、钻削（扩孔、铰孔和锪）、镗孔、磨削、电火花加工、线切割加工、加工中心加工。

（1）备料：模具的坯料有下料件、铸件、锻件等，为了节约材料，每种材料都要考虑选取最小的加工余量。

（2）车削加工：车削是最常见的加工方法，对回转体工件进行加工，在车床的床头箱主轴的卡盘上夹持工件使主轴旋转，刀架纵向横向移动进行切削。车削可加工内外圆柱面、内外圆锥面、端面、沟槽、内外螺纹、内外曲面及滚花等。

① 粗车削：粗车削的目的是尽快地从坯件切去大部分加工余量，使工件接近所要求的形状和尺寸。粗车削应给半精车削和精车削留有合适的加工余量（一般为 1～2 mm），而对精度和表面粗糙度无严格的要求。为了提高生产率和减小车刀磨损，粗车应优先选用较大的切削深度和进给量，推荐使用如下硬质合金车刀粗车的切削用量：切削深度 t 取 3～5 mm，进给量 s 取 0.2～0.6 mm/r，切削速度 v 取 50～60 m/min（加工钢件），取 30～50 m/min（加工铸件），当坯件表面凹凸不平时，切削用量要减小。

② 精车削：精车削的关键是保证加工精度和表面粗糙度要求，生产率在此前提下尽可能提高。

精车削选用较小的切削深度 t 和进给量 s，较高的切削速度 V，可减小残留面积，使 Ra 值减小。精车切削用量可参考附录 1。

（3）铣削加工：铣削也是最常见的加工方法，可加工各类平面、沟槽、铣齿轮、铣花键、铣伞齿轮、钻孔、铰孔等。

常用的铣床有：卧式铣床、立式铣床、龙门铣床、万能工具铣床等。

常用铣床附件有：分度头、回转台、各种虎钳等。

铣刀有圆柱铣刀、立铣刀、整体套式面铣刀、镶齿套式面铣刀、三面刃圆盘铣刀、槽（花键）铣刀、切槽铣刀等。

铣削用量可参考附录。

13.4.3　模具材料和热处理

在制造模具时选用模具材料是设计工作的一个重要环节，选用的材料要具有较高硬度、强度、韧性、耐磨性和抗疲劳性等。

（1）常用的冷冲模材料：冷冲模材料除了硬度、强度、韧性、耐磨性和抗疲劳性，还有耐冲击性。常用材料有：碳素工具钢、低合金工具钢和高合金工具钢和钢结硬质合金。

（2）常用的型腔模材料：型腔模常用材料有：优质碳素结构钢、碳素工具钢、合金结构钢、低合金工具钢和高合金工具钢。

（3）模具零件的热处理工艺：热处理是模具制造中的一个重要工序，模具零件热处理的目的是利用加热和冷却的方法，有规律地改变零件金属内部组织，从而使零件的硬度提高。

热处理工艺分为整体热处理、表面热处理、化学热处理三大类。模具制造中经常采用的热处理有正火、退火、淬火和回火、调质等整体热处理工艺，还有碳氮共渗、盐浴渗硼、碳氮硼三元共渗等。

（4）模具零件的热处理工序安排。

① 冲模零件热处理工序。

a. 用型材做毛坯的热处理工序（一般精度普通冲模）。

型材→加工成形→淬火与回火→装配。

b. 锻件做毛坯的热处理工序（一般精度冲模）。

锻件→球化退火或高温回火→加工成形→淬火与回火→装配。

c. 用锻件做毛坯的热处理工序（较高精度冲模）。

锻件→球化退火→粗加工→淬火与回火→精加工→装配。

d. 锻件做毛坯的热处理工序（高精度冲模）。

锻件→球化退火→粗加工→高温回火或调质→加工成形→淬火与回火→精细加工→装配。

② 塑料模零件的热处理工序。

a. 锻件→正火或退火→粗加工→冷挤压型腔（多次挤压时需中间退火）→加工成形→渗碳或碳氮共渗等→淬火与回火→钳修抛光→镀硬铬→装配。

b. 锻件→退火→粗加工→调质或高温回火→精加工→淬火与回火→钳修抛光→镀硬铬→装配。

c. 锻件→退火→粗加工→调质→精加工→淬火与回火→钳修抛光→镀铬→装配。

d. 锻件→正火或高温回火→精加工→淬火与回火→钳修抛光→镀铬→装配。

13.4.4　Mastercam 加工模具的一般流程

在 CAD/CAM 技术尚未广泛应用之前，模具的设计与制造皆依赖于技术人员的手艺和经验，导致模具设计与制造的差异性大，同时带来产品修改难、技术延续难等一系列问题。

CAD/CAM 技术在模具行业中的应用，极大地提高了模具设计与制造的精度、效率和相容性。而在数控铣床或加工中心上使用的 Mastercam 9 软件是当前模具行业广泛采用的 CAD/CAM 系统。利用该软件的 CAD 部分进行模具设计，可以绘制二、三维曲面模型和实体模型。利用该软件的 CAM 部分进行模具制造，可以提供二轴、三轴、四轴和五轴的铣削加工。

使用 CAM 部分主要用于加工冷冲模和塑料模的凸凹模型腔的复杂曲面。在计算机上用该软件绘制三维图形，然后在 CAM 中编制刀具路径（NCI），通过

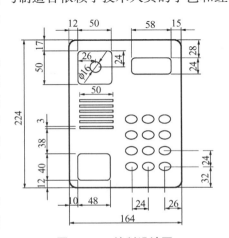

图 13.18　绘制设计图

后处理转换成 NC 程序,再利用 DNC 方式传送到 CNC 数控铣床或加工中心。不同的工件要选不同的加工方式、加工刀具、设置加工参数、重绘刀具路径、检验刀具路径。Mastercam 9 也可对实体进行加工。

下面介绍 Mastercam 9 模具设计加工的一般流程。

(1) 绘制产品设计图:利用 Mastercam 9 软件的二维和三维绘图功能,绘制产品设计图,如图 13.18 所示。

(2) 绘制曲面模型:依据产品设计图,利用 Mastercam 9 软件的三维实体或曲面功能绘制产品曲面模型,如图 13.19 所示。

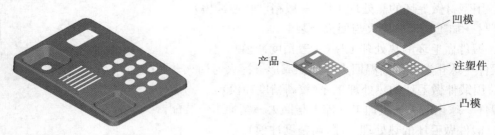

图 13.19　绘制曲面模型　　　　　　图 13.20　由曲面模型生成凹凸模

(3) 由曲面模型生成凹凸模:依据产品曲面模型,结合产品材料特性(如收缩率),利用 Mastercam 9 软件三维实体或曲面编辑功能产生凹凸模,如图 13.20 所示。

(4) 规划凹凸模刀具路径:依据产品凹凸模,结合模具材料特性、实际生产条件等因素规划凹凸模刀具路径。

加工方式的选择(如图 13.21 所示)。

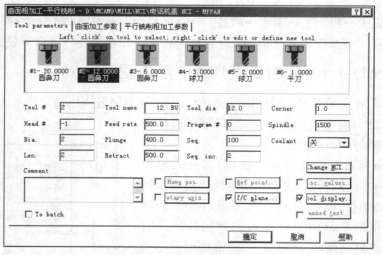

图 13.21　加工方式的选择

① 加工刀具的选择(如图 13.22 所示):

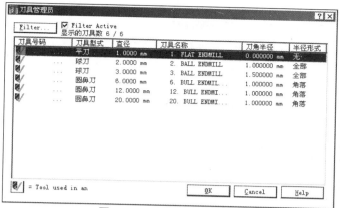

图 13.22　加工刀具的选择

② 定义刀具(如图 13.23 所示)：

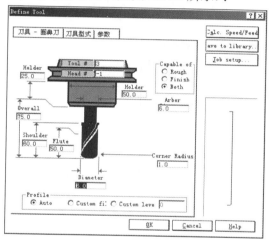

图 13.23　定义刀具

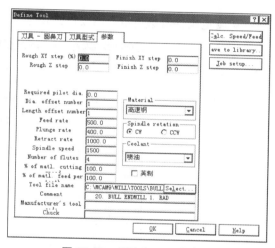

图 13.24　设定加工刀具参数

③ 设定加工刀具参数(如图 13.24 所示)：

④ 设定加工参数(如图 13.25 和 13.26 所示)：

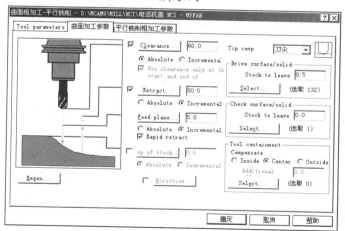

图 13.25　设定加工参数

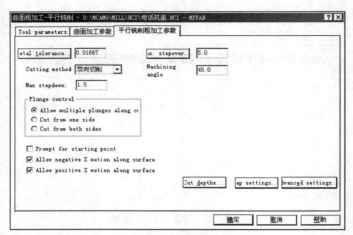

图 13.26　设定加工参数

⑤ 设定工件参数(如图 13.27 所示):

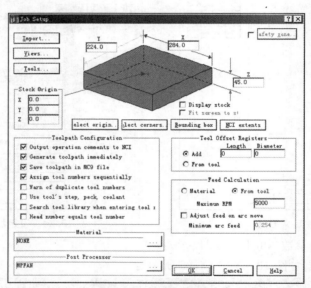

图 13.27　设定工件参数

生成加工刀具路径(如图 13.28 和 13.29 所示):

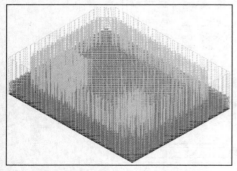

图 13.28　生成加工刀具路径

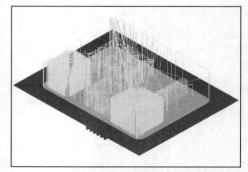

图 13.29　生成加工刀具路径

（5）实体加工模拟：依据生成的凹凸模加工刀具路径，利用 Mastercam 9 软件的实体加工模拟功能进行实体加工模拟，及时发现存在的问题并加心改进（如图 13.30 和图 13.31 所示）。

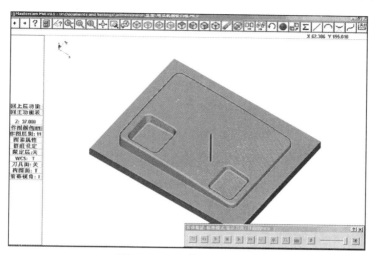

图 13.30　实体加工模拟 1

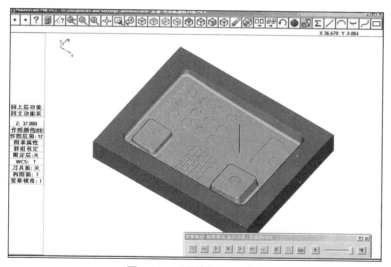

图 13.31　实体加工模拟 2

（6）执行后处理产生 NC 程序：在检验实体切削模拟结果无误后，选择对应的后处理器将刀具路径转换成数控机床所能接受的 NC 代码，再利用 DNC 方式传送到 CNC 数控铣床或加工中心进行加工。后处理程式如图 13.32 所示。

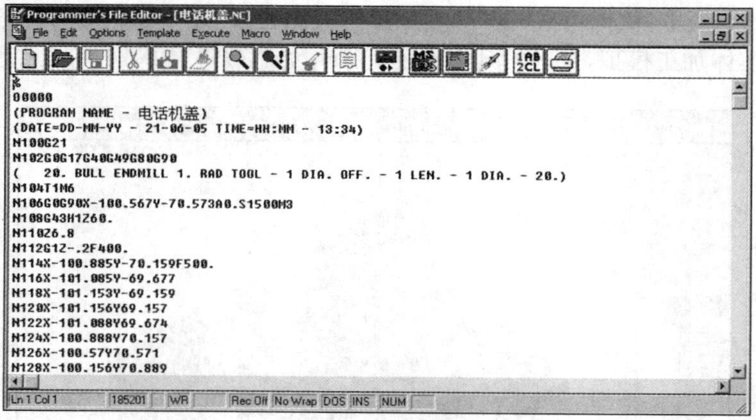

```
Programmer's File Editor - [电话机盖.NC]
File  Edit  Options  Template  Execute  Macro  Window  Help

%
O0000
(PROGRAM NAME - 电话机盖)
(DATE=DD-MM-YY - 21-06-05 TIME=HH:MM - 13:34)
N100G21
N102G0G17G40G49G80G90
(   20. BULL ENDMILL 1. RAD TOOL - 1 DIA. OFF. - 1 LEN. - 1 DIA. - 20.)
N104T1M6
N106G0G90X-100.567Y-70.573A0.S1500M3
N108G43H1Z60.
N110Z6.8
N112G1Z-.2F400.
N114X-100.885Y-70.159F500.
N116X-101.085Y-69.677
N118X-101.153Y-69.159
N120X-101.156Y69.157
N122X-101.088Y69.674
N124X-100.888Y70.157
N126X-100.57Y70.571
N128X-100.156Y70.889

Ln 1 Col 1        185201    WR      Rec Off  No Wrap  DOS  INS  NUM
```

图 13.32   后处理程式

附　录

附录 1　常用切削用量表

表 1　用高速钢钻头加工铸铁的切削用量

项目	材料硬度	$\sigma_b = 520 \sim 700$（钢 35、45）		$\sigma_b = 700 \sim 900$（钢 15Cr、20Cr）		$\sigma_b = 1\,000 \sim 1\,100$（合金钢）	
目	切削用量	V（m/min）	S_0（mm/r）	V（m/min）	S_0（mm/r）	V（m/min）	S_0（mm/r）
钻头直径（mm）	1～6	8～25	0.05～0.1	12～30	0.05～0.1	8～15	0.03～0.08
	6～12		0.1～0.2		0.1～0.2		0.08～0.15
	12～22		0.2～0.3		0.2～0.3		0.15～0.25
	22～50		0.3～0.45		0.3～0.45		0.25～0.35

表 2　用高速钢钻头加工铝件的切削用量

钻头直径（mm）	V（m/min）	S_0（mm/r）		
		纯　铝	铝合金（长切削）	铝合金（短切削）
3～25	20～50	0.03～0.2	0.05～0.25	0.03～0.1
25～50		0.06～0.5	0.1～0.6	0.05～0.15
		0.15～0.8	0.2～1.0	0.08～0.36

表 3　用高速钢钻头加工黄铜及青铜

项目	工件材料	黄铜、青铜		硬青铜	
	切削用量	V（m/min）	S_0（mm/r）	V（m/min）	S_0（mm/r）
钻头直径（mm）	3～8	60～90	0.05～0.15	25～45	0.05～0.15
	8～25		0.15～0.30		0.12～0.25
	25～50		0.30～0.75		0.25～0.5

表 4 按 H7 与 H8 级精度加工已预先铸出或热冲出的孔　　　　　　　　　　　(mm)

加工孔的直径	直　径					加工孔的直径	直　径				
	粗　镗		半精镗	精铰或二次半精镗	精铰或精镗成		粗　镗		半精镗	精铰或二次半精镗	精铰或精镗成
	第一次	第二次					第一次	第二次			
30	—	28.0	29.8	29.93	30	100	95	98.0	99.3	99.85	100
32	—	30.0	31.7	31.93	32	105	100	103.0	104.3	104.8	105
35	—	33.0	34.7	34.93	35	110	105	108.0	109.3	109.8	110
38	—	36.0	37.7	37.93	38	115	110	113.0	114.3	114.8	115
40	—	38.0	39.7	39.93	40	120	115	118.0	119.3	119.8	120
42	—	40.0	41.7	41.93	42	125	120	123.0	124.3	124.8	125
45	—	43.0	44.7	44.93	45	130	125	128.0	129.3	129.8	130
48	—	46.0	47.7	47.93	48	135	130	133.0	134.3	134.8	135

表 5 H7 与 H8 级精度孔加工方式及余量(在实体材料上加工)　　　　　　　　　　　(mm)

加工孔的直径	直　径							
	钻		粗加工		半精加工		精加工	
	第一次	第二次	粗镗	或扩孔	粗铰	或半精镗	精铰	或精镗
3	2.9		—	—	—	—	3	—
4	3.9		—	—	—	—	4	—
5	4.8		—	—	—	—	5	—
6	5.0		—	5.85	—	—	6	—
8	7.0		—	7.85	—	—	8	—
10	9.0		—	9.85	—	—	10	—
12	11.0		—	11.85	11.95	—	12	—
13	12.0		—	12.85	12.95	—	13	—
14	13.0		—	13.85	13.95	—	14	—
15	14.0		—	14.85	14.95	—	15	—
16	15.0		—	15.85	15.95	—	16	—
18	17.0		—	17.85	17.95	—	18	—
20	18.0		19.8	19.8	19.95	19.90	20	20
22	20.0		21.8	21.8	21.95	21.90	22	22
24	22.0		23.8	23.8	23.95	23.90	24	24
25	23.0		24.8	24.8	24.95	24.90	25	25
26	24.0		25.8	25.8	25.95	25.90	26	26
28	26.0		27.8	27.8	27.95	27.90	28	28
30	15.0	28.0	29.8	29.8	29.95	29.90	30	30
32	15.0	30.0	31.7	31.75	31.93	31.90	32	32
35	20.0	33.0	34.7	34.75	34.93	34.90	35	35
38	20.0	36.0	37.7	37.75	37.93	37.90	38	38
40	25.0	38.0	39.7	39.75	39.93	39.90	40	40
42	25.0	40.0	41.7	41.75	41.93	41.90	42	42
45	30.0	43.0	44.7	44.75	44.93	44.90	45	45
48	36.0	46.0	47.7	47.75	47.93	47.90	48	48
50	36.0	48.0	49.7	49.75	49.93	49.90	50	50

表6　用高速钢扩孔、钻孔的切削用量

项目	工件材料	铸　铁		钢、铸钢		铝、铜	
	切削用量	扩通孔 S_0(mm/r) ($V=10\sim18$ m/min)	沉孔 S_0(mm/r) ($V=8\sim12$ m/min)	扩通空 S_0(mm/r) ($V=10\sim20$ m/min)	沉孔 S_0(mm/r) ($V=8\sim14$ m/min)	扩通孔 S_0(mm/r) ($V=30\sim40$ m/min)	沉孔 S_0(mm/r) ($V=20\sim30$ m/min)
扩孔钻直径(mm)	$10\sim15$	$0.15\sim0.2$	$0.15\sim0.2$	$0.12\sim0.2$	$0.08\sim0.1$	$0.15\sim0.2$	$0.15\sim0.2$
	$15\sim25$	$0.2\sim0.25$	$0.15\sim0.3$	$0.2\sim0.3$	$0.1\sim0.15$	$0.2\sim0.25$	$0.15\sim0.2$
	$25\sim40$	$0.25\sim0.3$	$0.15\sim0.3$	$0.3\sim0.4$	$0.15\sim0.2$	$0.25\sim0.3$	$0.15\sim0.2$
	$40\sim60$	$0.30\sim0.4$	$0.15\sim0.3$	$0.4\sim0.5$	$0.15\sim0.2$	$0.3\sim0.4$	$0.15\sim0.2$
	$60\sim100$	$0.40\sim0.6$	$0.15\sim0.3$	$0.5\sim0.6$	$0.15\sim0.2$	$0.4\sim0.6$	$0.15\sim0.2$

注：采用硬质合金扩孔钻加工铸铁时 $V=35\sim60$ m/min。

表7　用高速钢铰刀铰孔的切削用量

项目	工件材料	铸　铁		钢及合金钢		铝铜及合金	
	切削用量	V(m/min)	S_0(mm/r)	V(m/min)	S_0(mm/r)	V(m/min)	S_0(mm/r)
铰刀直径(mm)	$6\sim10$	$2\sim6$	$0.3\sim0.5$	$1.2\sim5$	$0.3\sim0.4$	$8\sim12$	$0.3\sim0.5$
	$10\sim15$	$2\sim6$	$0.5\sim1$	$1.2\sim5$	$0.4\sim0.5$	$8\sim12$	$0.5\sim1$
	$15\sim25$	$2\sim6$	$0.8\sim1.5$	$1.2\sim5$	$0.5\sim0.6$	$8\sim12$	$0.8\sim1.5$
	$25\sim40$	$2\sim6$	$0.8\sim1.5$	$1.2\sim5$	$0.4\sim0.6$	$8\sim12$	$0.8\sim1.5$
	$40\sim60$	$2\sim6$	$1.2\sim1.8$	$1.2\sim5$	$0.5\sim0.6$	$8\sim12$	$1.5\sim2$

注：机铰的切削速度 V 参照表21。

表8　镗孔切削用量

项目	工件材料	铸　铁		钢		铝及其合金	
	切削用量	V(m/min)	S_0(mm/r)	V(m/min)	S_0(mm/r)	V(m/min)	S_0(mm/r)
工　序	刀具材料						
粗镗	高速钢	$20\sim25$	$0.4\sim1.5$	$15\sim30$	$0.35\sim0.7$	$100\sim150$	$0.5\sim1.5$
	硬质合金	$35\sim50$		$50\sim70$		$100\sim250$	
半精镗	高速钢	$20\sim35$	$0.15\sim0.45$	$15\sim50$	$0.15\sim0.45$	$100\sim200$	$0.2\sim0.5$
	硬质合金	$50\sim70$		$95\sim135$			
精镗	高速钢	$70\sim90$	D1级<0.08	$100\sim135$	$0.12\sim0.15$	$150\sim400$	$0.06\sim0.1$
	硬质合金		D级$0.12\sim0.15$				

注：当采用高精度的镗头镗孔时，切削余量较小，直径上不大于 0.2 mm，切削速度可提高一些，铸铁件为 $100\sim150$ m/min，钢件为 $150\sim250$ m/min，铝合金为 $200\sim400$ m/min，巴氏合金为 $250\sim500$ m/min。每转走刀量可在 $S=0.03\sim0.1$ mm 范围内。

表9　攻丝切削用量

加工材料	铸　铁	铜及其钢	铝及其合金
切削速度 V(m/min)	$2.5\sim5$	$1.5\sim5$	$5\sim15$

表 10　用硬质合金端面铣刀的铣削用量

加工材料	工序	铣削深度 (mm)	铣削速度 V(mm/min)	每齿走刀量 S_z(mm/齿)
钢 σ_b＝(520～700)MPa	粗	2～4	80～120	0.2～0.4
	精	0.5～1	100～180	0.05～0.2
钢 σ_b＝(700～900)MPa	粗	2～4	60～100	0.2～0.4
	精	0.5～1	90～150	0.05～0.15
钢 σ_b＝(1 000～1 100)MPa	粗	2～4	40～70	0.1～0.3
	精	0.5～1	60～100	0.05～0.1
铸　铁	粗	2～5	50～80	0.2～0.4
	精	0.5～1	80～130	0.05～0.2
铝及其合金	粗	2～5	300～700	0.1～0.4
	精	0.5～1	500～1 500	0.05～0.03

表 11　车削碳钢、合金钢的切削速度

加工材料	硬度 HB	切削速度 V＝(m/min)	
		高速钢车刀	硬质合金车刀
碳　钢	125～175	36	120
	175～225	30	107
	225～275	21	90
	275～325	18	75
	325～375	15	60
	375～425	12	53
合金钢	175～225	27	100
	225～275	21	83
	275～325	18	70
	325～375	15	60
	375～425	12	45

表 12　车削铸铁、铸钢件的切削速度

工件硬度 HB	硬质合金车刀的切削速度 V(m/min)			
	灰铸铁	可锻铸铁	球墨铸铁	铸钢
100～140	110	150		78
150～190	75	110	110	68
190～220	66	85	75	60
220～260	48	50	57	54
260～320	27		马氏体 26	42
300～400			马氏体 8	

表 13　车削不锈钢的切削速度

加工材料	硬度 HB	切削速度 V(m/min)	
		高速钢车刀	硬质合金车刀
铁素体不锈钢	135～185	30	90
奥氏体不锈钢	135～185	24	75
	225～275	18	60
马氏体不锈钢	137～175	30	100
	175～225	27	90
	275～325	15	60
	375～425	9	45

表 14　车削轻金属切削速度

加工材料	切削速度 V(m/min)	
	高速钢车刀	硬质合金车刀
铸铝合金(未经热处理)	230	480
铸铝合金(热处理后)	180	360
冷拉可锻铝合金	180	360
热处理可锻铝合金	180	360
镁合金	240	600
铜合金	60　　　75	150　　　170

表 15　车削工具钢、耐热合金及钛合金的切削速度

加工材料	切削速度 V(m/min)	
	高速钢车刀	硬质合金
高速钢 HB200～250	18	60
耐热合金 1.5～4.5	1.5～4.5	7.5～18
钛合金 618	6～18	24～53

表 16 铣削时的切削速度

加工材料	硬度 HB	切削速度 V(m/min)	
		高速钢铣刀	硬质合金铣刀
低碳钢 中碳钢	125~175	24~42	75~15
	175~225	21~40	70~125
	225~275	18~36	60~115
	275~325	15~27	54~90
	325~375	9~21	45~75
	375~425	7.5~15	36~60
高碳钢		21~36	75~135
		18~33	68~120
		15~27	60~105
		12~21	53~90
		9~15	45~68
		6~12	36~54
合金钢	175~225	21~36	75~130
	225~275	15~30	60~120
	275~325	12~27	55~100
	325~375	7.5~18	37~80
	375~425	515	30~60
高速钢	200~250	12~23	45~83
灰铸铁	100~140	24~36	110~150
	150~190	21~30	68~120
	190~220	15~24	60~105
	220~260	9~18	45~90
	260~320	4.5~10	21~30
可锻铸铁	110~160	42~60	105~210
	160~200	24~36	83~120
	200~240	15~24	72~120
	240~280	9~21	42~60
铸钢 低碳	100~150	18~27	63~105
中碳	100~160	18~27	68~105
	160~200	15~24	60~90
	200~225	12~21	53~75
高碳	180~240	9~18	53~80
铝合金		180~300	360~600
钼合金		45~100	120~190
镁合金		180~270	150~600

表 17　高速钢铣刀的每齿走刀量 S_z(mm/齿)举例

加工材料	硬度 HB	立铣刀						
		切深 6.5 mm			切深 1.25 mm			
		铣刀直径(mm)			铣刀直径(mm)			
		10	20	25 以上	3	10	20	25 以上
低碳钢	~150	0.05	0.1	0.15	0.025	0.075	0.15	0.2
	150~200	0.05	0.075	0.12	0.025	0.075	0.15	0.18
中高碳钢	120~180	0.05	0.1	0.15	0.025	0.075	0.15	0.2
	180~220	0.05	0.075	0.12	0.025	0.075	0.15	0.2
	220~300	0.025	0.025	0.05	0.01	0.075	0.075	0.075
合金钢含碳量<3%	125~170	0.05	0.1	0.12	0.025	0.1	0.15	0.2
	170~220	0.05	0.1	0.12	0.025	0.075	0.15	0.2
	220~280	0.025	0.05	0.075	0.012	0.05	0.075	0.1
	280~320	0.012	0.025	0.05	0.012	0.025	0.05	0.025
合金钢含碳量>3%	170~220	0.05	0.1	0.12	0.025	0.075	0.15	0.2
	220~280	0.05	0.05	0.075	0.012	0.05	0.075	0.1
	280~320	0.0.12	0.025	0.05	0.012	0.025	0.05	0.075
	320~380		0.025	0.025		0.025	0.05	0.05
工具钢	200~250	0.05	0.075	0.1	0.025	0.075	0.1	0.1
	250~300	0.025	0.05	0.075	0.012	0.05	0.075	0.075
灰铸铁	150~180	0.075	0.125	0.15	0.025	0.1	0.18	0.18
	180~220	0.05	0.1	0.125	0.025	0.075	0.15	0.15
	220~300	0.025	0.075	0.075	0.012	0.075	0.1	0.1
可锻铸铁	110~160	0.075	0.125	0.18	0.025	0.125	0.15	0.2
	160~200	0.05	0.1	0.125	0.025	0.075	0.15	0.2
	200~240	0.05	0.05	0.075	0.025	0.05	0.075	0.1
	240~300	0.012 5	0.025	0.05	0.012	0.05	0.05	0.075
铸　钢	100~180	0.075	0.1	0.15	0.025	0.075	0.15	0.2
	180~240	0.05	0.075	0.12	0.025	0.075	0.15	0.18
	240~300	0.025	0.05	0.075	0.012	0.05	0.075	0.1
锌合金		0.1	0.2	0.3	0.05	0.125	0.2	0.3
铜合金	80~100	0.075	0.2	0.25	0.025	0.1	0.2	0.25
	100~150	0.05~0.075	0.1~0.15	0.15~0.25	0.025~0.012	0.1~0.075	0.12~0.2	0.2~0.25
	150~250	0.05~0.075	0.1~0.15	0.15~0.25	0.25~0.012	0.1~0.075	0.12~0.2	0.2~0.25
铸铝合金		0.075	0.2	0.25	0.05	0.075	0.25	0.3
		0.075	0.15	0.2	0.05	0.075	0.25	0.25
冷拉可锻铝合金		0.075	0.2	0.25	0.05	0.075	0.25	0.3
镁合金		0.075	0.2	0.3	0.05	0.1	0.25	0.35
不锈钢		0.05~0.075	0.075~0.125	0.125	0.025	0.075~0.1	0.1~0.15	0.15~0.2
硬橡皮及塑料		0.075	0.2	0.25	0.05	0.1	0.25	0.35

表 18　高速钢铣刀的每齿走刀量 S_z　　　　　　　　　（mm/齿）

加工材料	硬度 HB	立铣刀	端面铣刀
低碳钢	～150	0.12～0.2	0.15～0.3
	150～200	0.12～0.2	0.15～0.3
中高碳钢	120～180	0.12～0.2	0.15～0.3
	180～220	0.12～0.2	0.15～0.25
	220～300	0.07～0.15	0.1～0.2
合金钢含碳量小于3%	125～170	0.12～0.2	0.15～0.3
	170～220	0.1～0.2	0.15～0.25
	220～280	0.07～0.12	0.12～0.2
	280～320	0.05～0.1	0.07～0.12
合金钢含碳量大于3%	170～220	0.12～0.2	0.15～0.25
	220～280	0.07～0.15	0.12～0.2
	280～320	0.05～0.12	0.07～0.12
		0.05～0.1	0.05～0.1
工具钢	200～250	0.07～0.13	0.12～0.2
	250～300	0.05～0.1	0.01～0.12
灰铸铁	150～180	0.2～0.3	0.2～0.35
	180～220	0.15～0.25	0.15～0.3
	220～300	0.1～0.2	0.1～0.15
可锻铸铁	110～160	0.2～0.35	0.2～0.4
	160～200	0.2～0.3	0.2～0.35
	200～240	0.12～0.25	0.15～0.3
	240～300	0.1～0.2	0.1～0.2
铸钢	100～180	0.12～0.2	0.15～0.3
	180～240	0.12～0.2	0.15～0.25
	240～300	0.07～0.15	0.1～0.2
锌合金		0.2～0.3	0.2～0.5
铜合金	80～100	0.2～0.35	0.25～0.4
	100～150	0.15～0.28	0.25～0.4
	150～250	0.1～0.2	0.2～0.3
铸铝合金		0.2～0.35	0.3～0.55
		0.15～0.25	0.25～0.4
冷拉可锻铝合金		0.2～0.35	0.3～0.5
镁合金		0.25～0.4	0.3～0.55
不锈钢		0.15～0.2	0.2～0.3
硬橡皮及塑料		0.15～0.35	0.25～0.5

表 19　硬质合金铣刀的每齿走刀量 S_z　　　　　　　　（mm/齿）

加工材料	硬度 HB	端面铣刀	立铣刀
低碳钢	～200	0.2～0.5	0.12～0.3
中高碳钢	120～180	0.2～0.5	0.12～0.3
	180～220	0.15～0.5	0.10～0.25
	220～300	0.125～0.25	0.05～0.2
合金钢含碳量 <3%	125～170	0.15～0.5	0.10～0.3
	170～220	0.15～0.5	0.10～0.3
	220～280	0.1～0.3	0.05～0.25
	280～320	0.075～0.2	0.05～0.15
合金钢含碳量 >3%	170～220	0.125～0.5	0.10～0.3
	220～280	0.1～0.3	0.05～0.2
	280～320	0.075～0.2	0.05～0.15
	320～380	0.075～0.2	0.05～0.125
工具钢	退火状态	0.15～0.2	0.10～0.3
	RC 32 42	0.1～0.2	0.05～0.3
	RC 42 50	0.1～0.2	0.05～0.125
	RC 52 60	0.015～0.2	0.05～0.125
灰铸铁	150～180	0.2～0.5	0.10～0.3
	180～220	0.2～0.5	0.10～0.3
	220～300	0.15～0.3	0.10～0.2
可锻铸铁	110～160	0.2～0.5	0.10～0.3
	160～200	0.2～0.5	0.10～0.3
	200～240	0.15～0.5	0.1～0.25
	240～260	0.1～0.3	0.1～0.2
铸　钢	100～180		
	180～240	0.15～0.5	0.12～0.3
	240～300	0.125～0.3	0.10～0.25
锌合金	0.2～0.5		0.05～0.2
	0.125～0.5	0.10～0.38	
铜合金	100～250	0.2～0.5	0.12～0.3
		0.15～0.35	0.10～0.25
铝合金、镁合金		0.2～0.5	0.12～0.3
不锈钢	0.15～0.38	0.10～0.3	
塑料及硬橡皮	0.15～0.38	0.10～0.3	

表 20　钻孔的走刀量 S_0　　　　　　（mm/r）

钻头直径 D(mm)	走刀量 S_0(mm/r)
<3	0.025～0.05
3～6	0.05～0.1
6～12	0.10～0.18
12～25	0.15～0.38
大于 25	0.38～0.62

表 21　钻孔与铰孔的切削速度 V　　　　　　（m/min）

加工材料	硬度 HB	切削速度 V(m/min)		
		高速钢钻头	高速钢铰刀	硬质合金铰刀
低碳钢	100～125	27	18	75
	125～175	24	15	53
	175～225	21	12	20
中高碳钢	125～175	22	15	72
	175～225	20	12	60
	225～275	15	9	53
	275～325	12	7	36
合金钢	175～225	18	12	54
	225～275	15	9	48
	275～325	12	7	30
	325～375	10	6	22
高速钢	200～250	13	9	30
灰铸铁	100～140	33	21	80
	140～190	27	18	54
	190～220	21	13	45
	220～260	15	9	36
	260～320	9	6	27
可锻铸铁	110～160	42	27	72
	160～200	25	16	51
	200～240	20	13	42
	240～280	12	7	33
球墨铸铁	140～190	30	18	60
	190～25	21	15	50
	225～260	17	10	33
	260～300	12	7	25
铸　钢	低　碳	24	24	60
	中　碳	18～24	12～15	48～60
	高　碳	15	10	48
铝合金、镁合金		75～90	75～90	210～250
铜合金	20～48	18～48	60～108	

表 22　用高速钢钻头加工铸铁的切削用量

材料硬度 切削用量		HB160～200		HB200～241		HB300～400	
		V (m/min)	S_0 (mm/r)	V (m/min)	S_0 (mm/r)	V (m/min)	S_0 (mm/r)
钻头直径 (mm)	1～6	16～24	0.07～0.12	10～18	0.05～0.1	5～12	0.03～0.08
	6～12		0.12～0.2		0.1～0.18		0.08～0.15
	12～22		0.2～0.4		0.18～0.25		0.15～0.2
	22～50		0.4～0.8		0.25～0.4		0.2～0.3

注：硬质合金钻头加工铸铁时取 $V = 20 \sim 30$ m/min。

表 23　车削深度与走刀量变化后切削速度的修正系数 K

走刀量 S_0	修正系数 K	走刀量 S_0	修正系数 K	切深 t	修正系数 K	切深 t	修正系数 K
0.075	2	0.63	0.64	0.125	1.80	6.3	0.87
0.13	1.69	0.7	0.61	0.25	1.50	8	0.83
0.2	1.27	0.76	0.58	0.5	1.40	9.5	0.8
0.25	1.12	0.9	0.52	0.75	1.30	12.5	0.76
0.3	1.0	1	0.48	1.5	1.15	16	0.72
0.38	0.87	1.27	0.42	2.4	1.05	19	0.7
0.45	0.78	1.5	0.38	3	1.0	2.54	0.66
0.5	0.74			3.8	0.96		
0.55	0.70			5	0.91		

表 24　硬质合金车刀粗车进给量

工件材料	工件直径（mm）	切削深度		
		$t \leqslant 3$	$3 \leqslant t \leqslant 5$	$5 \leqslant t \leqslant 8$
		进给量 S_0（mm/r）		
碳素钢 合金钢	10	0.2~0.3		
	20	0.3~0.4		
	40	0.4~0.5	0.3~0.4	
	60	0.5~0.7	0.4~0.6	0.3~0.5
	100	0.6~0.9	0.5~0.7	0.5~0.6
灰铸铁 铜合金	40	0.4~0.5		
	60	0.6~0.8	0.5~0.8	0.4~0.6
	100	0.8~1.2	0.7~1.0	0.6~0.8

表 25　硬质合金车刀粗车进给量

工件材料	表面粗糙度 $Ra(\mu m)$	切削速度（m/min）	刀尖圆弧半径（mm）		
			0.5	1.0	2.0
			进给量 S_0（mm/r）		
铸铁 青铜 铝合金	10	不限	0.25~0.40	0.40~0.50	0.50~0.60
	5		0.12~0.25	0.25~0.40	0.40~0.60
	2.5		0.10~0.15	0.15~0.20	0.20~0.35
	10	≤50	0.30~0.50	0.45~0.60	0.55~0.70
		>80	0.40~0.55	0.55~0.65	0.65~0.70
	5	≤50	0.20~0.25	0.25~0.30	0.30~0.40
		>80	0.25~0.30	0.30~0.35	0.35~0.40
	2.5	≤50	0.10	0.11~0.15	0.15~0.20
		>80	0.10~0.20	0.16~0.25	0.25~0.35

表 26　高速钢车刀切削用量

工件材料及抗拉强度		进给量(mm/r)	切削速度(m/mim)
碳素钢	600	0.2 0.4 0.8	35～60 25～45 20～30
	700	0.2 0.4 0.8	25～45 20～35 10～25
合金钢	850	0.2 0.4 0.8	20～30 15～25 10～15
	1 000	0.2 0.4 0.8	15～25 10～15 5～10
铸　钢	500	0.2 0.4 0.8	30～50 20～40 15～25
	700	0.2 0.4 0.8	20～30 15～25 10～15
灰铸铁 铝合金	180～280	0.2 0.4 0.8	15～30 10～15 8～10
	100～300	0.2 0.4 0.8	55～130 35～80 25～55

注:本表是粗加工车削用量,表11～表15是刀具对应不同材料的容许车削速度。

表 27　金刚石车刀切削用量

项　目	切深 t(mm)	S_0(mm/r)	V(m/min)
铝合金 紫铜 黄铜	0.05 0.5 0.5 1.4	0.05 0.1 0.03～0.08 0.03～0.08	200～750 150～200 400～500 70～100

附录 2　数控机床用刀柄、刀具示意图

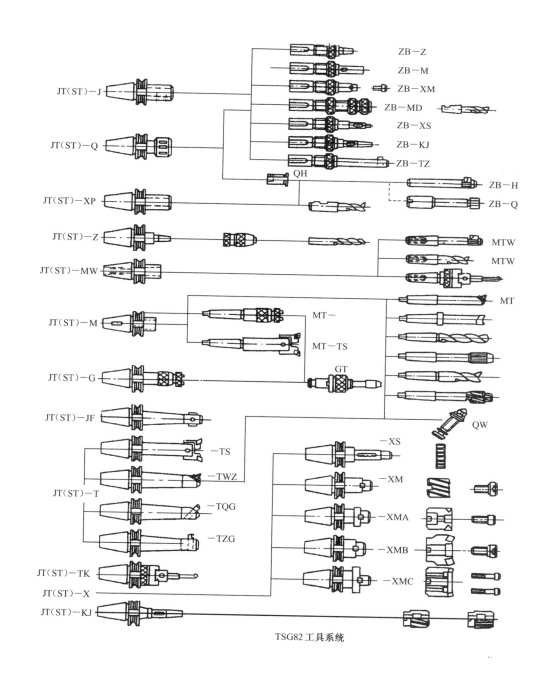

TSG82 工具系统

参 考 文 献

[1]　史翔. 模具 CAD/CAM 技术及应用. 北京:机械工业出版社,1998 年

[2]　严烈. Mastercam 9 模具设计与制造. 北京:冶金工业出版社,2004 年

[3]　魏明,刘伟民. Mastercam 9.0 模具设计与加工. 北京:人民邮电出版社,2004 年

[4]　肖高棉,黄亮等. 精通 Mastercam 9. X. 北京:清华大学出版社,2004 年

[5]　何满才. 三维造型设计——Mastercam 9.0 实例详解. 北京:人民邮电出版社,2003 年

[6]　张导成. 三维 CAD/CAM——Mastercam 应用. 北京:机械工业出版社,2002 年

[7]　简琦昭等. MastercamV8.1~V9 实用教程. 北京:机械工业出版社,2002 年

[8]　黄卫. 数控技术与数控编程. 北京:机械工业出版社,2004 年

[9]　武藤一夫著. 高精度 3 次元金型技术. CAD/CAE/CAM/CAT 入门. 日刊工业新闻社,
　　　1995 年

[10]　张世琪,孙宇. 现代制造导论理念、模式、技术、应用. 北京:兵器工业出版社,2000 年

[11]　赵志修. 机械制造工艺学. 北京:机械工业出版社,1985 年

[12]　何祖舜,蔡君亮. 机械设计与工艺手册. 银川:宁夏人民出版社,1989 年

[13]　华南工学院,甘肃工业大学. 金属切削原理及刀具设计. 上海:上海科学技术出版社,
　　　1979 年

[14]　库特·朗格,格因茨·梅迈尔-诺肯佩尔著;杜忠权译. 模锻. 北京:机械工业出版社,
　　　1989 年

[15]　曲华昌. 塑料成型工艺与模具设计. 北京:机械工业出版社,1994 年

[16]　《实用数控加工技术》编委会编. 实用数控加工技术. 北京:兵器工业出版社,1994 年

[17]　中国机械工业教学协会组编. 数控加工工艺及编程. 北京:机械工业出版社,2001 年